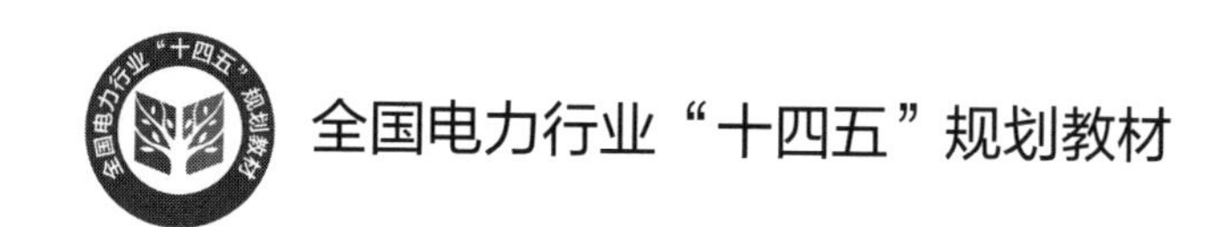

全国电力行业“十四五”规划教材

电力电子技术及应用

（第二版）

主　编　赵笑笑
副主编　牟　伟　王　玺
　　　　崔西友　张艳杰
编　写　李爱晶
主　审　张庆范

中国电力出版社
CHINA ELECTRIC POWER PRESS

内 容 提 要

本书为全国电力行业“十四五”规划教材。

本书分为六个情境，简述了电力电子器件对电能进行变换和控制，主要内容包括电力电子元件认知、调光灯电路、直流电动机拖动调速系统、电风扇无级调速器、开关电源和电力电子技术在电力系统中的应用。每个情境以专业实践活动为核心，将所有相关联的知识点、技能点串接在一起，介绍了新能源发电、电力传输、电气传动和电气节能等领域工程热点问题。

本书可作为高职高专院校电力技术类、自动化类、机电设备类专业及其他相关专业的教材，也可供从事电子工程、电气工程的技术人员参考，并作为专业课程思政教学借鉴与参考。

图书在版编目（CIP）数据

电力电子技术及应用/赵笑笑主编．—2版．—北京：中国电力出版社，2023.9（2025.1重印）
ISBN 978-7-5198-7936-5

Ⅰ.①电… Ⅱ.①赵… Ⅲ.①电力电子技术 Ⅳ.①TM76

中国国家版本馆CIP数据核字（2023）第114262号

出版发行：中国电力出版社
地　　址：北京市东城区北京站西街19号（邮政编码100005）
网　　址：http://www.cepp.sgcc.com.cn
责任编辑：牛梦洁（mengjie-niu@sgcc.com.cn）
责任校对：黄　蓓　朱丽芳
装帧设计：赵丽媛
责任印制：吴　迪

印　　刷：固安县铭成印刷有限公司
版　　次：2019年2月第一版　2023年9月第二版
印　　次：2025年1月北京第八次印刷
开　　本：787毫米×1092毫米　16开本
印　　张：9
字　　数：219千字
定　　价：35.00元

前　言

随着电力半导体制造技术、微电子技术、计算机技术以及控制理论的不断进步，电力电子技术向着大功率、高频化及智能化方向发展，其应用领域将更加广阔。例如以节约能源、提高照明质量为目的的绿色照明技术，以节约能源、提高运行可靠性并更好地满足生产要求为目的的交流变频调速技术等。

本书根据高等职业院校培养有较强动手能力的高素质技能型专门人才的特点，在编写过程中以模块形式阐述电力电子器件基础知识、不同电能变换电路的结构特点及应用等，对电力电子技术及应用课程进行知识与技能一体化的教学设计，强化教学、学习、实训相融合的教育教学活动，力求做到理论联系实际，培养学生应用电力电子技术的基本技能。本书具有如下特点。

（1）思政引领性。课程开展思政教育的探索，本书各章节内容融入思政教学内容，引入知识点对应的经典思政案例。本书配套的数字学习资源可通过二维码扫码获得。

（2）创新性。本书重点介绍了电力电子器件及其应用技术，电力电子变流装置实现不同变换的电路结构、基本工作原理、分析方法和计算方法，怎样为电力电子变流装置选择或设计合理的控制和保护电路等。知识点以学习情境为章节展开，以专业实践活动为核心，将所有相关联的知识点、技能点串联在一起，包含了电力电子元件认知、调光灯电路、直流电动机调速系统、电风扇无级调速器、开关电源和电力电子技术在电力系统中的应用六个学习情境，每个情境分为设计目的、任务、必备知识和产品设计等部分。将电力电子专业知识和操作技能融入六个学习情境中，保证了讲授、示范、训练、指导同步进行，为该课程教、学、做一体化教学模式的开展提供了详细的指导，让学生在吸收知识的同时获得技能，在学习中走向职业，在实践中融入社会。

（3）系统性。本书设计的六个学习情境，由简单到复杂，对电力电子技术专业知识的讲解和技能训练由浅入深，循序渐进；每个情境又分为若干个典型任务，通过基本理论知识学习、电子仿真、实训等模块，按照情景案例引入、理论知识学习、计算机仿真、实训操作、任务拓展等步骤展开介绍。书中附录还列出了常用电力电子器件型号与参数、MATLAB/Simulink 模型库中常用模块的图标与功能，供广大读者参考。

（4）灵活性。本书每一教学情境自成体系，都尽可能地保持其独立性和完整性，前后衔接自然，可集中教学，也可根据教学实际情况选各教学情境分散教学，以适应不同的教学对象。

本书由山东电力高等专科学校赵笑笑老师担任主编，负责全书的编写组织、统稿和定稿。本书绪论和情境一由山东电力高等专科学校赵笑笑老师编写，情境二由齐鲁师范学院牟伟老师编写，情境三由山东电力高等专科学校的王玺老师编写，情境四、五由国网技术学院崔西友老师编写，情境六、附录由国网技术学院张艳杰老师编写。本书由山东大学张庆范主审，张庆范教授在百忙中对书稿进行了非常认真的审查，并提出了许多宝贵意见和建议，在此表示衷心感谢。

在本书编写过程中，借鉴和参考了书后所列参考文献的部分内容，在此对各文献的作者及提供资料的单位和个人，致以衷心的感谢。书中不足之处在所难免，敬请读者批评指正，以便修订时改进。

编　者

2023 年 3 月

第一版前言

高等职业教育在教学过程中重视职业能力和职业素质的培养，并强调发挥学生的个性和创造潜能。电力电子技术及应用是电气类专业职业能力学习领域的一门重要课程，是理论和实践并重的课程，对学生专业技能的培养、专业后续课程的学习和学生可持续发展具有重要作用。编者遵循高职教育“以服务为宗旨，以培养学生能力为目标，以教师为主导，以学生为主体的教育思想”，对电力电子技术及应用课程进行了知识与技能一体化的教学设计，强化教学、学习、实训相融合的教育教学活动，编写的《电力电子技术及应用》教材，主要内容和特点如下：

（1）创新性。本书以教学情境为章节展开，以专业实践活动为核心，将所有相关联的知识点、技能点串接在一起，包含了电力电子元件认知、调光灯电路、直流电动机调速系统、电风扇无级调速器、开关电源和电力电子技术在电力系统中的应用6个教学情境，每个情境分为设计目的、任务、必备知识和产品设计等部分。将电力电子专业知识和操作技能融入6个教学情境中，保证了讲授、示范、训练、指导同步进行，为该课程教、学、做一体化教学模式的开展提供了详细的指导，让学生在吸收知识的同时获得技能，在学习中走向职业，在实践中融入社会。

（2）系统性。本书设计的6个教学情境，由简单到复杂，对电力电子专业知识的讲解和技能训练由浅入深，循序渐进；对每一个教学情境，通过基本理论知识学习、电子仿真、实训等模块，包含了从元件到单元电路直到系统设计的完整过程，内容丰富而全面。

（3）灵活性。本书与传统的课程教材有很大的区别。每一教学情境自成体系，都尽可能地保持其独立性和完整性，前后衔接自然，可集中教学，也可根据教学实际情况选各教学情境分散教学，以适应不同的教学对象。

全书由齐鲁师范学院牟伟老师和山东电力高等专科学校赵笑笑老师担任主编，负责全书的编写组织、统稿和定稿。本书绪论和情境一由山东电力高等专科学校赵笑笑老师编写，情境二由齐鲁师范学院牟伟老师编写，情境三由齐鲁师范学院牟伟老师与山东电力高等专科学校赵笑笑老师编写，情境四、五由国网技术学院崔西友老师编写，情境六由国网技术学院张艳杰老师编写。附录由山东科技大学王桂海老师编写。全书由山东大学张庆范教授主审，张庆范教授在百忙中对书稿进行了非常认真的审查，并提出了许多宝贵意见和建议，在此我们表示衷心感谢。

由于编者水平所限，加上时间有些仓促，难免会有错误和不足之处，恳请读者批评、指正，并提出宝贵意见，以便修订时改进。

编　者

2018年11月

目　录

绪　　论

电力电子技术又称为功率电子技术，是可用于电能变换和功率控制的电子技术。电力电子技术是弱电控制强电的方法和手段，也是支持电力系统技术革新和技术革命发展的重要基础，并成为节能降耗、增产节约、提高生产效能的重要技术手段。微电子技术、计算机技术及大功率电力电子技术的快速发展，极大地推动了电工技术、电气工程和电力系统的技术发展和进步。

0.1　电力电子应用技术的主要领域

1. 电源设计领域

广义上讲，电力电子应用技术就是电能变换的技术，属于电源设计。一般意义上讲，电源设计以 DC/DC 开关电源为主，也包含一些 AC/DC 电源，以及 DC/AC 电源。从应用方面看，主要以计算机、通信电源为主，兼顾一些特殊行业的需要，如电化学电源和冶炼加热电源等。

现代计算机都依赖开关变换器的直流电源，如台式机的开关电源、笔记本电脑的电池管理开关电源、服务器的冗余供电开关电源。它们具有多路独立输出、多电压等级的特点，其设计也处处渗透着电力电子应用技术的最新成果。

计算机和网络系统供电主要采用分布式结构电源，包括离线式有源功率因数校正（PFC）电路和后级多个负载点的 DC/DC 变换器。这种分布式结构的中间电压级主要是 12V 的电压总线或 48V 的电压总线，它们通过各 DC/DC 变换器把能量传递到各独立的功能板或子系统中。

通信工业是供电电源和电池的最大用户之一，使用范围从无绳电话的小电源到超高可靠性的后备电源系统。它的电源系统与计算机的电源结构类似，前端是离线式有源功率因数校正（PFC）电路，后端是 DC/DC 前向变换给电话系统直流 48V 的配电总线提供大电流输出。

为了降低集成芯片的工作损耗，开发低电压的芯片供电电源。这就需要高功率密度、低功耗、高效率的性能指标，以及同步整流、多相多重、板上功率变换及板级互联等新技术。目前，国外实验室已开发出 70A/1.2V、效率 87%的高性能电源。在不久的将来，一种更先进的芯片级的互联技术和功率变换技术将会出现。

2. 电机传动领域

电力电子应用技术在电机传动领域不仅能给电机提供好的调速性能，还能大大节约能源。目前，3～10kV/400kVA 以上电机传动变频器很有市场前景。因为这样电压和功率等级的中型、大型电动机负载大体都是各行业的主要机组，节能潜力很大，对国民经济的影响十分显著。以下四种类型的电动机传动与电力电子应用技术密切相关：①工艺调速传动——这类传动要求机器按一定的工艺要求实施运动控制，以保证最终产品的质量、产量和劳动生产率；②节能调速传动——风机、泵类消耗全国总发电量的 30%左右，用电动机变频调速来取代传统的风挡、阀门来调节流量，估计全国每年可节电百万千瓦时；③牵引调速传动——如轨道交通电传动车组、城市无轨电车，电梯、矿井卷扬机等，既提高运输效率、显著节能，又减少污染，保护环境；④精密调速和特种调速——数控机床的主轴传动和伺服传动是现代机床的不可分割部分，雷达和火炮的同步联动等军事应用，都要求电动机有足够的调速范围（如1∶10000以上）和控制精度。

3. 电力系统领域

电力系统是电力电子应用技术的一个重要领域。最早成功应用于电力系统的大功率电力电子技术是直流输电（HVDC）。基于电力电子应用技术在电力系统中的作用，1986年美国电力科学研究院提出了柔性输电（FACTS）概念，1988年又提出了定制电力（Customer Power）的概念。电力电子技术在发电环节的应用，有大型发电机的静止励磁控制，水力、风力发电机的变速恒频励磁等；在输电环节中的应用，有直流输电和轻型直流输电（HVDC Light）技术、统一潮流控制器和可控串联补偿器等；在配电系统中的应用，有动态无功发生器、电力有源滤波器等。以电力电子应用技术为手段，FACTS主要通过控制电力系统的基本参数来灵活控制系统潮流，以提高输电系统稳定性和输送容量为目标；定制电力以加强供电可靠性和提高电能质量为目标。

4. 汽车工业领域

汽车工业领域已成为电力电子应用技术的主要增长点。电力电子技术在新一代汽车上主要应用于以下方面：用电力电子开关元件替代传统的机械开关和继电器；用电力电子控制系统对车上负载进行精密控制；利用电力电子技术改造原有的12V电源系统，使之成为多电压系统；使用适合电力电子控制的、更先进的驱动电机。在将来的驱动系统的设计中，从小功率的车窗、座椅控制，到大功率电传动系统，都蕴含着电力电子应用技术的最新成就。另外，电子点火器、电压调节器、电机驱动控制和音响系统是当前最普遍的应用。

5. 绿色照明领域

照明用电占全国发电量的10%～12%，很有节能的潜力。电光源经历了“白炽灯—直管荧光灯—高压放电灯—节能荧光灯—无灯丝灯”等几代产品。随着电力电子变频技术的发展成熟，高频应用又促成某些更新一代电光源的诞生，从此，电力电子应用技术在绿色照明中开始占有一席之地。一个典型的例子是，紧凑型节能灯和电子镇流器的问世，吹响了以照明节能为中心的绿色照明的前奏曲。采用不同成分的稀土荧光粉可制成各种色温的气体放电节能灯，发光率比常规荧光灯提高一倍，可以做成各种形状便于紧凑安装，替代白炽灯，可节电75%～80%。电子镇流器是电力电子应用技术的具体应用之一，它实际上是一个电子变频器（从50Hz变换到30kHz以上）加一个高频电感镇流器。采用电子镇流器后，高频电感比工频电感减轻几十倍的重量，节省80%左右的材料，灯管的实际工作寿命延长3～5倍，同时能提供更好的性能，更低的损耗和更高的亮度。

6. 新能源开发领域

在世界石油、煤炭等化石能源日益紧缺的今天，低耗高效和寻找、开发新能源是根本出路，因而，可再生能源及燃料电池受到世界各国的高度重视。可再生能源是指可自行再生的能源，如太阳能、风能、潮汐能、地热能及生物废料能等。从燃料电池、微燃气轮机、风能、太阳能和潮汐能等新能源中得到的一次电能，难以直接被标准的电气负载使用。所以，将其高效而经济地转换为民生用电，已成为科技先进国家兼顾环保和发电的重要产业政策。电力电子技术是解决能源问题的关键技术，对新能源的开发、转换、输送、储存和利用等各方面发挥着重要作用。如太阳能光伏发电、太阳能电池板获得的原始直流电压是与太阳光强度等因素有关的，它需要通过一个DC/DC变换器来稳定直流电压，再通过DC/AC变换器变为所要求的交流电，直接供负载使用或将电能馈入市电。

0.2 电力电子应用技术的主要作用

1. 国民经济可持续发展的重要措施

世界能源日趋紧张，根据全世界石油生产统计，世界石油产量将于2020—2040年达到高峰，尔后产量将逐年降低，这不仅意味着油价（电价）上升，也可能导致石油危机的到来，间接引发全球经济风暴。以最少的能源和材料消耗换取最大的产出，就是在有限能源和有限资源的条件下，保持人类生存环境少受污染、保证经济可持续发展的重要条件。2023年，中国非国有原油进口配额总量为2.43亿吨，已连续第三年维持在这一水平，能源消耗和创造GDP的比在全世界是相当低的，这种高投入、高消耗、高排放、低效率的粗放型经济增长方式不可能持续发展。以功率处理为对象的电力电子技术，是缓解和克服当今世界“能源危机、资源危机、环境危机”三大危机的重要技术手段之一。

电力电子应用技术在各行业现代化技术改造中发挥着重大作用。传统机电产品只是在其额定工作点附近运行时效率才比较高，但是多数实际工况均偏离额定工作点，因此高效设备经常处在低效运行状态。电力电子与微电子/计算机技术相结合，通过改变各种工况下电源的频率、电压、相位等参数，使整个系统处于高效运行状态，可大大节约电能。采用变频调速节能一般在10%～30%，有时高达40%。电力电子技术在运动控制、工业电源、绿色照明、电力系统以及谐波治理、环境保护和新能源开发领域中的应用，是实现高效节能、省材，机电一体化、自动化、智能化的技术保障。

2. 实现国民经济信息化的关键接口

随着计算机、数字通信和网络技术的发展，世界已进入信息社会。当前，发达国家在高度工业化的基础上正进一步实施国民经济的信息化，进入了以信息化带动其他产业发展的时代。人们意识到，为了把信息技术深化应用到各个物质生产领域，以信息流控制能源流、物料流，就必须加强信息控制、电网供电和生产机械之间的接口——弱电控制强电的电力电子产业。

从技术发展来讲，在发展超大规模集成电路（VLSI）的同时，大力发展有超大面积集成（VLAI）之称的电力半导体元件；在实现信号变频传递信息的同时，大力推动功率变频，实行电能的优化利用。采用电力电子变频技术，不仅节能省材、技术含量增高，还可方便地同计算机或微处理器、数字信号处理器等接口，易于采用软件控制，扩大智能化程度。例如，在通信用AC/DC电源中，采用IGBT或功率MOSFET管的现代开关电源，比传统线性电源的体积、重量减少90%；老式直流电焊机重200～300kg，效率仅30%，现代IGBT逆变焊机，重量只有20～30kg，效率却高达85%以上。

大力发展现代电力电子应用技术，既可促使传统产业许多产品的更新换代，又可为信息指令指挥物质生产架起桥梁，使信息化深入到物质生产中去。如今电力电子应用技术发展了，强电弱电相融合，构成信息电子—电力电子—传感电子的“大电子系统”，真正实现“机械电子一体化”，国民经济的水平才会有质的跃变。

3. 促进高科技发展和国防现代化的基础

巡航导弹、机器人是很轻巧的机电一体化系统，它包含了复杂的运动控制——速度、加速度、位置、角度的全面控制，也包含了各种功率的变换——给这些系统的各个部位提供不同的电压、电流、频率、相位等控制，而运动控制和功率变换正是电力电子应用技术的主要内容。航天器上每增加1kg载荷，从地面起航时必须增添500kg燃料和设施。电力电子应用技术可使各种电磁设备大幅度减轻重量，对航天、航空、航海等具有重大价值。在战舰中，速度就是生命、就是胜利。普通内燃机驱动的轮渡船，时速只有 21km/h，全电驱动的轮渡船，速度可达 60km/h。

现代舰船电气化程度越来越高。舰船上的电力负载，武器和防卫装备的控制系统，通信导航设备，电热、制冷、照明和其他生活用电设备，需要各种不同的电源。既要有恒定直流或恒压工频交流电，也要有可变的直流电源或三相交流变频变压电源。而通信导航设备、舰船指挥仪、声呐、雷达，部分设备甚至还要求脉冲沿非常陡的高频脉冲电源。另外，现代化的个人野战武器装备需要有微型卫星定位系统和计算机系统。而这些都需要效率很高、重量很轻的电源变换器把电池电压变为各种所需电压。所有这些电源都需要电力电子应用技术的支撑。

随着科学技术的发展，电力电子技术由于和现代控制理论、材料科学、电机工程、微电子技术等许多领域密切相关，已逐步发展成为一门多学科相互渗透的综合性技术学科。其中变流技术的发展是我国科技进步的一个体现。一个国家和民族要屹立于世界民族之林，需要强大的精神力量做支撑，坚实的物质基础做驱动，完善的社会制度做保障。科技是第一生产力，是坚实物质基础的源泉。人类自古以来就对自然有好奇心，善于从各种自然现象中总结科学规律，为了满足人类的需求，各种技术工艺也在不断进步。

0.3 电力电子应用技术的发展方向

【视频】
电力电子元件发展

为了电力电子元件更加实用、高效、可靠地应用到电能变换电路系统中，电力电子应用技术的发展方向大致有以下五个方面。

1. 集成化

电力电子电路的集成化在迅猛发展。在有源元件的封装集成方面，通过改变元件内部的连线方式并把有关控制和保护功能封装进去，减小元件内部连线电感和元件封装热阻，提高内部连接可靠性和增加元件功能。对无源元件，通过把磁性元件（电感或变压器）集成，或把电感和电容集成，可以减少构成电力电子装置的元件个数，提高系统可靠性，同时还能有效利用电感和电容的分布参数。在功率稍低的应用中，已经可以把控制、驱动、保护和电力电子主电路集成在一起，这就是系统集成，这种系统集成的功率等级正在逐步提高。在功率等级较高，系统集成难以实现时，模组化是个选择。模组化是模块组合化的简称。例如，从 1 个开关元件到三相逆变桥臂的 6 个开关元件的模块组合，以减小体积和提高可靠性；开关元件模块和散热器的集成组合，以减小从元件到散热介质之间的热阻；把变换器桥臂的元件与驱动、保护和散热器组合成为一个整体，以方便装卸和更换。

2. 智能化

开关元件的功能不断扩大，品种日益增多。通过数字芯片和通信网络等手段，可以使其不仅具有开关功能，还有控制、驱动、检测、通信和故障自诊断等功能。随着集成工艺的提高和突破，有的元件还具有放大、调制、振荡及逻辑运算的功能，使用范围得到拓宽而线路结构得到简化。

3. 高压化

目前，电力电子元件的耐压等级与工业应用中需要的电压等级相比还很小，使其应用受到限制。如半控开关元件晶闸管为 1600V，全控开关元件 IGBT 只有 6500V。为了使开关元件应用在高电压场合，一种途径是在拓扑电路方面进行探索，目前的技术主要有多电平变换器技术和多桥级联技术两种；另一种是在元件本身方面进行探索，主要有元件直接串联技术、元件材料和工艺的改进技术，如 SiC 技术等。

4. 高频化

一般情况下，电力电子装置中的磁性元件和电容器约占 1/3 体积和 1/3 以上的重量。为了减小电力电子系统的体积和重量，提高功率密度、改善动态响应，提高开关变换器工作频率是必由之路。但高频化的结果导致元件的开关损耗及无源元件损耗增大、寄生参数影响增大、EMI 增加。因此，围绕着高频化应加强产生了许多新技术的应用基础研究：一是改进元件本身的性能，如新型高频开关元件、新型高频磁元件的应用基础研究；二是采用新型软开关拓扑；三是采用多重化技术。

5. 高效化

合理选择电路、改进控制技术和提升元件性能是提高电力电子装置效率的根本措施。在低电压大电流的变换器中，采用同步整流技术可降低整流电路中元件的通态损耗。在高频变换器中采用软开关技术，有利于降低元件的开关损耗。SiC 材料元件是开关元件发展的一个方向。相关试验结果表明，用 SiC 二极管取代 IGBT 模块中现有的 Si 材料反并联二极管后，开关模块的开通损耗和关断损耗分别减小到 1/5 和 1/3。

思政教学要点

20 世纪 60、70 年代的工业所用大功率用电设备由工频为 50Hz 的交流电提供，但仍然有直流电动机和有色金属和化工原料的直流电解等近 1/5 的工业设备消耗的是直流电能。为了解决交流电能向直流电能的转变，人们利用晶闸管和硅整流管制作三相桥式整流器等整流器件，推动了整流技术的发展；20 世纪 70 年代，由于交流电机具有结构简单、坚固节能、功率覆盖范围大的特点，且当时电力电子元器件的蓬勃发展，又出现了电力晶体管（GTR）、门级关断晶闸管（GTO）等器件做支撑，将直流电能转变为交流电能的逆变技术随之开始出现；20 世纪 80 年代，为了解决电机调速问题，变频技术也逐渐发展起来。之后又出现了通信用高频开关电源、不间断电源（UPS）、高频逆变式整流焊机电源等技术。纵观整个变流技术的发展，就是无数科研工作者牢记使命，兢兢业业，不断创造科技新领域的结果。

情境一 电力电子元件认知

以晶闸管为典型代表的电力电子元件是电力电子技术的核心，也是电力电子电路的基础。因此，掌握各种常用电力电子元件的特性及使用方法将是学好电力电子技术的关键。本章重点介绍几种典型的电力电子元件的结构、工作原理、特性、主要参数及使用方法。

1.1 学习目标及任务

1. 学习目标

通过对典型的电力电子元件的认知和学习，掌握电力电子开关元件的基本结构、工作原理，能够熟练地进行元件识别和测试。

（1）掌握晶闸管、GTR、GTO、PowerMOSFET、IGBT 的基本结构、工作原理、特性曲线和主要参数。

（2）能识别常用电力电子元件的外形，能对晶闸管进行检测。

（3）掌握晶闸管的使用方法。

（4）学会用万用表判断电力电子元件的极性及好坏。

2. 学习任务

（1）识别检测晶闸管、GTR、GTO、PowerMOSFET、IGBT。

（2）认识模块化功率元件。

（3）能识别 GTR、GTO、PowerMOSFET、IGBT 的型号。

（4）掌握 IGBT 的测量方法。

思政教学要点

电力电子元器件的发展离不开科学家们对科研事业的不断追求和为人类文明进步所做出的巨大努力。半导体器件技术进步对电力电子技术发展有很大的促进作用，而电力电子技术发展对交通运输、电力系统、新能源、环境保护等领域产生翻天覆地的变化。从科学技术进步对人类生活进步的影响方面，培养学生追求真理、探索创新的科学精神。

1.2 必备知识一：电力电子器件

在电力电子电路中能实现电能的变换的半导体电子器件称为电子器件（Power Electronic Device）。从广义上讲，电力电子器件可分为电真空器件和半导体器件两类，本书涉及的器件都是指半导体电力电子器件。电力电子器件是电力电子技术及其应用系统的基础。熟悉和掌握电力电子器件的结构、原理、特性和使用方法是学好电力电子技术的前提。

本情境在概述电力电子器件的基本模型之后，分别介绍各种常用的电子器件的工作原理、特性、主要参数和使用方法。这些器件主要包括电力二极管（VD）、晶闸管（SCR）及其派生器件、门极关断晶闸管（GTO）、电力晶体管（GTR）、功率场效晶体管（MOSFET）、绝缘栅双极型晶体管（IGBT）和功率集成电路（PIC）等器件。

1.2.1　电力电子器件的基本模型与特征

电力电子器件的种类繁多，其结构特点、工作原理、应用范围各不相同，但是在电力电子电路中它们的功能相同，都是工作在受控的通、断状态，具有开关特性。也就是说在对电能的变换和控制过程中，电力电子器件可以抽象成图 1-1 所示的理想开关模型，它有三个电极，其中 A 和 B 代表开关的两个主电极，K 为控制开关通断的门极。

在通常情况下电力电子器件具有如下特征：

（1）电力电子器件一般都工作在开关状态，往往用理想开关模型来代替。导通时（通态）它的阻抗很小，接近于短路，管压降接近于零，流过它的电流由外电路决定；关断时（断态）它的阻抗很大，接近于开路，流过它的电流几乎为零，而管子两端电压由电源决定。

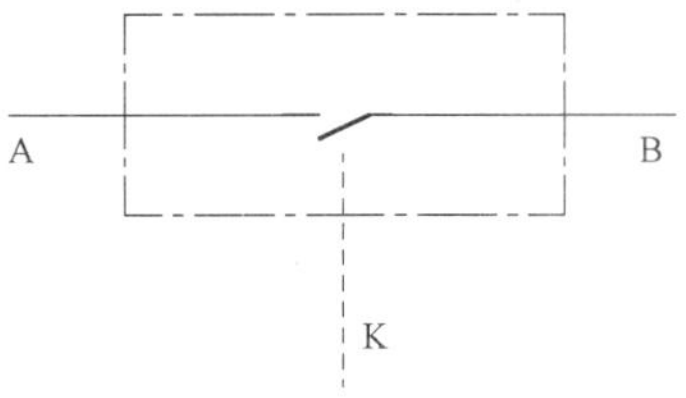

图 1-1　电力电子器件的理想开关模型

（2）电力电子器件的开关状态往往需要由外电路来控制。用来控制电力电子器件导通和关断的电路称为驱动电路。

（3）在实际应用中电力电子器件的表现与理想模型有较大的差别。器件导通时其电阻并不为零，而是有一定的通态压降，形成通态损耗；关断时器件电阻并非无穷大，而是有微小的断态漏电流流过，形成断态损耗。除此之外，器件在开通或关断的转换过程中还要产生开通损耗和关断损耗（总称开关损耗），特别是器件开关频率较高时，开关损耗可能成为损耗的主要因素。为避免因损耗散发热量导致器件温度过高而损坏，在其工作时一般都要安装散热器。

1.2.2　电力电子器件的分类

电力电子器件种类很多，按器件的开关控制特性可以分为以下三类：

（1）不可控器件。本身没有导通、关断控制功能，需要根据电路条件决定导通、关断状态的器件称为不可控器件，如电力二极管。

（2）半控型器件。通过控制信号只能控制其导通，不能控制其关断的电力电子器件称为半控型器件。例如晶闸管及其大部分派生器件等。

（3）全控型器件。通过控制信号既可控制其导通，又可控制其关断的器件称为全控型器件。例如门极关断晶闸管、功率场效晶体管和绝缘栅双极型晶体管等。

电力电子器件按控制信号的性质不同又可分为两类：

（1）电流控制型器件。此类器件采用电流信号来实现导通或关断控制，代表器件为晶闸管、门极关断晶闸管、功率晶体管、IGCT 等。

（2）电压控制型器件。这类器件采用电压控制（场控原理控制）其通、断，输入控制端基本上不流过电流信号，用小功率信号就可驱动它工作。代表器件为 MOSFET 和 IGBT。

电力电子器件种类多，除了都具有良好的开关特性外，不同的器件还具有特殊性。正是由于这种特殊性，使得不同器件的应用范围不一样。

GTR 饱和导通时，器件本身压降低且载流密度大，但 GTR 属于电流驱动型器件，需要较大驱动电流才能工作；MOSFET 在开关动作时只需要很小的驱动功率，而且开关速度快，但器件本身导通压降大且通过电流较小。IGBT 是由 GTR 和 MOSFET 组成的复合全控型功率半导体器件，采用电压驱动方式工作，兼有 MOSFET 和 GTR 两方面的优点，驱动功率小，饱

和压降低，载流密度大，应用范围广。从低压系统到中高压系统均可使IGBT器件，特别是在直流电压为600V及以上的变流系统如交流电机、变频器、开关电源、照明电路、牵引传动等领域的应用极大地提高了装置的性能。个体的特长往往是不相同的，不同个体进行合作，按照各自特长分工，则可以实现单一个体无法实现的更高目标。对于当代大学生而言，培养团队精神和团结合作意识非常重要，当今很多科学工程都需要团队密切合作，充分发挥每个团队成员特长才能顺利实现，同时也能够更好地实现在集体之中的自我价值。

1.3 必备知识二：晶闸管的认知

1.3.1 晶闸管的结构、工作原理及特性

晶闸管（Thyristor）是硅晶体闸流管的简称，又称可控硅整流器SCR（Silicon Controlled Rectifier）。它是一种大功率半导体元件，既有开关作用，又有整流作用。晶闸管作为开关元件，广泛应用于各种电子设备和电子产品电路中。家用电器中的调光灯、调速风扇、空调、热水器、电视、冰箱、洗衣机、照相机、声控电路、定时控制器、感应灯、自动门电路、无线电遥控电路等都大量使用了晶闸管元件。

电子管的诞生是基于当时的一个细微的“爱迪生效应”，作为精益求精的科学家，爱迪生注意到这个现象并及时提出，这是一个科学家的责任和使命使然；晶闸管的问世已经有效解决了电子管的缺陷，但由于对更好品质的追求，各种全控性器件应运而生，这些都是工匠精神的有效体现。目前我国正处于中国制造向中国智造的转变，经济发展转入中高速，这更强调生产产品的侧重点由数量到质量的变化，而这种模式的变化，实际对工作者提出了更高层次的要求，培养其工匠精神就有了重大意义。

【扩展阅读】
晶闸管的认知

1. 晶闸管的结构

目前常用的晶闸管，外形结构有螺栓式和平板式两种，如图1-2所示。

每种形式的晶闸管从外部看都有三个引出电极，即阳极A、阴极K和门极G。

螺栓式晶闸管的螺栓是阳极A，粗辫子线是阴极K，细辫子线是门极G。螺栓式晶闸管的阳极是紧拴在散热器上的，其特点是安装和更换容易，但由于紧靠阳极散热器散热，散热效果较差，一般只适用于额定电流小于200A的晶闸管。

平板式晶闸管又分为凸台形和凹台形。对于凸台形晶闸管，夹在两台中间的金属引出端为门极，距离门极近的台面是阴极，距离门极远的台面是阳极。平板的阴极和阳极都带散热器，将晶闸管夹在中间，其散热效果好，但更换麻烦，一般用于额定电流为200A以上的晶闸管。

晶闸管的内部结构和图形符号如图1-3所示。它是PNPN四层半导体结构，分别标为P1、N1、P2、N2四个区，具有J1、J2、J3三个PN结。因此，晶闸管可以用三个二极管串联电路来等效，如图1-4（a）所示。另外，为了方便后面分析晶闸管工作原理，还可将晶闸管的四层结构中的N1和P2层分成两部分，则晶闸管可用一个PNP（P1N1P2）管和一个NPN（N1P2N2）管来等效，如图1-4（b）所示。

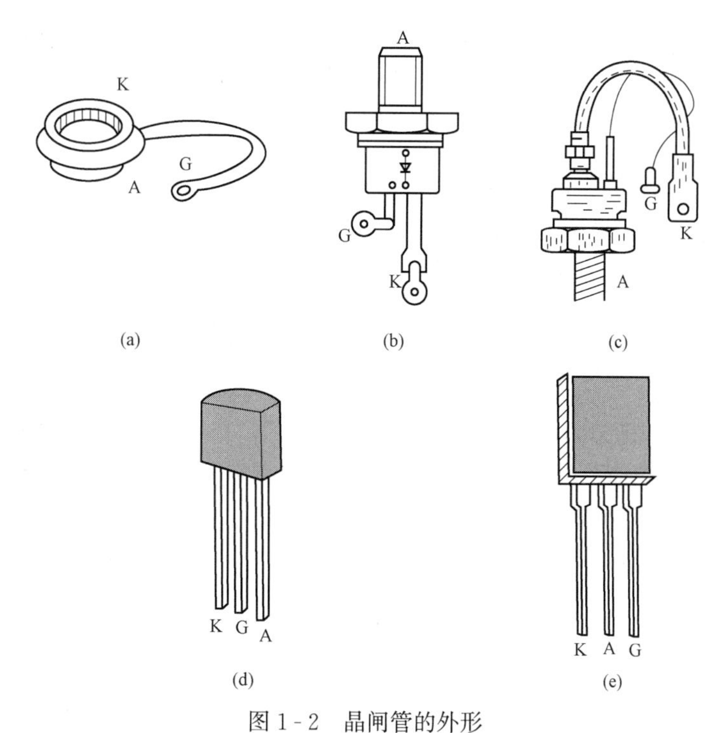

图 1-2　晶闸管的外形

（a）平板式；（b）小电流螺栓式；（c）大电流螺栓式；

（d）小电流 TO-92 塑封式；（e）小电流 TO-220AB 塑封式

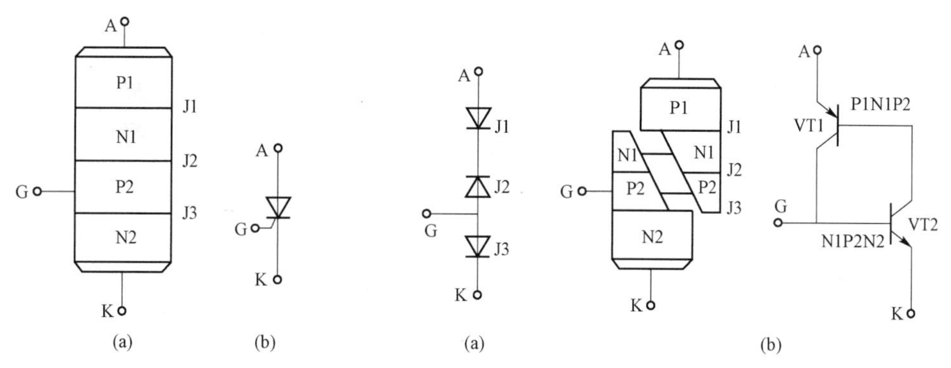

图 1-3　晶闸管的内部结构和图形符号

（a）内部结构；（b）图形符号

图 1-4　晶闸管的等效电路

（a）二极管等效电路；（b）三极管等效电路

2. 晶闸管的单向可控导电性

晶闸管的导电特性可用实验说明，实验电路如图 1-5 所示。

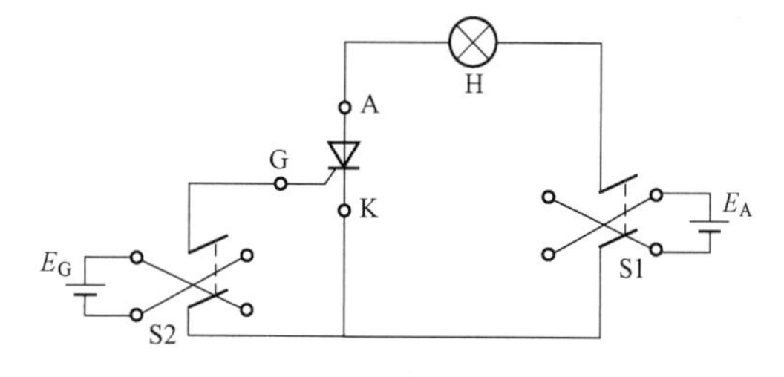

图 1-5　晶闸管的导电特性实验电路

图 1 - 5 中，由电源 E_A、双掷开关 S1、灯泡 H 和晶闸管的阳极、阴极组成主回路；而电源 E_G、双掷开关 S2 经由晶闸管的门极和阴极组成了晶闸管的触发电路。

晶闸管的阳极、阴极加反向电压时（S1 合向左边），即阳极为负、阴极为正时，不管门极如何（断开、负电压、正电压），灯泡都不会亮，即晶闸管均不导通。

当晶闸管的阳极、阴极正向电压时（S1 合向右边），即晶闸管阳极为正、阴极为负时，若晶闸管门极不加电压（S2 断开）或加反向电压（S2 合向右边），灯泡也不会亮，晶闸管还是不导通。但若此时门极也加正向电压（S2 合向左边），则灯泡就亮了，表明晶闸管已导通。

一旦晶闸管导通后，再去掉门极电压，灯泡仍然会亮，这说明此时门极已失去作用了。只有将 S1 合向左边或断开，灯泡才会灭，即晶闸管才会关断。

上面的这个实验说明，晶闸管具有单向导电性，这一点与二极管相同；同时它还具有可控性，就是说只有正向的阳极电压还不行，还必须有正向的门极电压，才会令晶闸管导通。

由此，可以知道晶闸管的导通条件是：①有适当的正向阳极电压；②有适当的正向门极电压，且晶闸管一旦导通，门极将失去作用。

要使导通的晶闸管关断，只能利用外加电压和外电路的作用使流过晶闸管的电流降到接近于零的某一数值（称为维持电流）以下，因此可以采取去掉晶闸管的阳极电压，或给晶闸管阳极加反向电压，或降低正向阳极电压等方式来使晶闸管关断。

3. 晶闸管的工作原理

晶闸管导通的工作原理可以用一对互补三极管代替晶闸管的等效电路来解释，如图 1 - 4（b）所示。

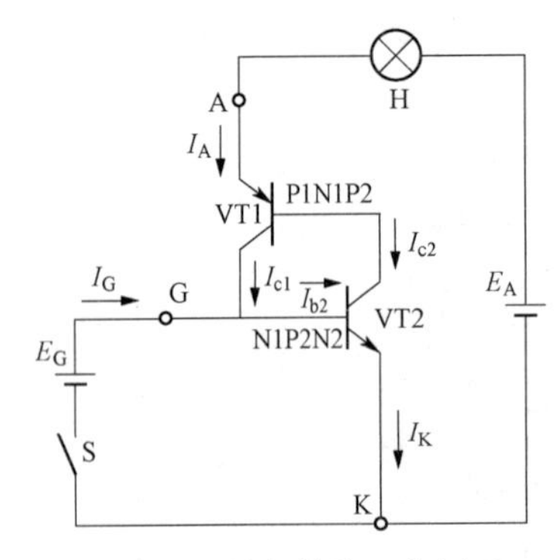

图 1 - 6 晶闸管的工作原理

按照上述等效原则，将图 1 - 5 改画为图 1 - 6 的形式。图中用 VT1 和 VT2 管代替了图 1 - 5 中的晶闸管。在晶闸管承受反向阳极电压时，VT1 和 VT2 处于反压状态，是无法工作的，所以无论有没有门极电压，晶闸管都不能导通。只有在晶闸管承受正向阳极电压时，VT1 和 VT2 才能得到正确接法的工作电源，同时为使晶闸管导通必须使承受反压 J2 结失去阻挡作用。由图 1 - 6 可清楚地看出，每个三极管的集电极电流同时又是另一个三极管的基极电流，即有 $I_{c2}=I_{b1}$，$I_G+I_{c1}=I_{b2}$。在满足上述条件的前提下，合上开关 S，于是门极就流入触发电流 I_G，并在管子内部形成了强烈的正反馈过程，即

$$I_G\uparrow \rightarrow I_{b2}\uparrow \rightarrow I_{c2}(=\beta_2 I_{b2})\uparrow \rightarrow I_{b1}\uparrow \rightarrow I_{c1}(=\beta_1 I_{b1})\uparrow \rightarrow I_{b2}\uparrow$$

从而使 VT1、VT2 迅速饱和，即晶闸管导通。而对于已导通的晶闸管，若去掉门极触发电流，由于晶闸管内部已完成了强烈的正反馈，所以它仍会维持导通。

若把 VT1、VT2 两管看成广义节点，且设 α_1 和 α_2 分别是两管的共基极电流增益，I_{CBO1} 和 I_{CBO2} 分别是 VT1 和 VT2 的共基极漏电流，晶闸管的阳极电流为 I_A，阴极电流为 I_K，则可根据节点电流方程，列出如下电流方程

$$I_A = I_{c1} + I_{c2} \tag{1 - 1}$$

$$I_K = I_A + I_G \tag{1 - 2}$$

$$I_{c1} = \alpha_1 I_A + I_{CBO1} \tag{1 - 3}$$

$$I_{c2} = \alpha_2 I_K + I_{CBO2} \tag{1 - 4}$$

由式（1 - 1）～式（1 - 4）可以推出

$$I_A = \frac{\alpha_2 I_G + I_{CBO1} + I_{CBO2}}{1-(\alpha_1+\alpha_2)} \qquad (1-5)$$

晶体管的电流放大系数 α 随着管子发射极电流的增大而增大，可以由此来说明晶闸管的几种状态。

（1）正向阻断。当正向阳极电压为 E_A，且其值不超过晶闸管的额定电压，门极未加电压的情况下，即 $I_G=0$ 时，正向漏电流 I_{CBO1} 和 I_{CBO2} 很小，所以 $\alpha_1+\alpha_2 \ll 1$，式（1-5）中的 $I_A \approx I_{CBO1}+I_{CBO2}$。

（2）触发导通。加正向阳极电压 E_A 的同时加正向门极电压 E_G，当门极电流 I_G 增大到一定程度，发射极电流也增大，$\alpha_1+\alpha_2$ 增大到接近于1时，I_A 将急剧增大，晶闸管处于导通状态，I_A 的值由外接负载限制。

（3）硬开通。若给晶闸管加正向阳极电压 E_A，但不加门极电压 E_G，此时若增大正向阳极电压 E_A，则正向漏电流 I_{CBO1} 和 I_{CBO2} 也会随着 E_A 增大而增大，当增大到一定程度时 $\alpha_1+\alpha_2$ 接近于1，晶闸管也会导通，这种使晶闸管导通的方式称为硬开通。多次硬开通会造成管子永久性损坏。

（4）晶闸管关断。当晶闸管的电流 I_A 降低至小于维持电流 I_H 时，α_1 和 α_2 迅速下降，使得 $\alpha_1+\alpha_2 \ll 1$，式（1-5）中 $I_A \approx I_{CBO1}+I_{CBO2}$，晶闸管恢复阻断状态。

（5）反向阻断。当晶闸管加反向阳极电压时，由于 VT1、VT2 处于反压状态，不能工作，所以无论有无门极电压，晶闸管都不会导通。

另外，还有几种情况可以使晶闸管导通：如温度较高；晶闸管承受的阳极电压上升率 du/dt 过高；光的作用，即光直接照射在硅片上等，都会使晶闸管导通。但在所有使晶闸管导通的情况中，除光触发可用于光控晶闸管外，只有门极触发是精确、迅速、可靠的控制手段，其他均属非正常导通情况。

4. 晶闸管的特性

（1）静态特性。

1）晶闸管的阳极伏安特性。晶闸管的阳极和阴极间的电压与晶闸管的阳极电流之间的关系，称为晶闸管的阳极伏安特性，简称伏安特性，如图1-7所示。

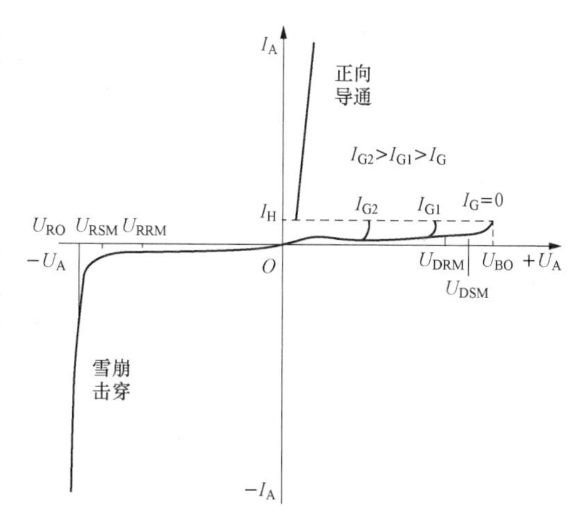

图1-7　晶闸管的阳极伏安特性

第Ⅰ象限为晶闸管的正向特性，第Ⅲ象限为晶闸管的反向特性。当门极断开，即 $I_G=0$ 时，若在晶闸管两端施加正向阳极电压，由于J2结受反压阻挡，则晶闸管元件处于正向阻断状态，只有很小的正向漏电流流过。随着正向阳极电压的增大，漏电流也相应增大。至正向电压的极限即正向转折电压 U_{BO}时，漏电流急剧增大，特性由高阻区到达低阻区，晶闸管元件即由断态转到通态。导通状态时的晶闸管特性和二极管的正向特性相似，即通过较大的阳极电流，而元件本身的压降却很小。

正常工作时，不允许把正向阳极电压加到正向转折电压 U_{BO}，而是给门极加上正向电压，即 $I_G>0$，则元件的正向转折电压就会降低。I_G 越大，所需转折电压就会越低。当 I_G 至足够大时，晶闸管的正向转折电压就很小了。此时其特性可以看成与整流二极管一样。

导通后的晶闸管其通态压降很小，在1V左右。若导通期间的门极电流为零，则当元件阳极电流降至维持电流 I_H 以下时，晶闸管就又回到正向阻断状态。

晶闸管加反向阳极电压（第Ⅲ象限特性）时，晶闸管的反向特性与一般二极管的伏安特性相似。由于此时晶闸管的J1、J3均为反向偏置，因此元件只有很小的反向的漏电流通过，元件处于反向阻断状态。但当反向电压增大到一定程度，超过反向击穿电压U_{RO}后，则会由于反向漏电流的急剧增大而导致元件的发热损坏。

2）晶闸管的门极伏安特性，如图1-8所示。晶闸管的门极和阴极间有一个PN结J3，如图1-3所示。它的伏安特性称为晶闸管的门极伏安特性。由于实际产品的门极伏安特性分散性很大，因此为了应用方便，对于同一型号的晶闸管，常以一条极限高阻伏安特性和一条极限低阻伏安特性之间的区域来代表所有元件的伏安特性，称为门极伏安特性区域。

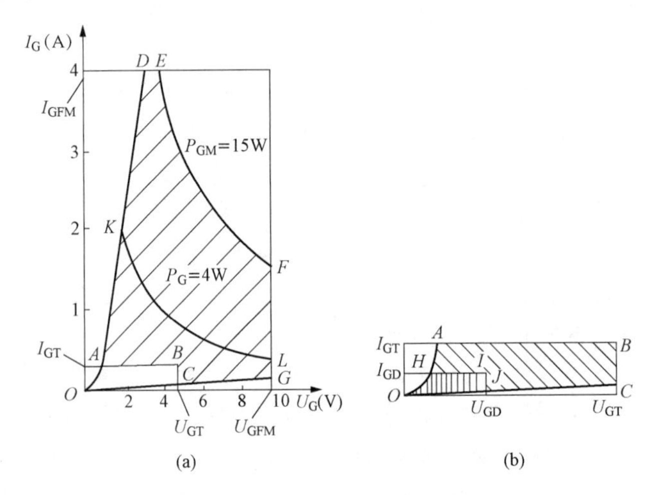

图1-8 晶闸管的门极伏安特性

（a）门极伏安特性；（b）局部放大图

图1-8中的曲线OD和OG分别为极限低阻伏安特性和极限高阻伏安特性；曲线EF为触发瞬时功率极限即门极所允许的最大瞬时功率P_{GM}；曲线FG为触发电压极限即门极正向峰值电压U_{GFM}；曲线DE触发电流极限即门极正向峰值电流I_{GFM}；曲线KL为触发平均功率极限P_G。门极伏安特性的几个区域如下。

a. 可靠触发区指$ADEFGCBA$所围成的区间，对于正常使用的晶闸管元件，其门极的触发电压、电流及功率都应处于这个区域内。当门极加上一定功率后，会引起门极附近发热，当加入过大功率时，会使晶闸管整个结温上升，直接影响晶闸管的正常工作，甚至会烧坏门极。所以施加门极的电压、电流和功率是有一定限制的。可靠触发区的上限是由门极正向峰值电流I_{GFM}、门极正向峰值电压U_{GFM}和允许的最大瞬时功率P_{GM}所决定的。可靠触发区的下限是指在室温下元件的阳极加6V的直流电压，对于同规格的晶闸管元件均能由阻断状态转为导通状态所必须的最小门极触发电压U_{GT}和门极电流I_{GT}。

b. 不可靠触发区指$ABCJIHA$围成的区间，如图1-8（b）的放大区域所示。不可靠触发区是指在室温下，对于同型号的晶闸管，在此区域内有些元件能被触发，而有些触发电压和电流较高的元件，触发是不可靠的。它是合格晶闸管所允许的范围。

c. 不触发区$OHIJO$指任何合格元件在额定结温时，门极信号在此区域内时晶闸管均不会被触发导通。图1-8（b）所示，图中标出的U_{GD}和I_{GD}分别是门极不触发电压和电流，指未能使晶闸管从阻断状态转入导通状态，门极所加的最大电压和电流。

晶闸管出厂时所给出的是能够保证触发该型号的最小触发电流和电压。为使触发电路通用于同型号的晶闸管，在设计触发电路时，应使其产生的触发脉冲的电压和电流必须大于标准规定的门极触发电压U_{GT}和电流I_{GT}，才能保证任何一个合格的元件都能正常工作。而在元件不触发时，触发电路输出的漏电压和漏电流应低于晶闸管规定的门极不触发电压和不触发电流。有时为了提高抗干扰能力，避免误触发，可在晶闸管门极上加一定的负偏压。

因此，元件的触发电压、电流太小，触发将不可靠，造成触发困难；而触发电压、电流太大又会造成损耗增大，且易造成晶闸管的损坏。另外，在设计晶闸管触发电路时还要考虑到温度的影响，因为晶闸管的触发电压、电流受温度的影响较大，温度升高，U_{GT}和I_{GT}的值会降低，反之则会增大。

（2）晶闸管的动态特性。电力电子元件在电力电子电路中主要起开关管的作用，而由晶闸管的伏安特性可知，当晶闸管正向导通时其导通压降约为1V，反向电压特性与二极管相似，因此，它在电路中也常用作开关。晶闸管作为开关，虽然在理想情况下，可以假定它的开通与关断是瞬时完成的，但在实际情况中，两种状态间的转换是有一定过程的。由于晶闸管的开通和关断时间很短，当工作频率低时，一般假定晶闸管是瞬时开通和关断的，不需要考虑其开关时间和动态损耗。但当工作频率较高时，晶闸管的开通、关断时间以及其动态损耗就不能不考虑了。

晶闸管的开通与关断过程的物理机理是很复杂的，在这里只对其动态过程作一简单介绍。晶闸管的动态特性是指晶闸管在开通和关断的动态过程中阳极电流和阳极电压的变化规律。图1-9给出了晶闸管的开通和关断过程的波形。

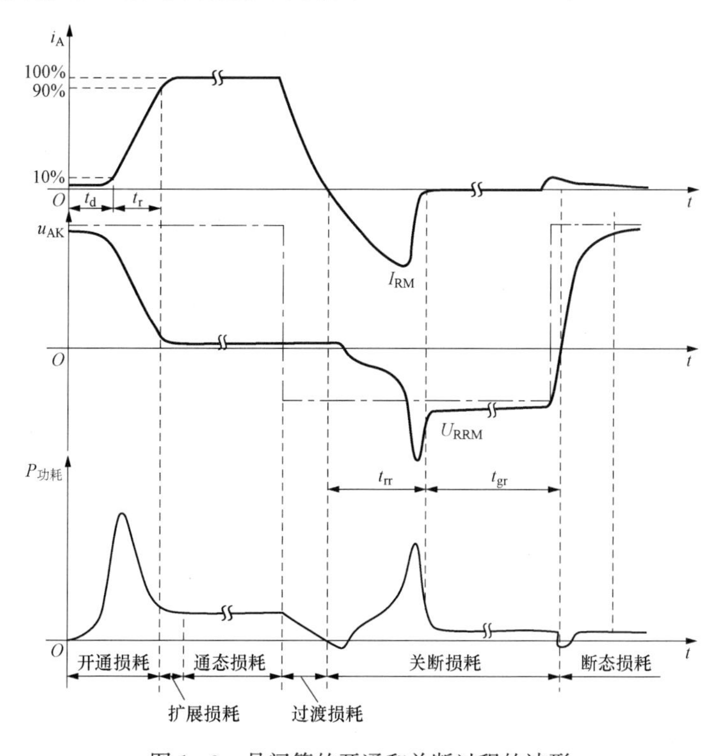

图1-9　晶闸管的开通和关断过程的波形

1）开通过程。如图1-9所示，假设门极在坐标原点开始就受到理想阶跃信号的触发。由于晶闸管开通时的内部正反馈过程的完成需要一定的时间，以及回路中电感的存在，使其阳极电流的增大并不可能是瞬时完成的。一般把从门极加上阶跃信号的时刻，到阳极电流升高到稳态值的10%的这段时间，称为延迟时间，用 t_d 来表示。把阳极电流从稳态值的10%升高到稳态值的90%的这段时间称为上升时间，用 t_r 来表示。开通时间定义为两者之和，即

$$t_{on} = t_d + t_r$$

普通晶闸管延迟时间 t_d 为0.5～1.5μs，上升时间 t_r 为0.5～3μs。

阳极电压的大小直接影响到开通时间的长短。在导通前，晶闸管承受的正向阳极电压的增大可使内部正反馈过程加速，延迟时间和上升时间都可显著缩短。而门极电流的增大也可缩短延迟时间。除晶闸管本身的特性外，主回路电感的存在也将严重影响上升时间。另外，门极脉冲的陡度、元件的结温、导通后的阳极电流的稳定值都会影响开通时间。

2）关断过程。晶闸管在导通时，阳极电流通过内部的各PN结，各区域有大量的载流子存在，使元件呈现低阻状态。而晶闸管的关断过程就是使各区载流子消失的过程，显然此过程是不能瞬间完成的。图1-9表明了晶闸管承受反向电压时的关断过程。

当电路施加反向电压（见图1-9中点划线及波形）给晶闸管A-K两端时，晶闸管的阳极电流从稳态值开始下降，但当阳极电流下降为零时，晶闸管内部PN结附近仍然存在大量载流子，所以，在反向电压的作用下，晶闸管内部会瞬时出现反向恢复电流。反向电流达到最大值后，再衰减至接近零。晶闸管也就恢复了反向耐压能力，所以这段时间称为反向阻断恢复时间 t_{rr}。但在此零电流时，晶闸管内部的J2结仍处于正向偏置，它的载流子只能通过复合而逐渐消失，若在此时重新给元件加上正向阳极电压，则会由于J2结附近载流子的存在而使元件再次导通。所以，要等到J2结附近载流子基本消失后，正向阻断能力才能完全恢复，门极才能恢复控制特性，把这段时间称为正向阻断恢复时间 t_{gr}，如图1-9所示。

由上述分析可以知道，晶闸管并不可以在阳极电流下降到零时刻就承受外加反向电压，而需经过一个反向恢复期；之后晶闸管可以加上反向电压，但并未恢复门极控制能力，即此时还不能在晶闸管上施以一定变化率的正向电压，而是还需经过一个恢复门极控制能力的阶段，晶闸管才能关断。因此，定义元件从正向电流下降为零到元件恢复正向阻断能力的时间为关断时间，用 t_{off}（或 t_g）来表示，即

$$t_{off}(\text{或 } t_g) = t_{rr} + t_{gr}$$

普通晶闸管关断时间约几百微秒。影响关断时间的因素有：关断前的正向电流越大，关断时间就越长；外加反向电压越高，关断时间就越短；再次施加正向电压且正向电压上升率越接近极限值，关断时间增加越明显；PN结温越高，载流子复合时间越长，关断时间也就越长。一般可以通过降低结温，适当加大反向电压并保持一段时间来达到缩短关断时间的目的。

由于J2结载流子复合过程较慢，因此正向阻断恢复时间比反向阻断恢复时间要长，过早地给元件施加正向电压，会造成晶闸管的误导通，故在实际应用过程中，为保证晶闸管充分恢复其阻断能力，使电路可靠工作，必须给晶闸管加足够时间的反向电压。

5. 晶闸管的主要参数

要想正确使用晶闸管，不仅要了解晶闸管的工作原理和特性，更重要的是要理解晶闸管的主要参数所代表的意义。

（1）晶闸管的电压定额。

1）断态重复峰值电压 U_{DRM}。在图1-7所示的晶闸管的阳极伏安特性中，当门极断开，元件处在额定结温时，允许重复加在元件上的正向峰值电压为晶闸管的断态重复峰值电压，用 U_{DRM} 表示。它是由伏安特性中的正向转折电压 U_{BO} 减去一定数值，即留出一定裕量，得到晶闸管的断态不重复峰值电压 U_{DSM}，然后再乘以90%而得到的。断态不重复峰值电压 U_{DSM} 与正向转折电压 U_{BO} 的差值，由生产厂家自定。这里需要说明的是，晶闸管正向工作时，有通态和断态两种状态。

参数名称中提到的断态或通态，一定是指正向的，因此，“正向”两字可以省去。

2）反向重复峰值电压 U_{RRM}。规定当门极断开，元件处在额定结温时，允许重复加在元件上的反向峰值电压为晶闸管的反向重复峰值电压，用 U_{RRM} 表示。它是由伏安特性中的反向击穿电压 U_{RO} 减去一定数值，即留出一定裕量，成为晶闸管的反向不重复峰值电压 U_{RSM}，然后再乘以90%而得到的。反向不重复峰值电压 U_{RSM} 与反向击穿电压 U_{RO} 的差值，由生产厂家自定。在正常情况下，晶闸管承受反向电压时一定是阻断的，因此参数名称中“阻断”两字可以省去。

3）额定电压 U_{Tn}。因为晶闸管的额定电压是瞬时值，若晶闸管工作时外加电压的峰值超过正向转折电压，就会使晶闸管硬开通，多次硬开通会造成晶闸管的损坏；而外加反向电压的峰值超过反向击穿电压，则会造成晶闸管永久损坏。因此，晶闸管的额定电压 U_{Tn} 通常是指 U_{DRM} 和 U_{RRM} 的较小值，再取相应的标准电压等级中偏小的电压值。例如，若测得并计算出来的晶闸管的 $U_{DRM}=835V$，$U_{RRM}=976V$，则额定电压应定义为800V，即8级。

另外，若散热不良或环境温度升高，均能使正反向转折电压降低，而且在使用中还会出现一些异常电压。因此，在实际选用晶闸管元件时，其额定电压要留有一定的裕量，一般选用元件的额定电压应为实际工作时晶闸管所承受的峰值电压的2～3倍，并按表1-1选取相应的电压等级。注意，此时选晶闸管要选标准等级中大的值。

表1-1　　晶闸管的正反向重复峰值电压标准等级

级别	正反向重复峰值电压（V）	级别	正反向重复峰值电压（V）	级别	正反向重复峰值电压（V）
1	100	8	800	20	2000
2	200	9	900	22	2200
3	300	10	1000	24	2400
4	400	12	1200	26	2600
5	500	14	1400	28	2800
6	600	16	1600	30	3000

4）通态（峰值）电压 U_{TM}。U_{TM} 是晶闸管通以π倍或规定倍数额定通态平均电流值时的瞬态峰值电压。从减小损耗和元件发热的观点出发，应该选择 U_{TM} 值较小的晶闸管。

5）通态平均电压（管压降）$U_{T(AV)}$。当元件流过正弦半波的额定电流平均值和稳定的额定结温时，元件阳极和阴极之间电压降的平均值称为晶闸管的通态平均电压 $U_{T(AV)}$，简称管压降。表1-2列出了晶闸管正向通态平均电压的组别及对应范围。

表1-2　　晶闸管正向通态平均电压的组别及对应范围

正向通态平均电压（V）	$U_{T(AV)}\leqslant 0.4$	$0.4<U_{T(AV)}\leqslant 0.5$	$0.5<U_{T(AV)}\leqslant 0.6$	$0.6<U_{T(AV)}\leqslant 0.7$	$0.7<U_{T(AV)}\leqslant 0.8$	$0.8<U_{T(AV)}\leqslant 0.9$	$0.9<U_{T(AV)}\leqslant 1.0$	$1.0<U_{T(AV)}\leqslant 1.1$	$1.1<U_{T(AV)}\leqslant 1.2$
组别代号	A	B	C	D	E	F	G	H	I

（2）晶闸管的电流定额。

1）通态平均电流 $I_{T(AV)}$。在环境温度为+40℃和规定的冷却条件下，晶闸管在电阻性负载的单相工频正弦半波、导通角不小于170°的电路中，当结温不超过额定结温且稳定时，晶闸管所允许通过的最大电流的平均值称为晶闸管的额定通态平均电流，用 $I_{T(AV)}$ 表示。将此电流按晶闸管标准电流系列取相应的电流等级，称为元件的额定电流。

在这里需要特别说明的是，晶闸管允许流过的电流的大小主要取决于元件的结温，而在规定的室温和冷却条件下，结温的高低仅与发热有关。从晶闸管管芯发热的角度来考虑，若认为元件导通时的管芯电阻不变，则其发热就由其电流有效值决定。而在实际应用中，流过晶闸管的电流波形是多种多样的，但对于同一只晶闸管而言，在流过不同电流波形时，所允许的电流有效值是相同的。因此，在使用时，对于流过晶闸管不同波形的电流，所允许的电流的有效值相同。因此，在使用时对于流过晶闸管不同波形的电流，额定情况下的通态平均电流的发热效应相等的原则，即用有效值相等的原则来选取晶闸管的额定电流。

在不同电路中，不同负载情况下，流过晶闸管的电流波形各不相同，但各种有直流分量的电流波形都有一个平均值和一个有效值。为方便理解和计算，定义一个电流波形的有效值与其平均值之比为这个电流波形的波形系数，用 K_f 表示，即

$$K_f = \frac{I}{I_d} \tag{1-6}$$

式中：I 为电流的有效值；I_d为电流的平均值。

那么对于晶闸管额定情况下的电流波形的波形系数是多少呢？由晶闸管额定电流的定义可知，额定情况下流过元件的电流波形是正弦半波，如图 1-10 所示。

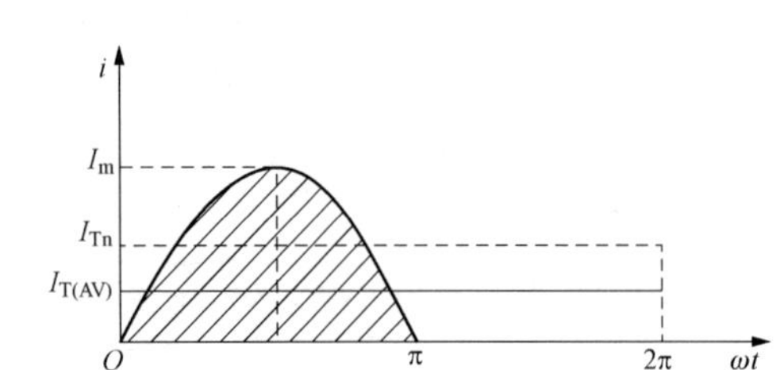

图 1-10　额定情况下晶闸管各电流的关系

额定电流就是正弦半波的平均值，设电流波形的峰值为 I_m，则有以下关系

$$I_d = I_{T(AV)} = \frac{1}{2\pi}\int_0^{\pi} I_m \sin\omega t \, d(\omega t) = \frac{I_m}{\pi} \tag{1-7}$$

$$I = I_{Tn} = \sqrt{\frac{1}{2\pi}\int_0^{\pi} (I_m \sin\omega t)^2 d(\omega t)} = \frac{I_m}{2} \tag{1-8}$$

$$K_f = \frac{I}{I_d} = \frac{I_{Tn}}{I_{T(AV)}} = \frac{\pi}{2} = 1.57 \tag{1-9}$$

即额定情况下的波形系数 $K_f=1.57$。

因此，晶闸管的额定情况下有效值 $I_{Tn}=1.57I_{T(AV)}$。例如，对于一只额定电流 $I_{T(AV)}=100A$ 的晶闸管，可知其允许的电流有效值应为 157A。但在选择时，还要留出 1.5～2 倍的安全裕量，所以，选择晶闸管额定电流 $I_{T(AV)}$ 的原则是所选晶闸管的额定电流有效值 I_{Tn}大于等于元件在电路中可能流过的最大电流有效值 I_{TM}的 1.5～2 倍，即

$$I_{Tn} = 1.57I_{T(AV)} = (1.5 \sim 2)I_{TM} = (1.5 \sim 2)K_f I_d \tag{1-10}$$

$$I_{T(AV)} = \frac{(1.5 \sim 2)I_{TM}}{1.57} \tag{1-11}$$

再取相应额定电流的标准系列值。

2）维持电流 I_H。维持电流是指在室温下门极断开时，晶闸管元件从较大通态电流降至刚好能保持导通所必须的最小阳极电流，一般为几十到几百毫安。I_H与结温无关，结温越高，则 I_H越小。

3）擎住电流 I_L。擎住电流是指晶闸管加上触发电压，当元件从阻断状态刚转入通态就去除触发信号，此时要维持元件导通所需要的最小阳极电流。对同一晶闸管来说，通常 I_L 为 I_H 的 2～4倍。

4）断态重复峰值电流 I_{DRM}和反向重复峰值电流 I_{RRM}。断态重复峰值电流 I_{DRM}和反向重复峰值

电流 I_{RRM}分别对应晶闸管承受断态重复峰值电压 U_{DRM}和反向重复峰值电压 U_{RRM}时的峰值电流。

5）浪涌电流 I_{TSM}。I_{TSM}是一种由于电路异常情况引起的使结温超过额定结温的不重复性最大正向过载电流，用峰值表示。它是用来保护电路的。

按标准，普通晶闸管型号的命名含义如下。

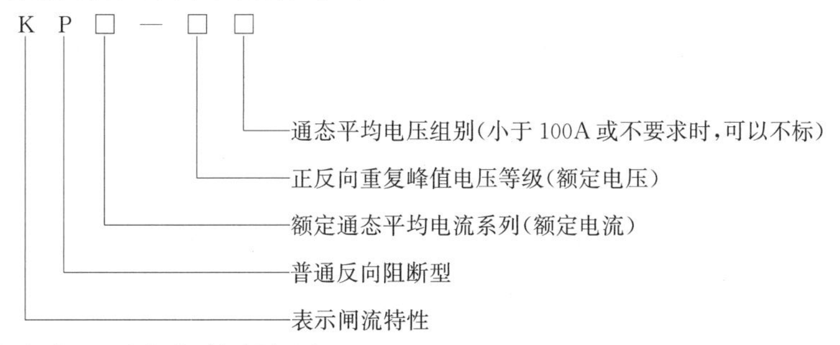

6）门极触发电流 I_{GT}和门极触发电压 U_{GT}。

I_{GT}是在室温下，给晶闸管施加 6V 正向阳极电压时，使元件由断态转入通态所必需的最小门极电流。

U_{GT}是产生门极触发电流所必需的最小门极电压。由于门极伏安特性的分散性，使得同一厂家生产的同一型号的晶闸管，其触发电流和触发电压相差很大，所以只规定其下限值。对于晶闸管的使用者来说，为使触发电路适用于所有同型号的晶闸管，触发电路送出的电压和电流要适当地大于型号规定的标准值，但不应超过门极可加信号的峰值 I_{FGM}和 U_{FGM}，功率不能超过门极平均功率 P_G和门极峰值功率 P_{GM}。

（3）动态参数。

1）断态电压临界上升率 du/dt。du/dt 是在额定结温和门极开路的情况下，不导致晶闸管从断态到通态转换的最大阳极电压上升率。实际使用时的电压上升率必须低于此规定值。

限制元件正向电压上升率的原因是：在正向阻断状态下，反偏的 J2 结相当于一个结电容，如果阳极电压突然增大，便会有一充电电流流过 J2 结，相当于有触发电流。若 du/dt 过大，即充电电流过大，就会造成晶闸管的误导通。所以在使用时，要采取措施，使它不超过规定的值。表 1 - 3为晶闸管的断态电压临界上升率等级。

表 1 - 3　　断态电压临界上升率（du/dt）的等级

du/dt（V/μs）	25	50	100	200	500	800	1000
等级	A	B	C	D	E	F	G

2）通态电流临界上升率 di/dt。di/dt 是在规定条件下，晶闸管能承受而无有害影响的最大通态电流上升率。如果电流上升太快，则晶闸管刚一导通，便会有很大的电流集中在门极附近的小区域内，造成 J2 结局部过热而出现“烧焦点”，从而使元件损坏。因此在实际使用时也要采取措施，使其被限制在允许值内，表 1 - 4 为晶闸管额定通态电流临界上升率的等级。表 1 - 5 列出了晶闸管的主要参数。

表 1 - 4　　晶闸管额定通态电流临界上升率的等级

di/dt(V/μs)	25	50	100	150	200	300	500
等级	A	B	C	D	E	F	G

表 1-5　　晶闸管的主要参数

型号	通态平均电流（A）	通态峰值电压（V）	断态正反向重复峰值电流（mA）	断态正反向重复峰值电压（V）	门级触发电流（mA）	门级触发电压（V）	断态电压临界上升率（V/μs）	推荐用散热器	安装力（kN）	冷却方式
KP5	5	≤2.2	≤8	100～2000	<60	<3		SZ14		自然冷却
KP10	10	≤2.2	≤10	100～2000	<100	<3	250～800	SZ15		自然冷却
KP20	20	≤2.2	≤10	100～2000	<150	<3		SZ16		自然冷却
KP30	30	≤2.4	≤20	100～2400	<200	<3	50～1000	SZ16		强迫风冷、水冷
KP50	50	≤2.4	≤20	100～3000	<250	<3		SL17		强迫风冷、水冷
KP100	100	≤2.6	≤40	100～3000	<250	<3.5		SL17		强迫风冷、水冷
KP200	200	≤2.6	≤0	100～3000	<350	<3.5		L18	11	强迫风冷、水冷
KP300	300	≤2.6	≤50	100～3000	<350	<3.5		L18B	15	强迫风冷、水冷
KP500	500	≤2.6	≤60	100～3000	<350	<4	100～1000	SF15	19	强迫风冷、水冷
KP800	800	≤2.6	≤80	100～3000	<350	<4		SF16	24	强迫风冷、水冷
KP1000	1000			100～3000				SS13		
KP1500	1000	≤2.6	≤80	100～3000	<350	<4		SF16	30	强迫风冷、水冷
KP2000								SS13		

【微课】
晶闸管正反向电阻测试

6. 晶闸管的简单测试方法

在实际使用中，常采用万用表法进行晶闸管好坏的简单判断。

（1）测量阳极与阴极之间的电阻。

1）万用表挡位置于 $R\times1\text{k}\Omega$ 或于 $R\times10\text{k}\Omega$ 挡，将黑表笔接在晶闸管的阳极，红表笔接晶闸管的阴极，测量阳极与阴极之间的正向电阻，观察指针摆动，如图 1-11 所示。

2）将表笔对换，测量阴极与阳极之间的反向电阻，观察指针摆动图 1-12 所示。

结果：正反向电阻均无穷大。

原因：晶闸管是 4 层 3 端半导体元件，在阳极和阴极间有 3 个 PN 结，无论加何电压，总有 1 个 PN 结处于反向阻断状态，因此正反向阻值均很大。

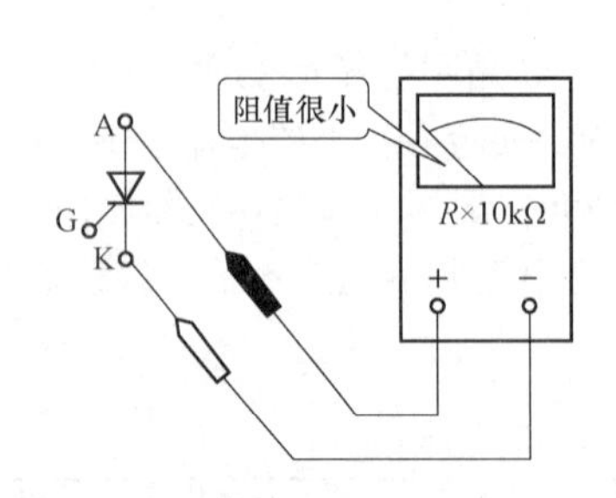

图 1-11　测量阳极和阴极间正向电阻

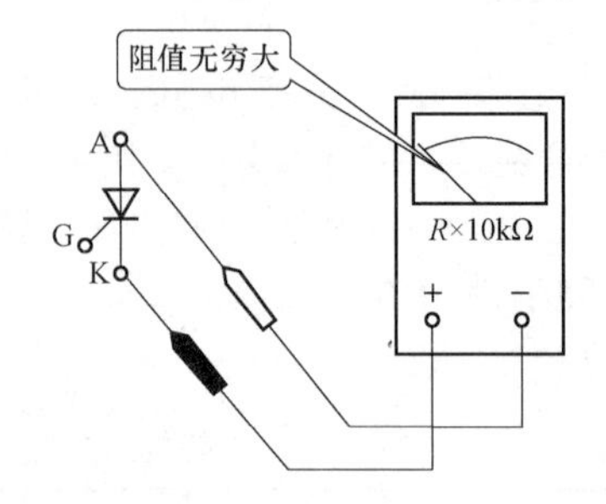

图 1-12　测量阳极和阴极间反向电阻

（2）测量门极与阴极之间的电阻。

1）万用表挡位置于 $R\times10\Omega$ 或 $R\times100\Omega$ 挡，将黑表笔接晶闸管的门极，红表笔接晶闸管的阴极，测量门极与阴极之间的正向电阻，观察指针摆动，如图 1 - 13 所示。

2）将表笔对换，测量阴极与门极之间的反向电阻，观察指针摆动，如图 1 - 14 所示。

结果：两次测量的阻值均不大，但前者小于后者。

原因：在晶闸管内部门极和阴极之间反向并联了一个二极管，对加在门极和阴极之间的反向电压进行限幅，防止晶闸管门极与阴极之间的 PN 结反向击穿。

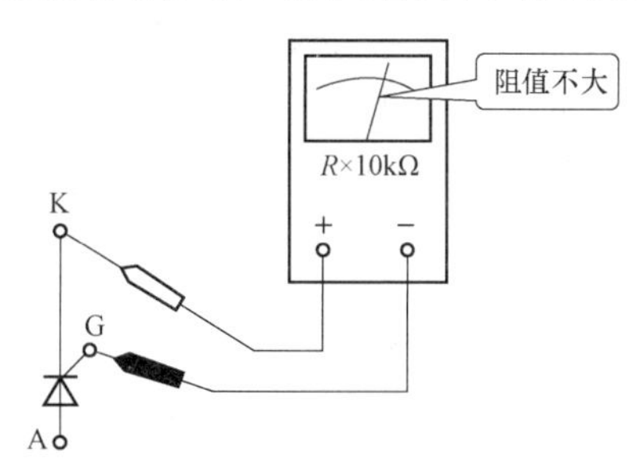

图 1 - 13 测量门极和阴极间正向电阻

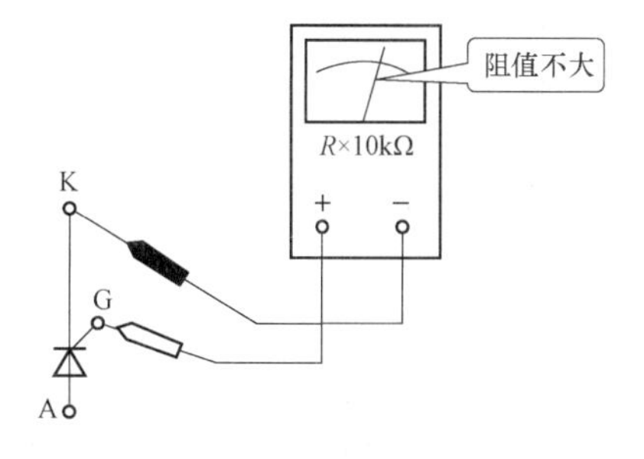

图 1 - 14 测量门极和阴极间反向电阻

7. 晶闸管的使用

（1）晶闸管使用中应注意的问题。晶闸管除了在选用时要充分考虑安全余量外，在使用过程中也要采用正确的使用方法，以保证晶闸管能够安全可靠地运行，延长其使用寿命。关于晶闸管的使用，具体应注意以下问题。

1）选用晶闸管的额定电流时，除了考虑通过它的平均电流外，还应注意正常工作时导通角的大小、散热通风条件等因素。在工作中还应注意管壳温度不超过相应电流下的允许值。

2）使用晶闸管之前，应该用万用表检查晶闸管是否良好。发现有短路或断路现象时，应立即更换。

3）电流为 5A 以上的晶闸管要装散热器，并且保证所规定的冷却条件。使用中若冷却系统发生故障，应立即停止使用，或将负载减小到原额定值的 1/3 做短时间应急使用。

冷却条件规定：如果采用强迫风冷方式，则进口风温不高于 40℃，出口风速不低于 5m/s。如果采用水冷方式，则冷却水的流量不小于 4000mL/min，冷却水电阻率 20kΩ · cm，pH＝6～8，进水温度不超过 35℃。

4）保证散热器与晶闸管管体接触良好，它们之间应涂上一薄层有机硅油或硅脂，以帮助良好的散热。

5）严禁用绝缘电阻表（摇表）检查晶闸管绝缘情况，如果确实需要对晶闸管设备进行绝缘检查，在检查前一定要将所有晶闸管元件的引脚做短路处理，以防止绝缘电阻表产生的直流高电压击穿晶闸管，造成晶闸管的损坏。

6）按规定对主电路中的晶闸管采用过电压及过电流保护装置。

7）要防止晶闸管门极的正向过载和反向击穿。

8）定期对设备进行维护，如清除灰尘、拧紧接触螺钉等。

（2）晶闸管在工作中过热的原因。晶闸管在工作中过热的原因主要有以下几方面：

1）晶闸管过载。

2）通态平均电压即管压降偏大。

3）断态重复峰值电流、反向重复峰值电流即正、反向断态漏电流偏大。

4）门极触发功率偏高。

5）晶闸管与散热器接触不良。

6）环境和冷却介质温度偏高。

7）冷却介质流速过低。

（3）晶闸管在运行中突然损坏的原因。引起晶闸管损坏的原因有很多，下面介绍一些常见的原因。

1）电流方面的原因：输出端发生短路或过载，而过电流保护不完善，熔断器规格不对，快速性能不符合要求。输出接电容滤波，触发导通时，电流上升率太大造成损坏。

2）电压方面的原因：没有适当的过电压保护，外界因开关操作、雷击等过电压侵入或整流电路本身因换相造成换相过电压，或是输出回路突然断开而造成过电压均可损坏元件。

3）元件本身的原因：元件特性不稳定，正向电压额定值下降，造成正向硬开通；反向电压额定值下降，引起反向击穿。

4）门极方面的原因：门极所加最高电压、电流或平均功率超过允许值；门极和阳极发生短路；触发电路有故障，加在门极上的电压太高，门极所加反向电压太大。

5）散热冷却方面的原因：散热器没拧紧，温升超过允许值，或风机、水冷却泵停，元件温升过高使其结温超过允许值，引起内部 PN 结损坏。

1.3.2 晶闸管的派生元件

前面介绍了 KP 普通型晶闸管的结构、原理和主要参数。随着生产实际需求的增加，在普通晶闸管的基础上又派生出一些特殊型晶闸管，如双向晶闸管（KS）、逆导晶闸管（KN）、快速晶闸管（KK）等。

1. 双向晶闸管

（1）双向晶闸管的结构。双向晶闸管是一种五层三端的硅半导体闸流元件。其结构从外观上和普通型晶闸管一样，也有螺栓式和平板式两种结构，其特点与普通型晶闸管相同。

图 1-15 双向晶闸管的外观

双向晶闸管的外部也有三个电极，其中两个主电极分别为 T1 极和 T2 极，还有一个门极 G，门极 G 和 T2 极是在同一侧引出的。其外部形式如图 1-15 所示。

双向晶闸管的内部结构有五层（NPNPN），其核心部分集成在一块单晶片上，相当于两个门极接在一起的普通型晶闸管反并联，其等效电路及符号如图 1-16 所示。

（2）双向晶闸管的特性。双向晶闸管的门极可以在主电极正反两个方向触发晶闸管，关于这一点可以在其伏安特性上清楚地看出来，如图 1-17 所示。双向晶闸管在第Ⅰ象限和第Ⅲ象限有着对称的伏安特性，这一点与普通型晶闸管是不同的。其中，规定双向晶闸管的 T1 极为正、T2 极为负时的特性为第Ⅰ象限特性；而 T1 极为负、T2 极为正时的特性为第Ⅲ象限特性。

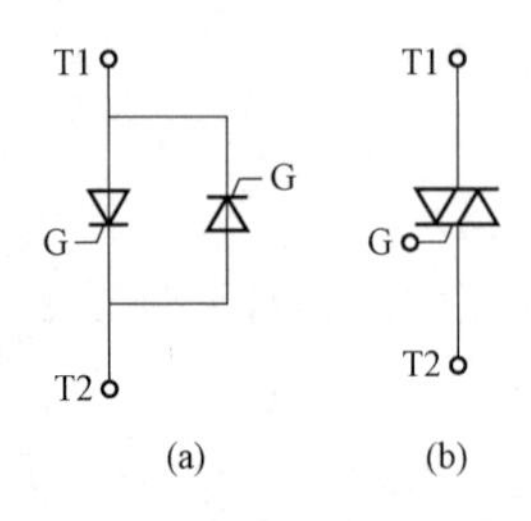

图 1-16 双向晶闸管的等效电路及符号

（a）等效电路；（b）图形符号

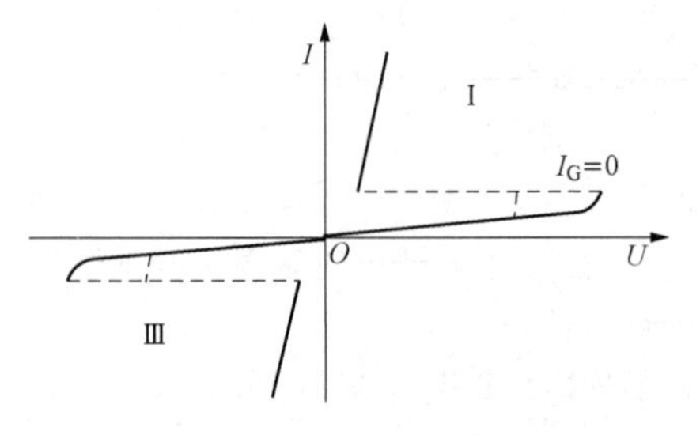

图 1-17 双向晶闸管的伏安特性

双向晶闸管的门极和 T2 极之间加正、负触发信号均能使晶闸管触发导通，所以双向晶闸管有四种触发方式。

1）Ⅰ＋触发方式：T1 极为正，T2 极为负；门极为正，T2 极为负。

2）Ⅰ－触发方式：T1 极为正，T2 极为负；门极为负，T2 极为正。

3）Ⅲ＋触发方式：T1 极为负，T2 极为正；门极为正，T2 极为负。

4）Ⅲ－触发方式：T1 极为负，T2 极为正；门极为负，T2 极为正。

由于双向晶闸管内部结构的原因，这四种触发方式的灵敏度各不相同，即所需触发电压、电流的大小不同。其中Ⅲ＋触发方式灵敏度最低，所需的门极触发功率很大，所以在实际应用中一般不选此种触发方式，双向晶闸管常用在交流调压等电路，因此触发方式常选（Ⅰ＋、Ⅲ－）或（Ⅰ－、Ⅲ－）。

（3）双向晶闸管的参数及型号。双向晶闸管的主要参数与普通晶闸管的参数基本一致。

1）额定通态电流 $I_{T(RSM)}$（额定电流）。表 1-6 列出了部分电流系列。由于双向晶闸管常用在交流电路中，因而其额定电流是用有效值定义的，这一点和普通型晶闸管不一样，在使用时要注意。以 100A 的双向晶闸管为例，其峰值为 $100\times\sqrt{2}=141(A)$，而对于一个额定情况下（正弦半波）峰值为 141A 的普通型晶闸管来说，它的额定电流（平均值）为 $141A/\pi=45(A)$。这就是说，一个 100A（有效值）的双向晶闸管与两个 45A（平均值）的普通晶闸管反并联的电流容量相同。而在实际选取晶闸管时，也要留出一定的裕量，一般 $I_{T(RSM)}=(1.5\sim2)I_M$，其中 I_{TM} 为实际电路中流过双向晶闸管的电流最大值。

表 1-6　　系列与额定电流（有效值）的规定

系列	KS1	KS10	KS20	KS50	KS100	KS200	KS000	KS500
$I_{T(RSM)}$（A）	1	10	20	50	100	200	400	500

2）断态重复峰值电压 U_{DRM}（额定电压）。其分级规定见表 1-7。实际应用时，电压通常取两倍的裕量。

表 1-7　　断态重复峰值电压的分级规定

等级	1	2	3	4	5	6	7	8	9	10	12	14	16	18	20
U_{DRM}（V）	100	200	300	400	500	600	700	800	900	1000	1200	1400	1600	1800	2000

双向晶闸管的其他参数见表 1-8 和表 1-9。

表 1-8　　断态电压临界上升率的分级规定

等级	0.2	0.5	2	5
du/dt（V/μs）	≥20	≥50	≥200	≥500

表 1-9　　换向电流临界下降率的分级规定

等级	0.2	0.5	1
di/dt（A/μs）	$\geq 0.2\%I_{T(RMS)}$	$\geq 0.5\%I_{T(RMS)}$	$\geq 1\%I_{T(RMS)}$

根据标准规定，双向晶闸管的型号含义如下。

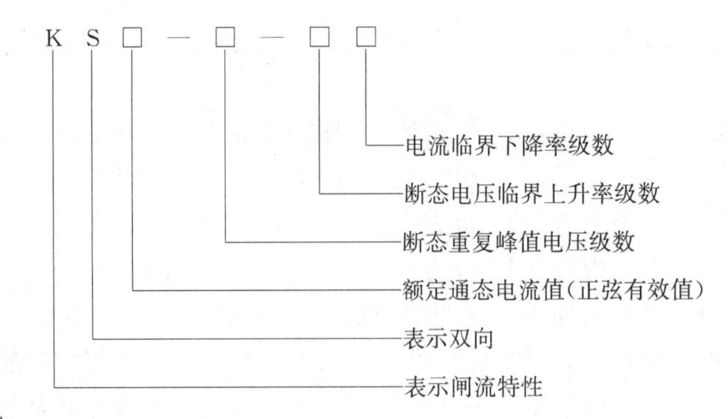

2. 逆导晶闸管

在逆变电路和直流斩波电路中，常常要将晶闸管和二极管反并联使用，逆导晶闸管就是根据这一要求发展起来的元件。它是将普通型晶闸管和整流二极管制作在同一管芯上，且中间有一隔离区的功率集成元件。其等效电路、符号和伏安特性如图 1 - 18 所示。

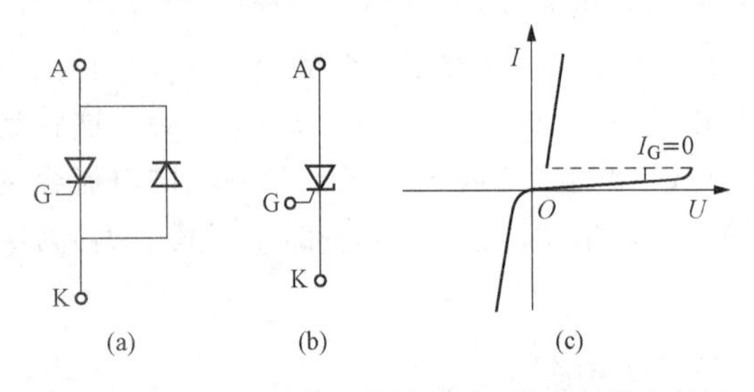

图 1 - 18 逆导晶闸管的等效电路、符号及伏安特性
（a）等效电路；（b）图形符号；（c）伏安特性

逆导晶闸管不具有承受反向电压的能力，一旦承受反向电压就会导通。与普通型晶闸管相比，它具有正向压降小、关断时间短、高温特性好、额定结温高等优点，可用于不需要阻断反向电压的电路。

逆导晶闸管的额定电流用分数表示，分子表示晶闸管电流，分母表示二极管电流。如 300A/150A。两者的比值应依据使用要求而定，一般为 1～3。

3. 快速晶闸管

快速晶闸管的外形、符号和伏安特性与普通型晶闸管相同。它包括常规的快速晶闸管和工作在更高频率的高频晶闸管。快速晶闸管的管芯结构和制造工艺与普通型晶闸管不同，因而快速晶闸管的开通和关断时间短。例如，普通型晶闸管的关断时间为几百微秒，而快速晶闸管为几十微秒，高频晶闸管则为 10μs 左右。而且快速晶闸管的 du/dt 和 di/dt 的耐量也有了明显的提高。

快速晶闸管的不足是其电压和电流都不易过大，并且由于工作频率较高，故在选择此类元件时不能忽略其开关损耗。

4. 光控晶闸管

光控晶闸管又称光触发晶闸管，是利用一定波长的光照信号来代替电信号对元件进行触发。其图形符号如图 1 - 19 所示。光控晶闸管的伏安特性和普通型晶闸管一样，只是随着光照信号变强其正向转折电压逐渐变低。

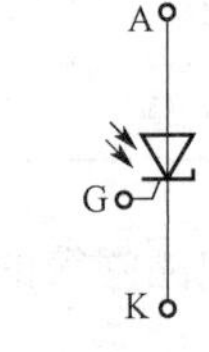

图 1 - 19 光控晶闸管图形符号

采用光触发，保证了主电路和触发电路之间的绝缘，并且还可以避免电磁干扰的影响。

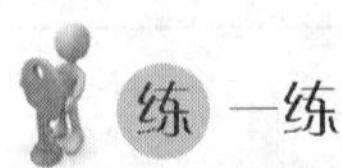

一练

实训技能训练：晶闸管和双向晶闸管的简单测试及晶闸管的导通、关断条件测试。

一、实训目标

（1）认识晶闸管的外形结构，能辨别晶闸管的型号，掌握测试晶闸管好坏的方法。

（2）认识双向晶闸管的外形结构，掌握测试晶闸管好坏的方法。

（3）研究晶闸管的导通、关断条件。

二、实训元件

（1）晶闸管导通、关断实验电路板。

（2）直流稳压电源。

（3）万用表。

（4）晶闸管（3只）。

（5）电流表。

（6）双向晶闸管。

（7）导线若干。

三、实训步骤

1. 晶闸管的外形结构认识

观察晶闸管结构，认真察看并记录元件的有关信息，包括型号、电压、电流、结构类型等。整理晶闸管型号记录并填写在表1-10中。

表1-10 晶闸管型号记录表

项目	型号	额定电压	额定电流	结构类型
1				
2				
3				

2. 测量晶闸管

根据晶闸管测量要求和方法，用万用表认真测量晶闸管各引脚之间的电阻值并记录（见表1-11）。

表1-11 晶闸管测量记录表

项目	R_{AK}	R_{KA}	R_{KG}	R_{GK}	结论
1					
2					
3					

3. 测量双向晶闸管

根据双向晶闸管测量要求和方法，用万用表认真测量晶闸管各引脚之间的电阻值并记录（见表1-12）。

表1-12 双向晶闸管测量记录表

项目	R_{T1T2}	R_{T2T1}	R_{T1G}	R_{GT1}	结论

4. 检测晶闸管的导通条件（见图1-20）

（1）先将S1～S3断开，闭合S4，加30V正向阳极电压。然后让门极开路或接4.5V电压，观察晶闸管是否导通，灯泡是否亮。

（2）加30V反向阳极电压，门极开路、接－4.5V或＋4.5V电压，观察晶闸管是否导通，灯泡是否亮。

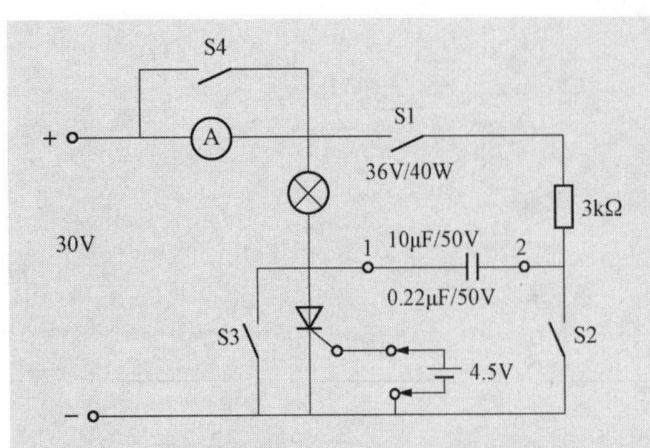

图 1-20　晶闸管导通、关断条件实验电路

（3）阳极、阴极都加正向电压，观察晶闸管是否导通，灯泡是否亮。

（4）灯亮后，去掉门极电压，看灯泡是否亮；再加－4.5V 反向门极电压，看灯泡是否继续亮，并说明原因。

5. 检测晶闸管的关断条件

（1）接＋30V 电源，再接通 4.5V 正向门极电压使晶闸管导通，灯泡亮，然后断开门极电压。

（2）去掉 30V 阳极电压，观察灯泡是否亮。

（3）接通 30V 正向阳极电压及正向门极电压使灯亮，然后闭合 S1，断开门极电压，然后接通 S2，看灯泡是否熄灭。

（4）在 1、2 端换上 0.22μF/50V 的电容再重复步骤（3），观察灯泡是否熄灭，并说明原因。

（5）把晶闸管导通，断开门极电压，然后闭合 S3，再立即打开 S3，观察灯泡是否熄灭，并说明原因。

（6）断开 S4，再使晶闸管导通，断开门极电压。逐渐减小阳极电压，当电流表指针由某值突然降到零时，该值就是被测晶闸管的维持电流（记录此维持电流）。此时再增大阳极电压，灯泡已经不再发亮，说明晶闸管已经关断。

1.3.3　其他新型电力电子元件

前面介绍的晶闸管元件，尽管得到了很大的发展，但其在控制功能上还有欠缺，即通过门极只能控制开通而不能控制关断，所以被称为半控型元件。随着半导体制造技术及变流技术的发展，微电子技术与电力电子技术在各自发展的基础上相结合而产生了一代新型高频化、全控型的功率集成元件，从而使电力电子技术跨入了一个新时代。全控型元件是导通和关断都可控的电力电子元件，也称自关断元件。这些元件有电力晶体管（GTR）、门极关断晶闸管（GTO）、功率场效应晶体管（MOSFET）、绝缘栅极双极型晶体管（IGBT）、静电感应晶体管（SIT）、静电感应晶闸管（SITH）、MOS 晶闸管（MCT）以及 MOS 晶体管（MGT）等。

一般根据元件中参与导电的载流子的情况，将电力电子元件分为双极型、单极型和混合型三大类型。

1. 双极型元件

双极型元件是指元件内部参与导电的是电子和空穴两种载流子的半导体元件。常见的双极型元件有电力晶体管和可关断晶闸管。

（1）电力晶体管。电力晶体管也称巨型晶体管（Giant Transistor，GTR），是一种双极结型晶体管。它具有大功率、开关时间短、饱和压降低和安全工作区宽等优点，因此被广泛用于交流电机调速、不停电电源和中频电源等电力交流装置中。

电力晶体管的结构同小功率晶体管相似，也是三端三层元件，内部有两个 PN 结，也有 NPN 管和 PNP 管之分，大功率电力晶闸管多为 NPN 型。如图 1-21 所示为电力晶体管的内部结构和图形符号。对

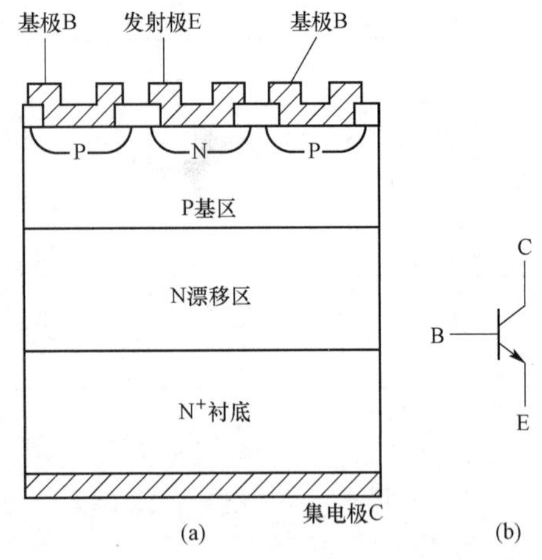

图 1-21　电力晶体管的内部结构和图形符号
（a）内部结构；（b）图形符号

于电力晶体管来说，多数情况下处于功率开关状态，因此对它的要求是要有足够的电压、电流承载能力、适当的增益、较高的工作速度和较低的功率损耗等。然而随着电力晶体管电压、电流容量的增加，基区电导调制效应和扩展效应将使元件的电流增益下降；发射极电流集边效应则使电流分布不均，出现电流局部集中，导致元件发热损坏。为此，电力晶体管均采用三重扩散台面型结构制成单管形式，该结构特点是截面积较大、电流分布均匀、易于提高耐压及散热；缺点是电流增益低。为了扩大输出容量和提高电流增益，可采用达林顿结构，它由两个或多个晶体管复合而成。

通常用导通、截止、开通和关断来表示电力晶体管不同的工作状态。导通和截止表示电力晶体管的两种稳态工作情况，开通和关断表示电力晶体管由断到通、由通到断的动态过程。在共射极接法时，电力晶体管的输出特性也分截止区、放大区和饱和区。在开关状态时，电力晶体管应工作在截止区或饱和区，但在开关过程中，即在截止区和饱和区之间过渡时，都要经过放大区。用图 1-22 所示共射极开关电路来说明元件开关状态的特性。电力晶体管导通时对应着基极输入正向电压的情况，此时发射极处于正向偏置（$U_{BE}>0$）状态，集电结也处于正向偏置（$U_{BC}>0$）状态。由于基区内有大量过剩的载流子，而集电极电流被外部电路限制在某一数值不能继续增加，于是使电力晶体管处于饱和状态射极之间阻抗很小，其特征用电力晶体管的饱和压降 U_{CES} 来表征。当基极输入反向电压或零时，电力晶体管的发射结和集电结都处于反向偏置（$U_{BE}<0$、$U_{BC}<0$）状态。在这种状态下集电极和发射极之间阻抗很大，只有极小的漏电流流过，电力晶体管处于截止状态。此时电力晶体管的特征用穿透电流 I_{CEO} 表征。

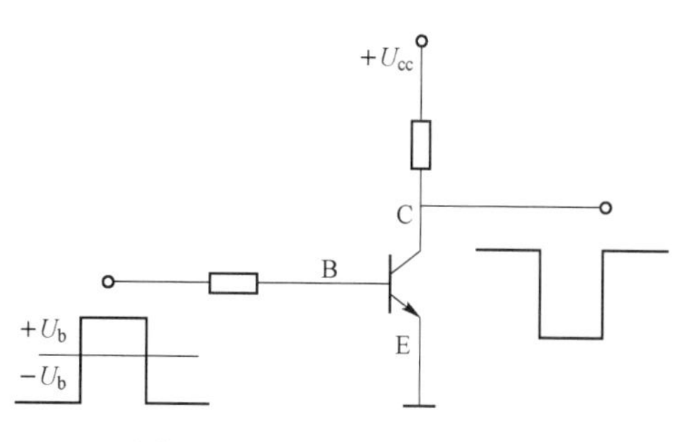

图 1-22 共射极的开关电路

图 1-23 所示为电力晶体管的开关过程的电流波形。与晶闸管类似，电力晶体管开通时间 t_{on} 包括延迟时间 t_d 和上升时间 t_r；而它的关断时间 t_{off} 包括存储时间 t_s 和下降时间 t_f。

$$t_{on}=t_d+t_r \tag{1-12}$$

$$t_{off}=t_s+t_f \tag{1-13}$$

增大基极驱动电流 i_B 的幅值并增大 di_b/dt，可以缩短延迟时间和上升时间；减小导通时的饱和深度或增大基极抽取负电流 i_B 的幅值和偏压，可以缩短存储时间。当然，减小饱和导通时的深度会使 U_{CES} 增加，这是一对矛盾。

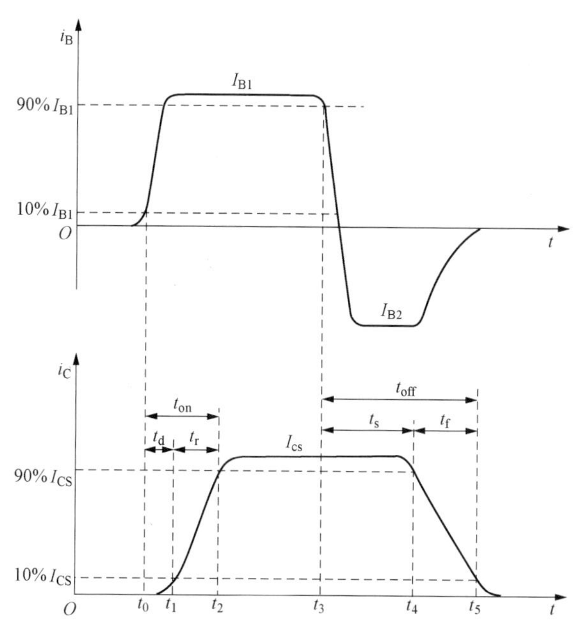

图 1-23 电力晶体管的开关过程中的电流波形

在实际应用中，损坏的电力晶体管多数是由于二次击穿造成的。二次击穿是指电力晶体管发生一次击穿后电流不断增加，在某一点产生向低阻抗区高速移动的负阻现象，用符号 S/B 表示。当集电极电压升高到某一数值时，集电极电流 I_C 急剧增大，这就是通常所说的雪崩现象，即一次击穿现象，其特点是此时集电极的电压基本保持不变。如有外接电阻限制电流增长，一般不会引起电力晶体管特性变差；若不加限制，继续增大外接电压，就会导致具有破坏性的二次击穿。

电力晶体管的主要技术参数除了前面提到的集电极与发射极间漏电流 I_{CEO}、集电极和发射极间饱和压降 U_{CES}、开通时间 t_{on}和关断时间 t_{off}之外，还有以下几种。

1）电压参数。随着测试条件的不同，电力晶体管的电压参数分为下面几种：发射极开路时，集—基极间的反向击穿电压 U_{CBO}；基极开路时，集—射极间的反向击穿电压 U_{CEO}；基—射极间短路时，集—射极间的反向击穿电压 U_{CES}；基—射极间接一电阻时，集—射极间的反向击穿电压 U_{CER}；基—射极间接一电阻并串联反偏电压时，集—射极间的反向击穿电压 U_{CEX}。它们之间的大小关系通常为 $U_{CBO}>U_{CEX}>U_{CES}>U_{CER}>U_{CEO}$。

2）电流参数。集电极最大允许电流 I_{CM}。一般以电流放大倍数 β 值下降到额定值的 1/3～1/2 时的 I_C 值的定义为 I_{CM}。

3）功率参数。集电极最大耗散功率 P_{CM}，导通损耗 P_{ON}，开关损耗 P_{SW}，二次击穿功率 P_{SB}。

其他参数还有电流放大倍数、额定结温等。

可见，电力晶体管在运行中受到许多条件的制约。为了保证电力晶体管安全可靠地工作，建立了安全工作区的概念。安全工作区 SOA（Safe Operation Area）是指电力晶体管能够运行的电压、电流和功率范围。如图 1 - 24 所示，它由最高工作电压 U_{CEM}、集电极最大允许电流 I_{CM}、最大耗散功率 P_{CM}和二次击穿功率 P_{SB}确定。

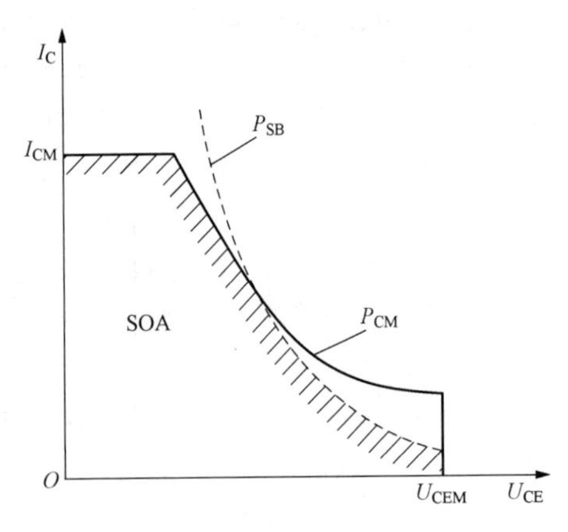

图 1 - 24 电力晶体管的安全工作区

（2）门极关断晶闸管。门极关断晶闸管也称可关断晶闸管（Gate Turn Off Thyristor，GTO），普通型晶闸管的特点是靠门极正信号触发之后，撤掉触发信号也能维持通态。欲使之关断，必须使正向电流低于维持电流 I_H，一般要施加以反向电压强迫其关断。这就需要增加换向电路，不仅使设备的体积、重量增大，而且会降低效率，产生波形失真和噪声。可关断晶闸管克服了上述缺陷，既保留了普通型晶闸管耐压高、电流大等优点，又具有电力晶体管的一些优点，如具有自关断能力、频率高、使用方便等，是理想的高压、大电流开关元件。可关断晶闸管的容量及使用寿命均超过电力晶体管，只是工作频率比电力晶体管低。目前，可关断晶闸管已达到 3000、4500A 的容量。大功率可关断晶闸管已广泛用于斩波调速、变频调速、逆变电源等领域，显示出强大的生命力。

可关断晶闸管的主要特点既可用门极正向触发信号使其触发导通，又可向门极加负向触发信号使晶闸管关断。

可关断晶闸管与普通型晶闸管一样，也是 PNPN 四层三端元件，其结构示意图及等效电路和普通晶闸管相同，如图 1 - 3（a）和图 1 - 4（b）所示。图 1 - 25 绘出可关断晶闸管的电气图形符号。可关断晶闸管是多元的功率集成元件，这一点与普通型晶闸管不同。它内部包含数十个甚至数百个共阳极的可关断晶闸管元，这些小可关断晶闸管元的阴极和门极则在元件内部并联在一起，且每个可关断晶闸管元的阴极和门极距离很短，有效地减小了横向电阻，因此可以从门极抽出电流而使其关断。

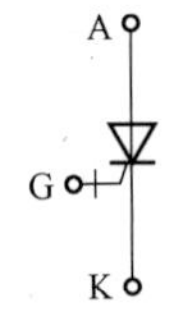

图 1 - 25 可关断晶闸管的电气图形符号

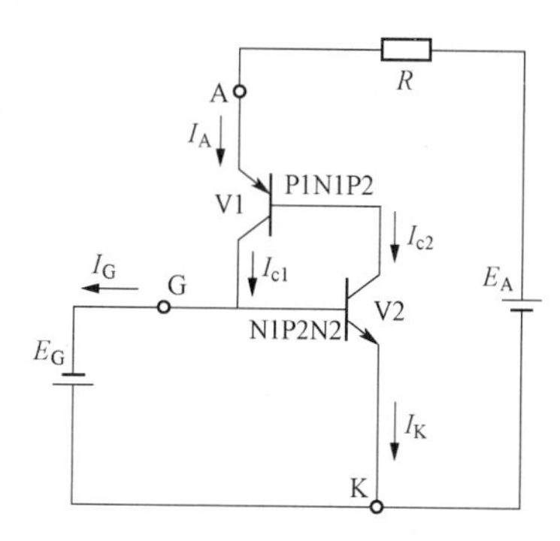

图 1-26　可关断晶闸管的关断过程等效电路

可关断晶闸管的触发导通原理与普通型晶闸管相似，阳极加正向电压，门极加正触发信号后，在其内部也会发生正反馈过程，使可关断晶闸管导通。尽管两者的触发导通原理相同，但两者的关断原理及关断方式截然不同。当要关断可关断晶闸管时，给门极加上负电压，晶体管 P1N1P2 的集电极电流 I_{c1} 被抽出来，形成门极负电流 I_G。由于 I_{c1} 的抽走使 N2P2N2 晶体管的基极电流减小，进而使其集电极电流 I_{c2} 减小，于是引起 I_{c1} 的进一步下降，形成一个正反馈过程，最后导致可关断晶闸管阳极电流的关断。如图 1-26 所示为可关断晶闸管的关断过程等效原理图。

那么为什么普通型晶闸管不可以采用这种从门极抽走电流的方式来使其关断呢？这是由于普通型晶闸管在导通之后处于深度饱和状态，$\alpha_1+\alpha_2$ 比 1 大很多，用此方法根本不可能使其关断。而可关断晶闸管在导通时的放大系数 $\alpha_1+\alpha_2$ 只是稍大于 1，近似等于 1，只能达到临界饱和，所以可关断晶闸管门极上加负向触发信号即可关断。另外，在设计时使得 V2 管的 α_2 较大，这样控制更灵敏，也会使可关断晶闸管易于关断。再就是前面提到的多元结构上的特点，都使可关断晶闸管的可控关断成为可能。

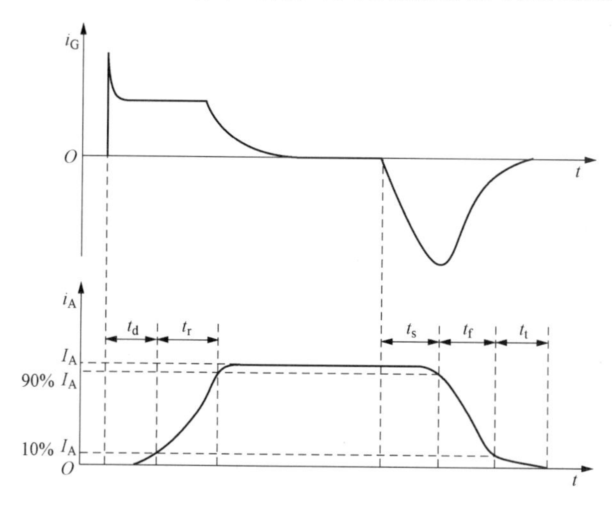

图 1-27　可关断晶闸管的动态特性

可关断晶闸管的动态特性如图 1-27 所示。由图可以看出，可关断晶闸管的开通时间 t_{on} 与电力晶体管类似，也包括延迟时间 t_d 和上升时间 t_r。且其大小取决于元件特性、门极电流上升率以及门极信号的幅值大小。而可关断晶闸管的整个关断过程可用三个时间来表示，即包括存储时间 t_s、下降时间 t_f 和尾部时间 t_τ，而定义的关断时间 t_{off} 则包括存储时间 t_s 和下降时间 t_f。各部分的时间定义如下：

1）延迟时间 t_d。从施加正的触发电流的时刻起，到阳极电流上升到稳定值的 10％时刻止的这一段时间。

2）上升时间 t_r。阳极电流从稳定值的 10％上升到稳定值的 90％所需的时间。

3）存储时间 t_s。从施加负脉冲的时刻起，到阳极电流下降到稳定值的 90％所需的时间。

4）下降时间 t_f。阳极电流从稳定值的 90％下降到稳定值的 10％所需的时间。

5）尾部时间 t_t。阳极电流从稳定值的 10％到可关断晶闸管恢复阻断能力所需的时间。

可关断晶闸管的主要参数有以下几点。

1）最大可关断阳极电流 I_{ATO}。可关断晶闸管的阳极电流受两方面限制：一个是额定结温决定了可关断晶闸管的平均电流定额；另一个是受电学上的限制，即当电流过大时，可关断晶闸管的临界导通条件 $\alpha_1+\alpha_2$ 稍大于 1 就可能被破坏，使元件饱和程度加深，将导致门极关断失败。因此，可关断晶闸管存在着可以关断的阳极电流最大值 I_{ATO}，它是标称可关断晶闸管的额定电流容量的参数。如 3000A/4500A 的可关断晶闸管，即指元件的最大可关断阳极电流 I_{ATO} 为 3000A，耐压为 4500V。

2）电流关断增益 β_{off}。可关断晶闸管的另一个重要参数就是 β_{off}，它等于阳极最大可关断电流 I_{ATO} 与门极最大负向电流 I_{GM} 之比，即

$$\beta_{off} = \frac{I_{ATO}}{I_{GM}} \tag{1-14}$$

β_{off} 值越大，说明门极电流对阳极电流的控制能力越强。β_{off} 一般较小，仅为几倍，电流关断增益低是可关断晶闸管的一个主要缺点。

3）维持电流 I_H 和擎住电流 I_L。可关断晶闸管的维持电流和擎住电流的含义和普通型晶闸管的含义基本相同。但是，由于可关断晶闸管的多元集成结构，使得每个可关断晶闸管元的维持电流和擎住电流不可能完全相同。因此，把阳极电流减小到开始出现某些可关断晶闸管元不能再维持导通时的值称为整个可关断晶闸管的维持电流；而规定所有可关断晶闸管元都达到其擎住电流时的阳极电流为可关断晶闸管的擎住电流 I_L。

4）开通时间 t_{on} 和关断时间 t_{off}。在前面动态特性中已做出定义

$$t_{on} = t_d + t_r \tag{1-15}$$

$$t_{off} = t_s + t_f \tag{1-16}$$

可关断晶闸管的开关时间比普通型晶闸管短，但比电力晶体管长，因此它的工作频率介于普通型晶闸管和电力晶闸管之间。

5）断态重复峰值电压 U_{DRM}、断态不重复峰值电压 U_{DSM}、反向重复峰值电压 U_{RRM} 和反向不重复峰值电压 U_{RSM}。对可关断晶闸管而言，这些电压的定义与普通型晶闸管相同。

2. 单极型元件

单极型元件是指元件内只有一种载流子，即多数载流子参与导电的半导体元件。常见的全控单极型元件有功率场效应晶体管和静电感应晶体管两种。

功率场效应晶体管也称电力场效应晶体管。同小功率场效应晶体管一样，分为结型和绝缘栅型两种类型，只不过通常的功率场效应晶体管主要指绝缘栅型场效应晶体管，而把结型功率场效应晶体管称为静电感应晶体管。

功率场效应晶体管是一种单极型的电压控制元件，因此有驱动电路简单、驱动功率小、无二次击穿问题、安全工作区宽及开关速度快、工作频率高等显著特点。在开关电源、小功率变频调速等电力电子设备中具有其他电力电子元件所不能取代的地位。

如图 1-28 所示为功率场效应晶体管的内部结构示意图和电气图形符号。功率场效应晶体管的导通机理与小功率场效应晶体管相同，都是只有一种载流子参与导电，并根据导电沟道分为 P 沟道和 N 沟道。但它们在结构上却有较大的区别，传统的场效应晶体管结构是把源极、栅极和漏极安装在硅片的同一侧上，因而其电流是横向流动的，电流容量不可能太大。要想获得大的功率处理能力，必须有很大的沟道宽长比，而沟道长度受制版和光刻工艺的限制不可能做得很小，因而只好增加管芯面积，这显然是不经济的，甚至是难以实现的。因此，功率场效应晶体管的制造关键是既要保留沟道结构，又要将横向导电改为垂直导电。在硅片上将漏极改装在栅、源极的另一面，即垂直安置漏极，不仅充分利用了硅片面积，而且实现了垂直导电，所以获得了较大的电流容量。垂直导电结构组成的功率场效应晶体管称为 VMOSFET（Vertical MOSFET）。根据结构形式的不同，功率场效应晶体管又分为利用 V 形槽实现垂直导电的 VVMOSFET（Vertical V-groove MOSFET）和具有垂直导电双扩散 MOS 结构的 VD-MOSFET（Vertical Double-diffused MOSFET）。

如图 1-29 所示为功率场效应晶体管的静态特性。其中图 1-29（a）为功率场效应晶体管的转移特性，它表示了元件的输入栅源电压 U_{GS} 与输出漏极电流 I_D 之间的关系。转移特性表示功

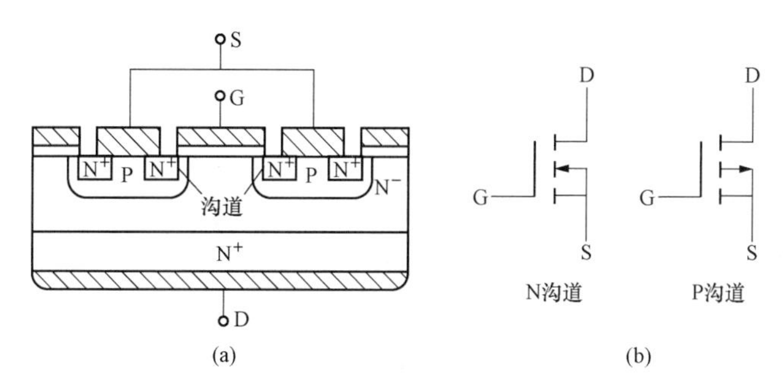

图 1-28　功率场效应晶体管的内部结构和电气图形符号

(a) 内部结构；(b) 电气图形符号

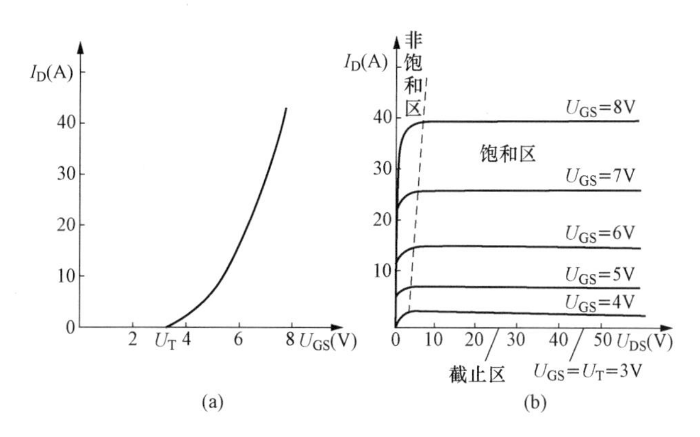

图 1-29　功率场效应晶体管的静态特性

(a) 转移特性；(b) 输出特性

率场效应晶体管的放大能力，与电力晶体管中的电流增益相似，由于功率场效应晶体管是电压控制元件，因此用跨导 G_{fs} 这一参数来表示。跨导的大小定义为转移特性曲线的斜率，当 I_D 较大时，I_D 与 U_{GS} 的关系近似线性。因此有

$$G_{fs}=\frac{dI_D}{dU_{GS}} \tag{1-17}$$

如图 1-29（b）所示为功率场效应晶体管的输出特性。它是以栅源电压 U_{GS} 为参变量，反映漏极电流 I_D 与漏极电压 U_{DS} 之间关系的曲线族。输出特性可以分三个区域：

（1）截止区。$U_{GS} \leqslant U_T$，$I_D=0$，此区域和电力晶体管的截止区相对应。

（2）饱和区。$U_{GS}>U_T$，$U_{DS} \leqslant U_{GS}-U_T$，这里饱和的概念是指当 U_{GS} 不变时，I_D 几乎不随漏源电压 U_{DS} 的增加而增加，近似为一常数。

（3）非饱和区（也称可调电阻区）。$U_{GS}>U_T$，$U_{DS} \leqslant U_{GS}-U_T$，此区域漏极电压 U_{DS} 和漏极电流 I_D 之比近似为常数，即非饱和是指漏源电压 U_{DS} 增加时漏极电流 I_D 相应增加。

3. 复合型元件（IGBT）

电力电子元件的模块化趋势从 20 世纪 80 年代中后期开始，由于模块外形尺寸和安装尺寸的标准化以及芯片间的连线已在模块内部连成，因而与同容量的分立器件相比，具有体积小、重量轻、结果紧凑、可靠性高、外接线简单、互换性好、便于维修和安装、结构重复性好、装置的机械设计可简化、总价格（包括散热器）低等优点。模块化一直受到世界各国电力半导体器件公司的高度重视，投入大量人力和财力，开发出各种形式的电力半导体模块，使模块技术得以蓬勃发展。例如晶闸管、整流二极管、双向晶闸管、逆导晶闸管、光控晶闸管、可关断晶闸管、功率

MOSPET 以及绝缘栅双极型晶体管 IGBT 等模块。具有功率控制能力、含有功率器件的智能功率集成电路（SPIC）和高电压功率集成电路（HVIC）都已形成各种实用系列。

IGBT 芯片的集电极和快恢复二极管的阴极都直接焊在覆铜陶瓷基板（DCB）的陶瓷基板上，然后用铜电极引出，DCB 的基板再与铜底板相焊，以便散热。IGBT 的发射极、栅极以及快恢复二极管的阳极都用铝丝键合在 DCB 上，然后再用铜电极引出。模块采用 RTV 硅橡胶、硅凝胶和环氧树脂密封保护，又加上芯片本身 PN 结已有玻璃钝化保护，因此，能达到防潮、防振、防有害气体侵袭，使模块性能稳定可靠。但是，IGBT 芯片焊在一个平面上，芯片之间采用芯片互连超声键合技术或热压键合的方法相连，器件在高 di/dt 和 du/dt 的条件下进行开和关，很容易产生强电磁场，导致键合线（铝丝）之间由于邻近效应，使电流在导线内分布不均匀，并产生寄生振荡和噪声，导致键合线损坏或使键合点脱落，造成 IGBT 模块失效。为此，已研制出在钼片表面镀一层铝，钼面与 IGBT 或快恢复二极管焊在一起，而铝丝键合在钼片表面的键合铝层上，以降低键合处的应力，进一步改善了 IGBT 模块工作的可靠性。

IGBT 是一种大功率的电力电子器件，主要用于变频器逆变和其他逆变电路，将直流电压逆变成频率可调的交流电，被称为电力电子装置的“CPU”。同时，IGBT 是能源变换与传输的核心器件，采用 IGBT 进行功率变换，能够提高用电效率和质量，是解决能源短缺问题和降低碳排放的关键技术。IGBT 在轨道交通、智能电网、航空航天、电动汽车、新能源装备，以及工业领域（高压大电流场合的交直流电转换和变频控制）等应用极广，是上述应用中的核心技术。然而，相关数据显示，中国 IGBT 市场一直被国际巨头垄断，90%的份额掌握在英飞凌、三菱等海外巨头手中。国内单一产品进口量最大的是芯片，对国外产品具有依赖性，但是这种依赖性并不可取，特别是当产品形成竞争时影响更大。为了不再受其他国家的掣肘，每个企业都应该用长远的目光提前布局，稳扎稳打地取得自己领域里的一项项核心技术。我国芯片技术发展现状，指出我国“卡脖子”技术问题，实现科技自主的重要性，每个人要不负时代，不负韶华，努力学习。

1.4 电力电子器件的驱动与保护

电力开关管是电力电子主电路的核心，其在不同电路拓扑中，电路实施不同的控制，就组成了各种不同功能的电力电子电路，以实现电能的控制与变换，进而组成具有各种功能的电力电子系统。电力电子系统是由多个电力开关管和多个子系统构成的复杂系统，为了使系统稳定工作，且具有优质性能，除了对电力开关管进行可靠的驱动与保护以外，还必须对系统实施保护与控制，这是电力电子系统设计的重要任务。

一般说来，电力电子电路的驱动、保护与控制包括如下内容：

（1）电力电子开关管的驱动器接收控制系统输出的控制信号经处理后发出驱动信号给开关管，控制开关器件的通、断。

（2）过电流、过电压保护，包括器件保护和系统保护两个方面。检测开关器件的电流、电压，保护主电路中的开关器件，防止过电流、过电压损坏开关器件。检测系统电源输入、输出以及负载的电流、电压，实时保护系统，防止系统崩溃而造成事故。

（3）缓冲器。在开通和关断过程中防止开关管过电压和过电流，减小 du/dt、di/dt，减小开关损耗。

(4) 滤波器。电力电子系统中都必须使用滤波器。在输出直流的电力电子系统中输出滤波器用来滤除输出电压或电流中的交流分量以获得平稳的直流电能；在输出交流的电力电子系统中，滤波器滤除无用的谐波以获得期望的交流电能，提高由电源所获取的和输出至负载的电能质量。

(5) 散热系统。散热系统的作用是散发开关器件和其他部件的功耗发热，降低开关器件的结温。

(6) 控制系统。实现电力电子电路的实时、适式控制，综合给定和反馈信号，经处理后为开关器件提供开通、关断信号，开机、停机信号和保护信号。

思政教学要点

通过对世界电力工业史上较为严重的停电事故“美加大停电”“印度大停电”，以及国内停电事故——2008年冰雪灾害造成的南方大面积停电等案例的技术和人为因素分析，培养学生运用辩证唯物主义思想、发展的眼光看待工程问题，以及作为未来电力工程师所必须具备的社会责任感和诚信意识。

1.5 全控型电力电子元件的认知

1. 元件的外观认知

(1) 观察电力晶体管及其模块外形结构，认真查看元件上的信息，记录元件上的标识，对照《电力电子元件技术手册》确认元件名称、型号及参数填写表1-13。

表1-13 电力晶体管及模块记录表

项目	型号	额定电压	额定电流	结构类型
1号元件				
2号元件				

(2) 观察可关断晶闸管及其模块外形结构，认真查看元件上的信息，记录元件上的标识，对照《电力电子元件技术手册》确认元件名称、型号及参数填写表1-14。

表1-14 可关断晶闸管及模块记录表

项目	型号	额定电压	额定电流	结构类型
1号元件				
2号元件				

(3) 观察功率场效应晶体管及其模块外形结构，认真查看元件上的信息，记录元件上的标识，对照《电力电子元件技术手册》确认元件名称、型号及参数填写表1-15。

表1-15 PowerMOSFET及模块记录表

项目	型号	额定电压	额定电流	结构类型
1号元件				
2号元件				

（4）观察绝缘栅极双极型晶体管及其模块外形结构，认真查看元件上的信息，记录元件上的标识，对照《电力电子元件技术手册》确认元件名称、型号及参数填写表 1-16。

表 1-16 绝缘栅极双极型晶体管及模块记录表

项目	型号	额定电压	额定电流	结构类型
1 号元件				
2 号元件				

2. 绝缘栅极双极型晶体管的检测

（1）判断极性。首先将万用表拨在 $R\times1\mathrm{k}\Omega$ 挡，用万用表测量时，若某一极与其他两极阻值为无穷大，调换表笔后该极与其他两极的阻值仍为无穷大，则判断此极为栅极(G)。其余两极再用万用表测量，若测得阻值为无穷大，调换表笔后测量阻值较小。在测量阻值较小的一次中，则判断红表笔接的为集电极(C)；黑表笔接的为发射极(E)。

（2）判断好坏。将万用表拨在 $R\times10\mathrm{k}\Omega$ 挡，用黑表笔接绝缘栅极双极型晶体管的集电极(C)，红表笔接绝缘栅极双极型晶体管的发射极(E)，此时万用表的指针在零位。用手指同时触及一下栅极(G)和集电极(C)，这时绝缘栅极双极型晶体管被触发导通，万用表的指针摆向阻值较小的方向，并能指示在某一位置。然后再用手指同时触及一下栅极(G)和发射极(E)，这时绝缘栅极双极型晶体管被阻断，万用表的指针回零。此时即可判断绝缘栅极双极型晶体管是好的。

根据绝缘栅极双极型晶体管测量要求及方法，用万用表判定绝缘栅极双极型晶体管的电极及质量好坏；采用万用表测试法，对引脚极性清晰的绝缘栅极双极型晶体管进行触发能力、关断能力检查。整理记录并填写表 1-17，说明其好坏。根据实训记录判断被测绝缘栅极双极型晶体管的好坏，总结绝缘栅极双极型晶体管测量要求及方法。

表 1-17 绝缘栅极双极型晶体管测量记录表

项目	外观检查	触发能力	关断能力	质量好坏
1 号元件				
2 号元件				

习 题 一

1-1 晶闸管导通的条件是什么？导通后流过晶闸管的电流由什么决定？晶闸管的关断条件是什么？如何实现？

1-2 调试图 1-30 所示晶闸管电路，在断开电阻 R 测量输出电压 U_d 是否可调时，发现电压表读数不正常，接上 R 后一切正常，请分析为什么？

1-3 说明晶闸管型号 KP100-8E 代表的意义。

1-4 测得某晶闸管元件 $U_{DRM}=840\mathrm{V}$，$U_{RRM}=980\mathrm{V}$，试确定此晶闸管的额定电压是多少？

1-5 晶闸管的额定电流和其他电气设备的额定电流有什么不同？

1-6 型号为 KP100-3、维持电流 $I_H=3\mathrm{mA}$ 的晶闸管，使用于图 1-31 所示的三个电路中是否合理？为什么（不考虑电压、电流裕量）？

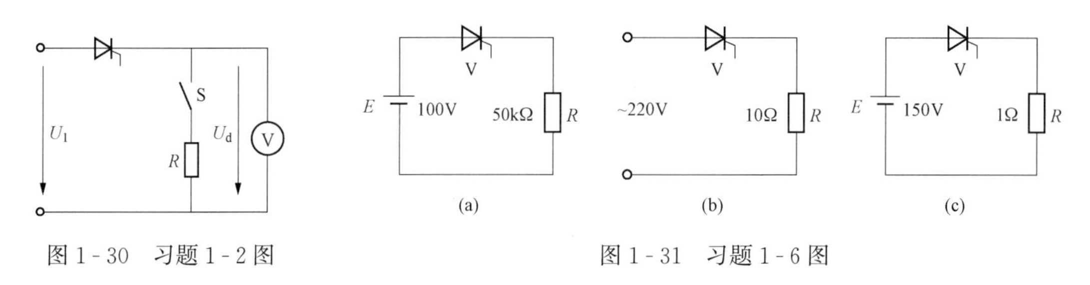

图 1-30 习题 1-2 图

图 1-31 习题 1-6 图

1-7 图 1-32 中的阴影部分表示流过晶闸管的电流的波形，各波形的峰值均为 I_m，试计算各波形的平均值与有效值各为多少？若晶闸管的额定通态平均电流为 100A，问晶闸管在这些波形情况下允许流过的平均电流 I_{dT} 各为多少？

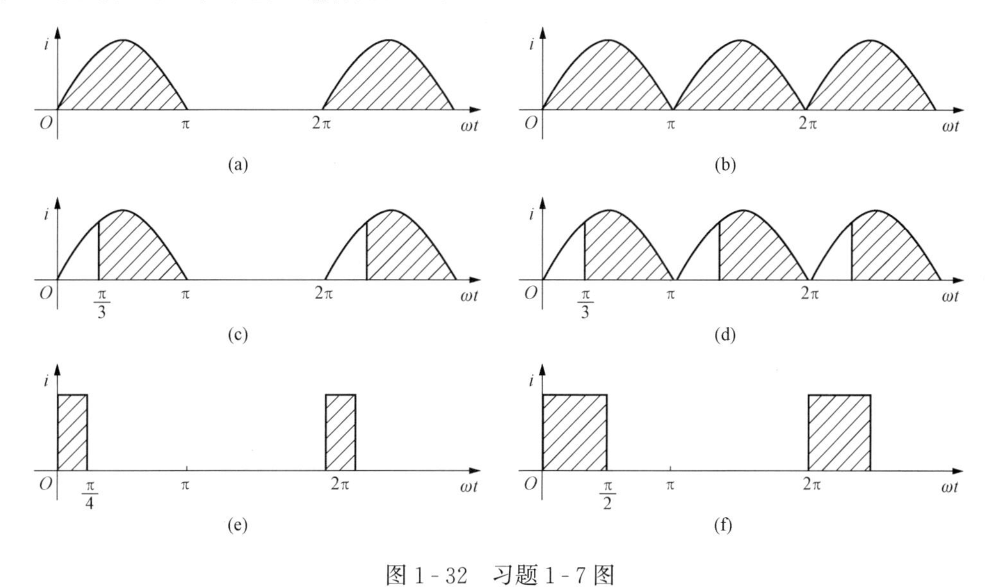

图 1-32 习题 1-7 图

1-8 单向正弦交流电源，其电压有效值为 220V，晶闸管和电阻串联相接，试计算晶闸管实际承受的正向、反向电压最大值是多少？考虑晶闸管的安全裕量，其额定电压如何选取？

1-9 为什么要考虑断态电压上升率 $\mathrm{d}u/\mathrm{d}t$ 和通态电流上升率 $\mathrm{d}i/\mathrm{d}t$？

情境二　调光灯电路

随着科技的发展，节能调光灯也不断地更新，它具有体积小、光效高、寿命长、耗电少、造型美观、使用方便等特点，因而适用于各种使用需求的台灯也应运而生。家庭常用的调光灯电路原理图如图 2-1 所示，它可以自由调节光线的亮度，使用起来既方便，又节能。

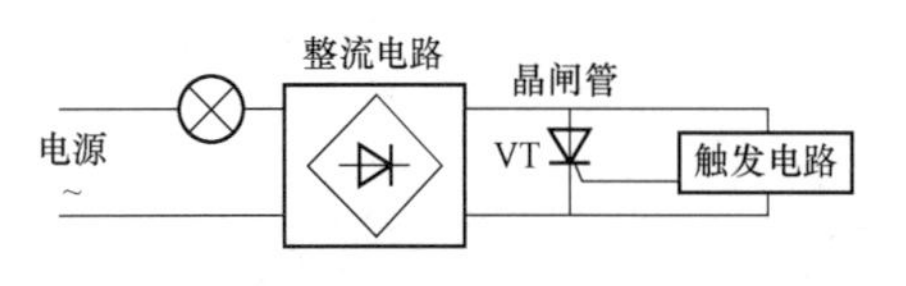

图 2-1　调光灯电路原理图

家用调光灯电路各组成部分及作用如下：

(1) 整流电路将交流电变成单方向的脉动直流电。

(2) 触发电路给晶闸管提供可控的触发脉冲信号。

(3) 晶闸管根据触发信号出现的时刻，实现可控导通，改变灯泡两端电压的大小，从而控制灯泡的亮度。

本情境通过对调光灯电路，包括晶闸管、单相可控整流电路、单结晶体管触发电路等内容的介绍和分析，使学生能够理解电路的工作原理，掌握电路的分析方法，提高学生的电路调试与测量能力。

2.1　学习目标及任务

1. 学习目标

通过调光灯电路的学习，学生要掌握晶闸管的基本结构、工作原理，并能够熟练制作家用调光台灯。

(1) 熟悉晶闸管的电路应用。

(2) 理解单相半波可控整流电路的可控原理和整流电压与电流的波形。

(3) 掌握单结晶体管及触发电路的工作原理。

(4) 学会制作调光台灯电路。

(5) 学会用相关仪器仪表对调光电路进行调试与测量。

2. 学习任务

(1) 调试单相半波可控整流电路。

(2) 制作单结晶体管触发电路。

(3) 制作家用调光台灯，并选择仪器仪表对电路进行调试和检测。

2.2　必备知识一：单相半波可控整流电路

1. 电路组成

单相半波可控整流电路如图 2-2 所示。它与单相半波整流电路相比较，所不同的只是用晶闸管代替了整流二极管。

【仿真】
单向半波可控整流电路

2. 工作原理

接上电源，在电压 u_2 正半周开始时，晶闸管 V 两端具有正向电压，但是由于晶闸管的门极上没有触发电压 u_G，因此晶闸管不能导通；经过 α 角度后，在晶闸管的门极上加上触发电压 u_G，晶

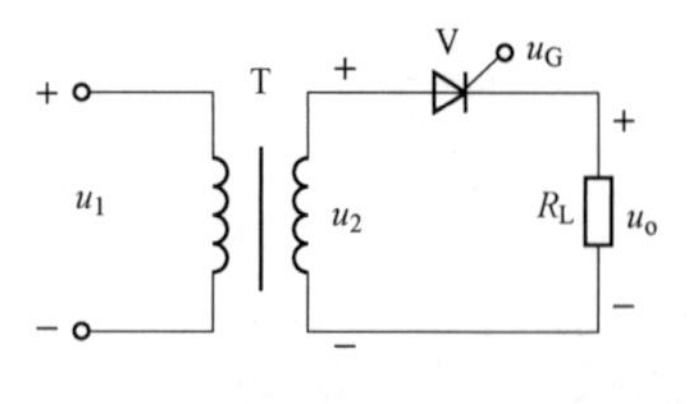

图 2-2　单相半波可控整流电路

闸管V被触发导通，负载电阻中开始有电流通过，在负载两端出现电压 u_o。在晶闸管导通期间，压降近似为零。经过 π 以后，u_2 进入负半周，此时晶闸管两端承受反向电压而截止，晶闸管呈反向阻断状态。在第二个周期出现时，重复以上过程。

（1）当 u_2 为正半周时，晶闸管承受正向电压，若此时没有触发电压，则负载电压 $u_o=0$。

（2）当 $\omega t=\alpha$ 时，门极加有触发电压 u_G，晶闸管具备导通条件而导通，正向压降很小，$u_o=u_2$。

（3）当 $\alpha<\omega t<\pi$ 时，晶闸管保持导通，负载电压 u_o 基本上与二次电压 u_2 保持相等。

（4）当 $\omega t=\pi$ 时，$u_2=0$，晶闸管自行关断。

（5）当 $\pi<\omega t<2\pi$ 时，u_2 进入负半周后，晶闸管呈反向阻断状态，负载电压 $u_o=0$。

3. 波形图

单相半波可控整流电路输出波形如图2-3所示。

α 称为控制角（又称移相角），是晶闸管阳极从开始承受正向电压到出现触发电压 u_G 之间的角度。改变 α 角度，就能调节输出平均电压的大小。α 角的变化范围称为移相范围，通常要求移相范围越大越好。

θ 称为导通角，是每半个周期晶闸管导通角度。

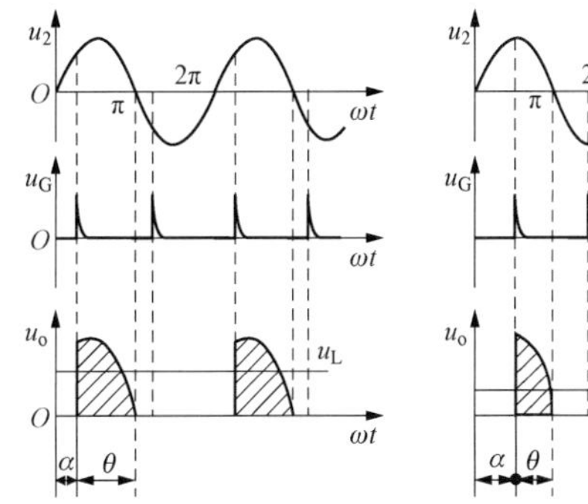

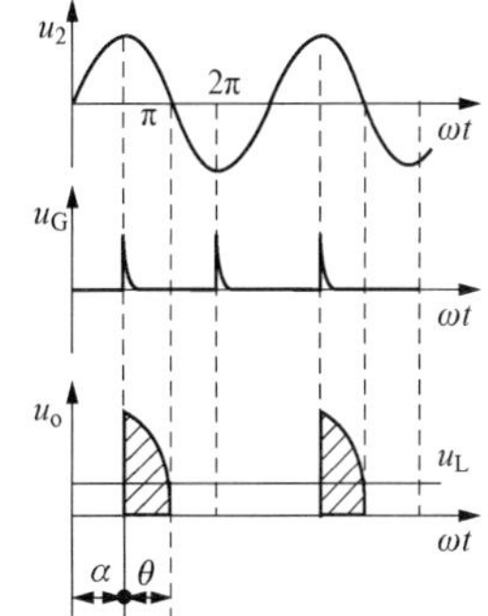

图2-3　单相半波可控整流电路

控制角越大，导通角越小，它们的和为定值 $\alpha+\theta=\pi$。

单相半波可控整流电路的电源效率低，直流电波动大。

4. 输出平均电压

当变压器二次电压为 $u_2=\sqrt{2}u_2\sin\omega t$ 时，负载电阻 R_L 上的直流平均电压可以用控制角 α 表示，即

$$u_o=0.45u_2\frac{1+\cos\alpha}{2} \tag{2-1}$$

从图2-3看出，当 $\alpha=0$ 时（$\theta=\pi$）晶闸管在正半周全导通，$u_o=0.45u_2$，输出电压最高，相当于不控二极管单相半波整流电压。若 $\alpha=\pi$，$u_o=0$，这时 $\theta=0$，晶闸管全关断。

根据欧姆定律，负载电阻 R_L 中的直流平均电流为

$$I_o=\frac{u_o}{R_L}=0.45\frac{u_2}{R_L}\frac{1+\cos\alpha}{2} \tag{2-2}$$

此电流即为通过晶闸管的平均电流。

【例2-1】　在单相半波可控整流电路中，负载电阻为8Ω，交流电压有效值 $u_2=220\text{V}$，控制角 α 的调节范围为60°～180°，求：

（1）直流输出电压的调节范围。

（2）晶闸管中最大的平均电流。

（3）晶闸管两端出现的最大反向电压。

解：（1）控制角为60°时，由式（2-1）得出直流输出电压最大值

$$u_o=0.45u_2\frac{1+\cos\alpha}{2}=0.45\times220\times\frac{1+\cos60^\circ}{2}=74.25(\text{V})$$

控制角为180°时得直流输出电压为零。所以控制角 α 在60°～180°范围变化时，相对应的直

流输出电压在 74.25～0V 之间变化。

（2）晶闸管最大的平均电流与负载电阻中最大的平均电流相等，由式（2-2）得

$$I_F = I_o = \frac{u_o}{R_L} = \frac{74.25}{10} = 7.425(A)$$

（3）晶闸管两端出现的最大反向电压为变压器二次电压的最大值

$$u_{FM} = u_{RM} = \sqrt{2}u_2 = \sqrt{2} \times 220 = 311(V)$$

5. 电感性负载和续流二极管

电感性负载可用电感元件 L 和电阻元件 R 串联表示，如图 2-4 所示。晶闸管触发导通时，电感元件中存储了磁场能量，当 u_2 过零变负时，电感中产生感应电动势，晶闸管不能及时关断，造成晶闸管的失控，为了防止这种现象的发生，必须采取相应措施。通常采用在负载两端并联二极管 VD（图 2-4 虚线）的方法来解决。当交流电压 u_2 过零值变负时，感应电动势 e_L 产生的电流可以通过这个二极管形成回路。因此这个二极管称为续流二极管。这时 VD 的两端电压近似为零，晶闸管因承受反向电压而关断。有了续流二极管以后，输出电压 VD 的波形就和电阻性负载时一样。

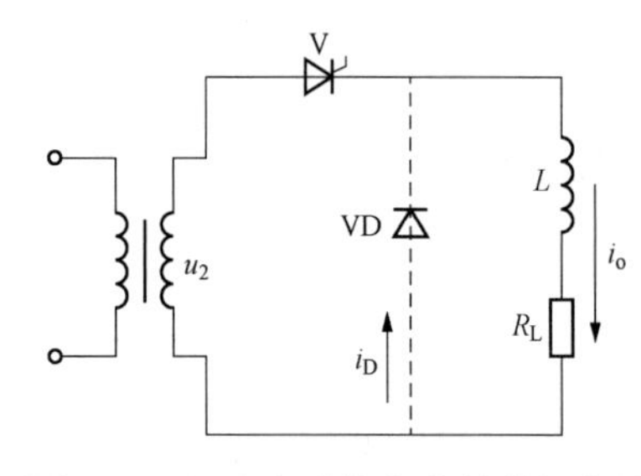

图 2-4 具有电感性负载的单相半波可控整流电

注意：续流二极管的方向不能接反，否则将引起短路。

综上所述，可控整流电路是通过改变控制角的大小实现调节输出电压大小的目的。

练一练

在图 2-3 所示的单相半波可控整流电路中，输入电压 u_2 为 220V，波形如图 2-5 所示，负载电阻 R_L 为 10Ω，试求：

（1）α=30°时，输出电压平均值和电流平均值。

（2）画出输出电压 u_o，输出电流 i_o 波形。

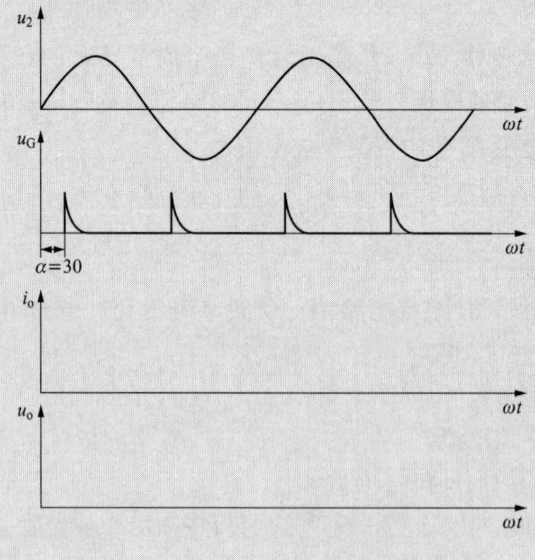

图 2-5 单相半波可控整流电路波形

思政教学要点

整流电路是电力电子器件最悠久、最经典的应用领域。相控整流技术将半导体器件从弱电领域引入强电领域，推动电能变换技术的革命性突破。引导学生认识学科交叉的重要性，不断培养与提高自身的眼界及知识的广度与深度。为了更好地利用电能，人们依托已经问世的晶闸管等元器件，提出了整流技术，将交流电能转变为直流电能供生产实际需要，这是由“无”到“有”的过程。最开始的整流技术主要是半波整流技术，它一般只需要一个晶闸管，只能导通电源的正半周或负半波。它结构简单，但是由于只能导通半个周期，输出电能较少，电能损耗较大。随后出现的全波整流器和全波桥式整流器则可以导通电源全周期，输出电压比半波整流多一倍，整流效率高，其中的全波桥式整流器相比全波整流器可以省去变压器二次绕组的中心抽头，降低整流二极管承受的反向电压，这是由“有”到“更好”的转变。贯穿其中的控制方式，如通断控制、相位控制和斩波控制，都是为了满足特定需求而发展起来的。

2.3　必备知识二：单结晶体管组成的触发电路

要使晶闸管导通，它的门极上必须加上触发电压 u_G，产生触发电压 u_G的电路称为触发电路。触发电路种类繁多，各具特点。本节主要介绍用单结晶体管组成的触发电路。

2.3.1　单结晶体管

单结晶体管的外形与普通三极管相似，具有三个电极，但不是三极管，而是具有三个电极的二极管，管内只有一个 PN 结，所以称为单结晶体管。三个电极中，一个是发射极，两个是基极，所以也称为双基极二极管。

单结晶体管教案

1. 结构与符号

单结晶体管结构如图 2-6（a）所示。它有三个电极，发射极 E，第一基极 B1 和第二基极 B2，其符号如图 2-6（b）所示。

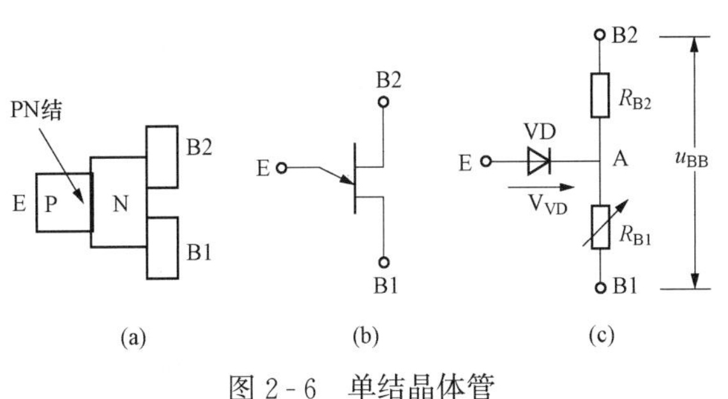

图 2-6　单结晶体管

（a）结构示意图；（b）符号；（c）结构等效电路

2. 伏安特性

单结晶体管的结构等效电路如图 2-6（c）所示，两基极间的电阻为 $R_{BB}=R_{B1}+R_{B2}$，用 D 表示 PN 结。R_{BB}的阻值范围为 2～15kΩ。如果在 B1、B2 两个基极间加上电压 u_{BB}，则 A 与 B1 之间即 R_{B1}两端得到的电压为

$$u_A=\frac{R_{B1}}{R_{B1}+R_{B2}}u_{BB}=\eta u_{BB}\quad(2-3)$$

式中：η 为分压比，它与单结晶体管的结构有关，一般为 0.3～0.8，η 为单结晶体管的主要参数之一。

单结晶体管的伏安特性是指它的发射极电压 u_E与流入发射极电流 I_E之间的关系。图 2-7（a）是测量伏安特性的测试电路，在 B2、B1 间加上固定电源 E_B，获得正向电压 V_{BB}并将可调直流电源 E_E通过限流电阻 R_E接在 E 和 B1 之间。

当外加电压 $u_E<\eta u_{BB}+u_D$ 时（u_D 为 PN 结正向压降），PN 结承受反向电压而截止，故发射

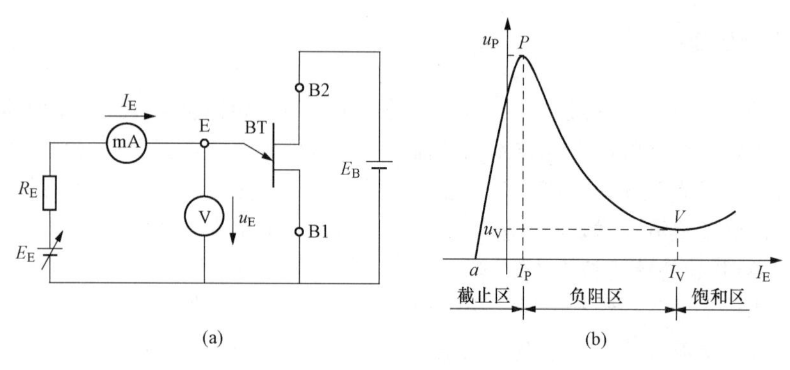

(a) (b)

图 2 - 7 单结晶体管伏安特性

(a) 测试电路；(b) 伏安特性

极回路只有微安级的反向电流，单结晶体管处于截止区，如图 2 - 7 (b) 的 aP 段所示。

在 $u_E=\eta u_{BB}+u_D$ 时，对应于图 2 - 7 (b) 中的 P 点，该点的电压和电流分别称为峰点电压 u_P 和峰点电流 I_P。由于 PN 结承受了正向电压而导通，此后 R_{B1} 急剧减小，V_E 随之下降，I_E 迅速增大，单结晶体管呈现负阻特性，负阻区如图 2 - 7 (b) 中的 PV 段所示。

V 点的电压和电流分别称为谷点电压 u_V 和谷点电流 I_V。过了谷点以后，I_E 继续增大，u_E 略有上升，但变化不大，此时单结晶体管进入饱和状态，图中对应于谷点 V 以右的特性，称为饱和区。当发射极电压减小到 $u_E<u_V$ 时，单结晶体管由导通状态恢复到截止状态。

综上所述，峰点电压 u_P 是单结晶体管由截止转向导通的临界点。

$$u_P = u_D + u_A \approx u_A = \eta u_{BB} \tag{2 - 4}$$

所以，u_P 由分压比 η 和电源电压决定 u_{BB}。

谷点电压 u_V 是单结晶体管由导通转向截止的临界点。一般 $u_V=2\sim5\text{V}(u_{BB}=20\text{V})$。

国产单结晶体管的型号有 BT31、BT32、BT33 等。BT 表示半导体特种管，第一个数字 3 表示三个电极，第二个数字表示耗散功率分别为 100、200、300mW。

2.3.2 单结晶体管触发电路

【微课】
单结晶体管触发电路的电路原理分析

1. 单结晶体管触发脉冲形成电路

利用单结晶体管的负阻特性和 RC 电路的充放电特性，可组成单结晶体管振荡电路，其基本电路如图 2 - 8 所示，电阻 R_1 两端的信号输出为触发脉冲。

2. 工作原理

【仿真】
单结晶体管触发电路

合上开关 S 接通电源，通过电阻 R 向电容 C 充电（设 C 上的起始电压为零），电容两端电压 u_C 按 $\tau=RC$ 的指数曲线逐渐增加，当单结晶体管满足导通条件，单结晶体管由截止变为导通，电容向电阻 R_1 放电，电容 C 的放电时间常数很小，放电速度很快，于是在 R_1 上输出一个尖脉冲电压 u_G。在电容的放电过程中，u_E 急剧下降，当 $u_E\leqslant u_V$（谷点电压）时，单结晶体管便跳变到截止区，输出电压 u_G 降到零，即完成一次振荡。经过一个周期后，电容又开始重新充电并重复上述过程，结果在 C 上形成锯齿波电压，而在 R_1 上得到一个周期性的尖脉冲输出电压 u_G，调节 R（或变换 C）以改变充电的速度，从而调节图 2 - 8 (b) 中的 t_1 时刻，如果把 u_G 接到晶闸管的控制极上，就可以改变控制角 α 的大小。

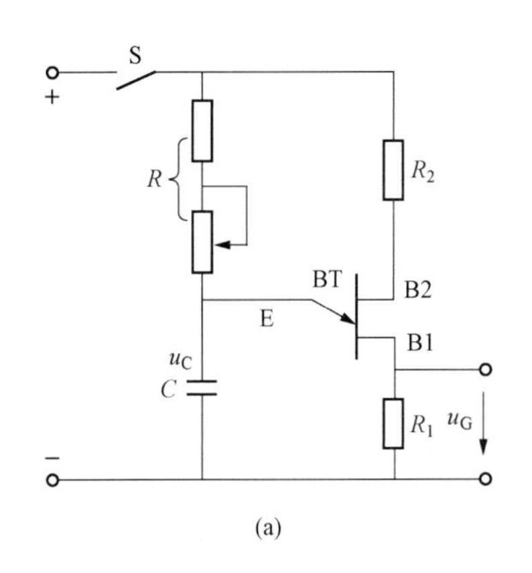

(a)

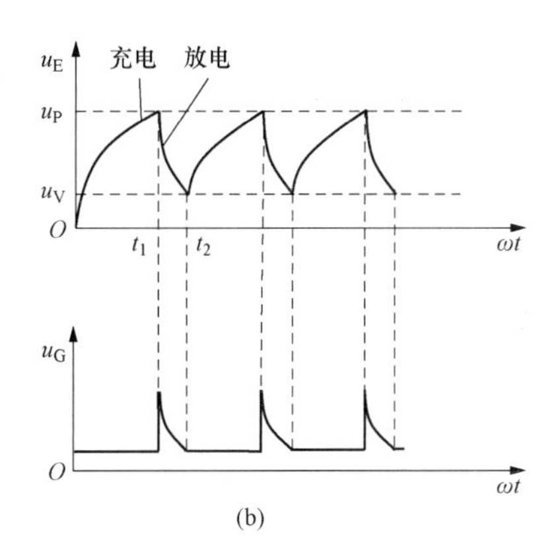

(b)

图 2-8　单结晶体管振荡电路

(a) 电路图；(b) 波形图

1. 单结晶体管的检测

如图 2-9 所示为单结晶体管 BT33 管脚排列图，性能好的单结晶体管 PN 结正向电阻 R_{EB1}、R_{EB2} 均较小，且 R_{EB1} 稍大于 R_{EB2}，PN 结的反向电阻 R_{B1E}、R_{B2E} 均应很大，根据所测阻值，即可判断出各管脚及晶体管的质量优劣。

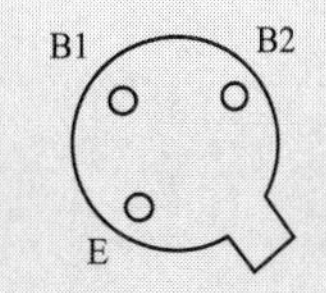

图 2-9　单结晶体管 BT33 管脚图

用万用电表 $R\times10\Omega$ 挡分别测量 EB1、EB2 间正向、反向电阻，记入表 2-1。

表 2-1

R_{EB1}(Ω)	R_{EB2}(Ω)	R_{B1E}(kΩ)	R_{B2E}(kΩ)	结论

2. 单结晶体管振荡电路连接与测试

(1) 按图 2-10 所示电路，将元件按要求整形，插入通用电路板的相应位置，并连接好导线。

(2) 闭合开关，接通电源。分别用示波器观察电容 C 两端电压 u_C 及电路输出电压 u_o。在图 2-11 相应坐标中画出 u_C、u_o 波形。

(3) 调节电路中电位器阻值，观察两波形变化，可以看出，改变电位器阻值将改变输出脉冲的__________（相位、频率、幅值）。

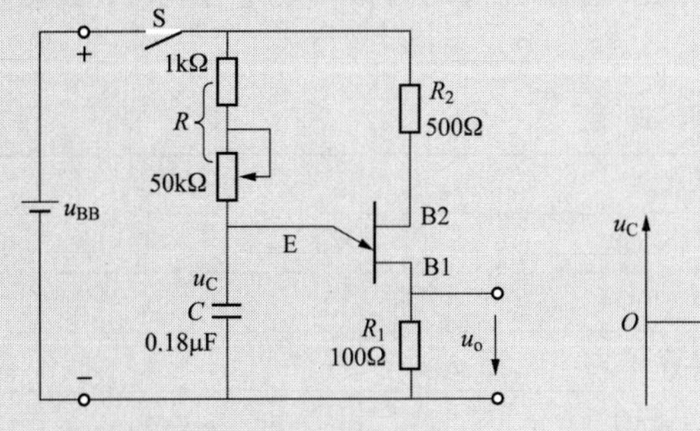

图 2-10　单结晶体管振荡电路

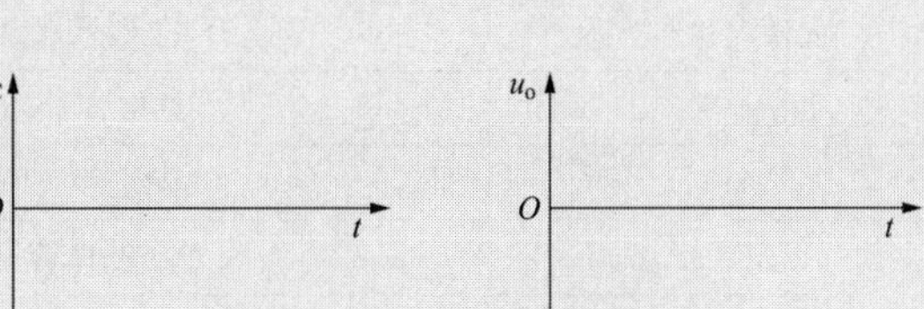

图 2-11　u_C、u_o 波形图

2.4 家用调光台灯电路的制作与调试

2.4.1 调光台灯电路的识读

【视频】
调光台灯电路组成

1. 调光台灯电路的组成

常用的调光台灯电路如图 2-12 所示，交流电源、灯泡、二极管 VD1～VD4 及晶闸管 V 组成的桥式可控整流电路是调光台灯电路的主电路，R_1、R_2、R_3、R_4、R_P 及电容 C 组成的单结晶体管振荡电路是主电路中晶闸管的触发电路。

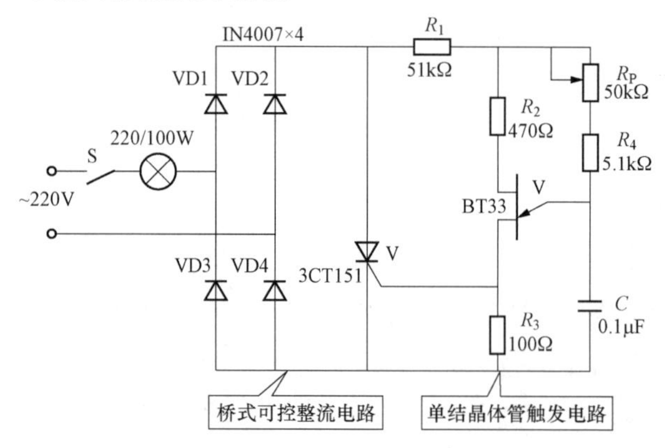

图 2-12 常用的调光台灯电路

2. 调光台灯电路的工作原理

【微课】
调光台灯电路的工作原理

如图 2-12 所示电路中，V、R_1、R_2、R_3、R_4、R_P、C 组成单结晶体管振荡电路。接通电源前，电容器 C 上电压为零。接通电源后，电容经由 R_4、R_P 充电，电压 u_E 逐渐升高。当达到峰点电压时，单结晶体管导通，电容上电压通过电阻 R_3 放电。当电容上的电压降到谷点电压时，单结晶体管恢复阻断状态。此后，电容又重新充电，重复上述过程，结果在电容上形成锯齿状电压，在电阻 R_3 上则形成脉冲电压。此脉冲电压作为晶闸管的触发信号。在 VD1～VD4 桥式整流输出的每一个半波时间内，振荡电路产生的第一个脉冲为有效触发信号。调节 R_P 的阻值，可改变触发脉冲的相位，控制晶闸管的导通角，调节灯泡亮度。

2.4.2 调光台灯电路的制作与调试

1. 元件选择

按电路原理图列出所选用元件明细表见表 2-2，包括元件的名称、型号与规格、数量等信息，按材料清单清点元件。

表 2-2 元件明细表

元件名称	型号规格	数量
VD1～VD4	二极管 IN4007	4
VD5	晶闸管 3CT151	1
V	单结晶体管 BT33	1
R_1	电阻器 51kΩ	1

续表

元件名称	型号规格	数量
R_2	电阻器 470Ω	1
R_3	电阻器 100Ω	1
R_4	电阻器 5.1kΩ	1
R_p	50kΩ 带开关电位器	1
C	涤纶电容器 0.1μF	1
HL	灯泡 220V/100W	1
	灯座	1
	电源线	1
	导线	若干
	实验板	1

2. 元件识别、检测、整形

（1）用万用表测试各元件的主要参数，检测单向晶闸管、单结晶体管等元件，及时更换存在质量问题的元件，画出晶闸管及单结晶体管的外形图，并标出电极名称。需自制表格列出元件检测结果。

（2）将所有元件引脚上的漆膜、氧化膜清除干净，对导线进行搪锡。

（3）根据要求对各元件进行整形。

一练

调光台灯电路的制作与调试

1. 装接电路

（1）按照调光灯电路原理图，在实验板上连接电路。

（2）有极性的元件，包括二极管、晶闸管、单结晶体管等，在安装时要注意极性，切勿装错。

（3）带开关电位器要用螺母固定在实验板开关的孔上。

（4）实验板四周用螺母固定支撑。

（5）合理设计电路，所有元件尽量贴近线路板安装。

（6）电路连线时，注意电源线的连接并做好绝缘处理。

2. 调试电路

（1）通电前检查：对照电路原理图检查整流二极管、晶闸管、单结晶体管的连接极性及电路的连线，确保无误后方可接上灯泡开始调试。调试过程中应注意安全，防止触电。

【视频】
调光台灯调试

（2）试通电：闭合开关，调节 R_P，观察电路的工作情况。如正常则进行下一环节检测。

（3）通电检测：接通电源，旋转电位器手柄，调节 R_P 的值，观察灯泡亮度的变化。用万用表交流电压挡测灯泡两端的电压，并且断开交流电源，测出 R_P 的阻值，记入表 2-3 中。

表 2-3 调光灯电路测试数据

灯泡状态	灯泡两端的电压	断开交流电源，电位器的电阻值
灯泡最亮时		
灯泡微亮时		
灯泡不亮时		

3. 常见故障检修

（1）灯泡不亮，不可调光。由 BT33 组成的单结晶体管张弛振荡器停振，可造成灯泡不亮，不可调光。可检测 BT33 是否损坏，C 是否漏电或损坏等。

（2）调节电位器 R_P 至最小位置时，灯泡突然熄灭。可检测 R_4 的阻值，若 R_4 的实际阻值太小或短路，则应更换 R_4。

习 题 二

2-1 用分压比为 0.6 的单结晶体管组成振荡电路，若 $u_{BB}=20V$，则峰点电压 u_p 为多少？如果管子的 B1 脚虚焊，电容两端的电压为多少？如果是 B2 脚虚焊（B1 脚正常），电容两端电压又为多少？

2-2 一电热装置（电阻性负载），要求直流平均电压 75V，负载电流 20A，采用单相半波可控整流电路直接从 220V 交流电网供电。试计算晶闸管的控制角 α、导通角 θ_T 及负载电流有效值并选择晶闸管元件（考虑 2 倍的安全裕量）。

2-3 有一大电感负载，其电阻值为 35Ω，要求在 0～75V 范围内连续可调，采用单相半波可控整流加续流二极管的电路，电源电压为 220V，试计算晶闸管和续流二极管的额定电压和电流，考虑 2 倍的安全裕量。

2-4 请描述单结晶体管触发电路的工作过程，并绘制波形图。

情境三　直流电动机拖动调速系统

在工业生产中，需要高性能速度控制的电力拖动场合，直流调速系统发挥着极为重要的作用。它具有自动化程度高、控制性能好、启动转矩大，易于实现无级调速等优点而被广泛应用，如高精度金属切削机床、大型起重设备、轧钢机、矿井卷扬机，城市电车等领域都广泛采用直流电机拖动。如图 3-1 所示为直流电机调速系统的应用实例“龙门刨床”。

可控整流电路常用在直流电机调速装置、电镀装置、电解装置、直流焊机、充电装置上。随着电力电子技术的发展，晶闸管直流调速系统在各工业部门广泛应用，对节能起到很大的促进作用。正确掌握直流调速系统的测试技术和设计方法，对系统可靠运行及应用有重大作用。

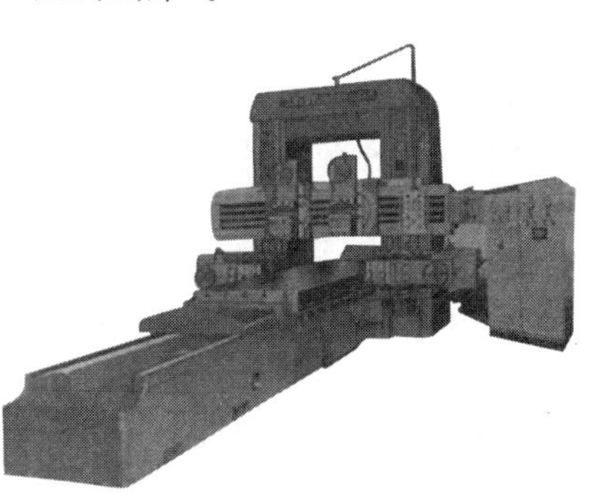

图 3-1　龙门刨床

本情境主要介绍直流电机调速系统的各组成部分和工作原理，以及直流电机调速系统的设计、制作与调试方法。通过对直流电动机调速系统，包括单相可控整流电路、三相可控整流电路等内容的介绍和分析，使学生能够理解电路的工作原理，掌握电路的分析方法和元件的选型方法，提高学生的电路调试与测量能力。

3.1　学习目标及任务

1. 学习目标

通过直流电动机调速系统的学习，要求掌握直流电机拖动系统的各组成部分及工作原理，掌握单相可控整流电路和三相可控整流电路的基本结构、工作原理，掌握可控整流电路的波形分析和元件选型的计算方法，并能够分析其工程应用。

（1）掌握单相可控整流电路的电路结构、工作原理、波形分析和电路参数计算。

（2）掌握三相可控整流电路的电路结构、工作原理、波形分析和电路参数计算。

（3）了解晶闸管触发电路的类型和工作原理。

（4）学会分析和设计直流电动机调速系统。

（5）学会用相关仪器仪表对直流电动机调速系统进行调试与测量。

2. 学习任务

（1）调测单相可控整流电路。

（2）调测三相可控整流电路。

（3）分析、设计直流电动机调速系统。

3.2　必备知识一：单相桥式可控整流电路

3.2.1　电阻性负载

在生产实际中，有一些负载基本上是属于电阻性的，如电炉、电解、电镀、电焊及白炽灯等。电阻性负载的特点是负载两端的电压和流过负载的电流成一定的比例关系，且两者的波形相似；负载电压和电流均允许突变。

【仿真】
单相桥式全控整流电路——带电阻式负载电路

单相桥式全控整流电路带电阻性负载时的电路及工作波形如图3-2所示。晶闸管V1和V4为一组桥臂，而V2和V3组成了另一组桥臂。在交流电源的正半周区间内，即a端为正，b端为负，晶闸管V1和V4会承受正向阳极电压，在控制角α的时刻给V1和V4同时加触发脉冲，则V1和V4会导通。此时，电流i_d从电源a端经V1、负载R_d及V4回电源b端，负载上得到的电压u_d为电源电压u_2（忽略了V1和V4的导通压降），方向为上正下负，V2和V3则因为V1和V4的导通而承受反向的电源电压u_2不会导通。因为是电阻性负载，所以电流i_d也随电压的变化而变化。当电源电压u_2过零时，电流i_d也降低为零，即两只晶闸管的阳极电流降低为零，故V1和V4会因为电流小于维持电流而关断。而在交流电源的负半周区间内，即a端为负，b端为正，晶闸管V2和V3是承受正向电压的，仍在相当于控制角α的时刻给V2和V3同时加触发脉冲，则V2和V3被触发导通。电流i_d从电源b端经V2、负载R_d及V3回电源a端，负载上得到的电压u_d仍为电源电压u_2，方向也还为上正下负，与正半周一致，此时，V1和V4因为V2和V3的导通承受反向的电源电压u_2而处于截止状态。直到电源电压负半周结束，电压u_2过零时，电流i_d也过零使得V2和V3关断。下一周期重复上述过程。

由图3-2（b）可以看出，负载上得到的直流输出电压u_d的波形与半波时相比多了一倍，负载电流i_d的波形与电压u_d波形相似。由晶闸管所承受的电压u_V可以看出，其导通角为$\theta_T=\pi-\alpha$，除在晶闸管导通期间不受电压外，当一组管子导通时，电源电压u_2将全部加在未导通的晶闸管上，而在四只管子都不导通时，设其漏电阻都相同的话，则每只管子将承受电源电压的一半。因此，晶闸管所承受的最大反向电压为$\sqrt{2}U_2$，而其承受的最大正向电压为$\frac{\sqrt{2}}{2}U_2$。

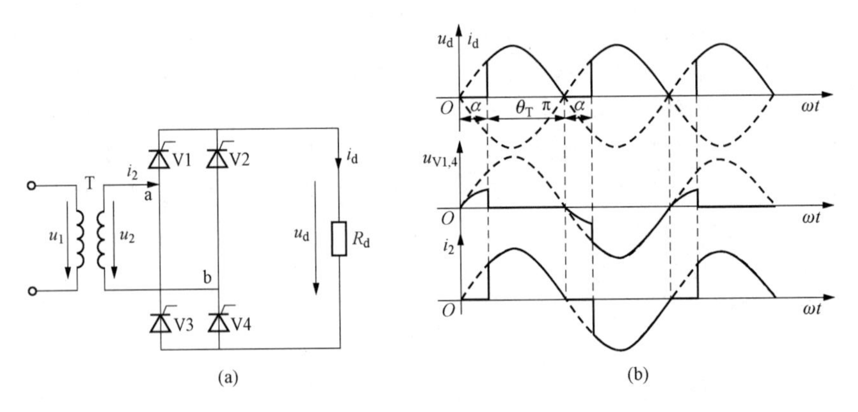

图3-2 单相桥式全控整流电路带电阻性负载
（a）电路图；（b）波形图

直流输出电压的平均值U_d为

$$U_d=\frac{1}{\pi}\int_{\alpha}^{\pi}\sqrt{2}U_2\sin\omega t\,d(\omega t)=\frac{2\sqrt{2}U_2}{\pi}\frac{1+\cos\alpha}{2}=0.9U_2\frac{1+\cos\alpha}{2} \tag{3-1}$$

当$\alpha=0°$时，输出U_d最大，$U_d=U_{d0}=0.9U_2$；$\alpha=180°$时，输出的U_d最小，等于零。所以该电路α的移相范围是0°～180°。

直流输出电压的平均值 I_d 为

$$I_d = \frac{U_d}{R_d} = 0.9\frac{U_2}{R_2}\frac{1+\cos\alpha}{2} \tag{3-2}$$

负载上得到的直流输出电压有效值 U 和电流有效值 I 分别为

$$U = \sqrt{\frac{1}{\pi}\int_{\alpha}^{\pi}[\sqrt{2}U_2\sin(\omega t)]^2\mathrm{d}(\omega t)} = U_2\sqrt{\frac{\pi-\alpha}{\pi}+\frac{\sin2\alpha}{2\pi}} \tag{3-3}$$

$$I = \frac{U}{R_d} = \frac{U_2}{R_d}\sqrt{\frac{\pi-\alpha}{\pi}+\frac{\sin2\alpha}{2\pi}} \tag{3-4}$$

因为电路中两组晶闸管是轮流导通的，所以流过一只晶闸管的电流平均值为直流输出电流平均值的一半，其有效值为直流输出电流有效值的 $1/\sqrt{2}$倍，即

$$I_{dT} = \frac{1}{2}I_d = 0.45\frac{U_2}{R_d}\frac{1+\cos\alpha}{2} \tag{3-5}$$

$$I_T = \sqrt{\frac{1}{2\pi}\int_{\alpha}^{\pi}\left[\frac{\sqrt{2}U_2}{R_d}\sin(\omega t)\right]^2\mathrm{d}(\omega t)} = \frac{U_2}{R_d}\sqrt{\frac{\pi-\alpha}{2\pi}+\frac{\sin2\alpha}{4\pi}} = \frac{1}{\sqrt{2}}I \tag{3-6}$$

由于负载在正负半波都有电流通过，变压器二次绕组中，两个半周期流过的电流方向相反且波形对称，所以变压器二次侧电流的有效值与负载上得到的直流电流的有效值 I 相等，即

$$I_2 = I = \frac{U}{R_d} = \frac{U_2}{R_d}\sqrt{\frac{\pi-\alpha}{\pi}+\frac{\sin2\alpha}{2\pi}} \tag{3-7}$$

若不考虑变压器的损耗时，则要求变压器的容量为

$$S = U_2I_2 \tag{3-8}$$

3.2.2　电感性负载

如图 3-3（a）所示为单相桥式全控整流电路带电感性负载时的电路。

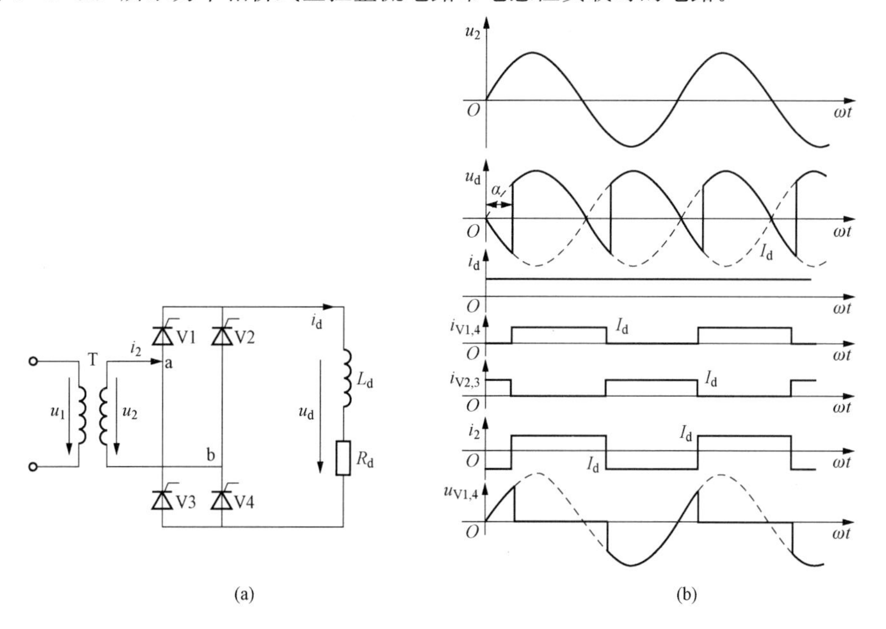

图 3-3　单相桥式全控整流电路带电感性负载

（a）电路图；（b）波形图

【仿真】
单相桥式全控整流电路——带电感性负载电路

假设电感很大，输出电流连续，且电路已处于稳态。在电源 u_2 正半周时，在相当于 α 角的时刻给 V1 和 V4 同时加触发脉冲，则 V1 和 V4 会导通，输出电压为 $u_d=u_2$。至电源 u_2 过零变负时，由于电感产生的自感电动势会使 V1 和 V4 继续导通，而输出电压仍为 $u_d=u_2$，所以出现了负电压的输出。此时，晶闸管 V2 和 V3 虽然已承受正向电压，但还没有触发脉冲，所以不会导通。直到在负半周相当于 α 角的时刻，给 V2 和 V3 同时加触发脉冲，则因 V2 的阳极电位比 V1 高，V3 的阴极电位比 V4 的低，故 V2 和 V3 被触发导通，分别替换了 V1 和 V4，而 V1 和 V4 将由于 V2 和 V3 的导通承受反压而关断，负载电流也改为经过 V2 和 V3。

由图 3-3（b）所示的输出负载电压 u_d、负载电流 i_d 的波形可以看出，与电阻性负载相比，u_d 的波形出现了负半波部分。i_d 的波形则是连续的、近似的一条直线，这是由于电感中的电流不能突变，电感起到了平波的作用，电感越大，则电流波形越平稳。而流过每一只晶闸管的电流则近似为方波。变压器二次侧电流 i_2 波形为正负对称的方波。由流过晶闸管的电流 i_V 波形及负载电流 i_d 的波形可以看出，两组管子轮流导通，且电流连续，故每只晶闸管的导通时间较电阻性负载时延长，导通角 $\theta_T=\pi$，与 α 无关。

根据上述波形，可以得出计算直流输出电压平均值 U_d 的关系式为

$$U_d=\frac{1}{\pi}\int_{\alpha}^{\pi+\alpha}\sqrt{2}U_2\sin(\omega t)=\frac{2\sqrt{2}}{\pi}U_2\cos\alpha=0.9U_2\cos\alpha \tag{3-9}$$

当 $\alpha=0°$时，输出电压 U_d 最大，$U_{d0}=0.9U_2$ 至 $\alpha=90°$时，输出 U_d 最小，等于零。因此，α 的移相范围是 0°～90°。

直流输出电流的平均值 I_d 为

$$I_d=\frac{U_d}{R_d}=0.9\frac{U_2}{R_d}\cos\alpha \tag{3-10}$$

流过晶闸管的电流的平均值和有效值分别为

$$I_{dV}=\frac{1}{2}I_d,\ I_V=\frac{1}{\sqrt{2}}I_d \tag{3-11}$$

流过变压器二次侧绕组的电流有效值

$$I_2=I_d \tag{3-12}$$

晶闸管可以承受的正反向峰值电压为

$$U_{TM}=\sqrt{2}U_2 \tag{3-13}$$

为了扩大移相范围，且去掉输出电压的负值，提高 U_d 的值，也可以在负载两端并联续流二极管，如图 3-4 所示，α 的移相范围可以扩大到 0°～90°。

并联续流二极管后的电压、电流波形如图 3-5 所示，由于此时没有负电压输出，电压波形和电路带电阻性负载时一样，所以输出电压平均值的计算可利用带电阻性负载时的输出电压表达式进行计算，即

$$\begin{aligned}U_d&=\frac{1}{\pi}\int_{\alpha}^{\pi}\sqrt{2}U_2\sin\omega t\,d(\omega t)\\&=\frac{2\sqrt{2}U_2}{\pi}\frac{1+\cos\alpha}{2}\\&=0.9U_2\frac{1+\cos\alpha}{2}\end{aligned}$$

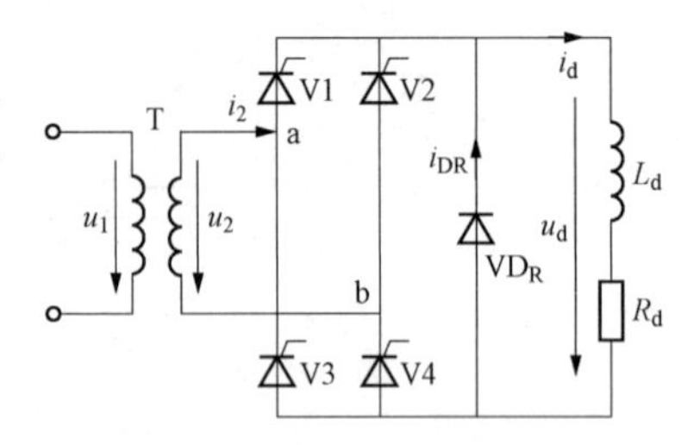

图 3-4　单相桥式全控整流电路带电感性负载加续流二极管

输出电流平均值为

$$I_d = \frac{U_d}{R_d} = 0.9\frac{U_2}{R_d}\frac{1+\cos\alpha}{2}$$

负载电流是由两组晶闸管及续流二极管共同提供的，根据图 3-5 所示的波形可知，每只晶闸管导通均为 $\theta_T=\pi-\alpha$，续流二极管 VD_R 的导通角 $\theta_{DR}=2\alpha$，所以流过晶闸管和续流二极管的电流平均值和有效值分别为

$$I_{dV} = \frac{\pi-\alpha}{2\pi}I_d \tag{3-14}$$

$$I_V = \sqrt{\frac{\pi-\alpha}{2\pi}}I_d \tag{3-15}$$

$$I_{dDR} = \frac{2\alpha}{2\pi}I_d \tag{3-16}$$

$$I_{DR} = \sqrt{\frac{2\alpha}{2\pi}}I_d \tag{3-17}$$

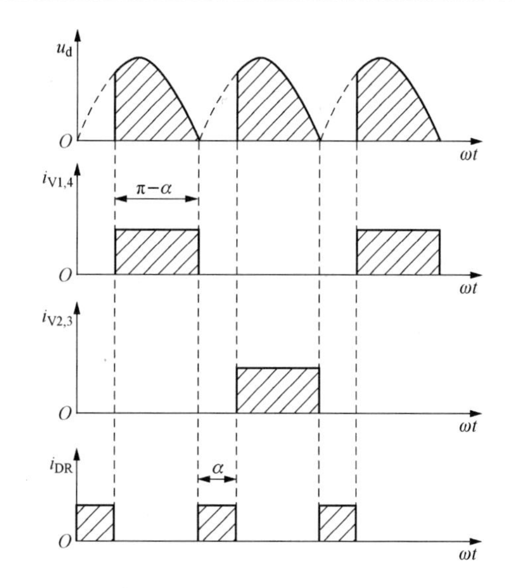

图 3-5　单相桥式全控整流电路带电感性负载加续流二极管电压、电流波形图

电路分析：有一个单相桥式全控整流电路，带大电感负载，$U_2=220\text{V}$，$R_d=4\Omega$，计算当 $\alpha=60°$时，输出电压、电流的平均值及流过晶闸管的电流平均值和有效值。若负载两端并接续流二极管，则输出电压、电流的平均值又是多少？流过晶闸管和续流二极管的电流平均值和有效值又是多少？并画出这两种情况下的电压、电流波形。

3.2.3　反电动势负载

反电动势负载是指本身含有直流电动势 E，且其方向对电路中的晶闸管而言是反向电压的负载，电路如图 3-6（a）所示。属于此类的负载有蓄电池、直流电动势的电枢等。

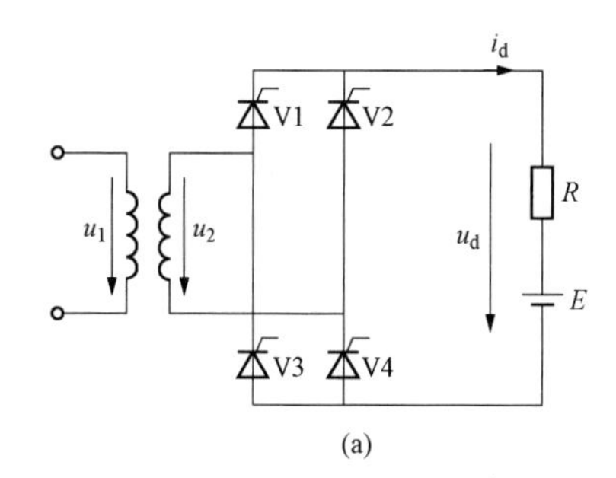

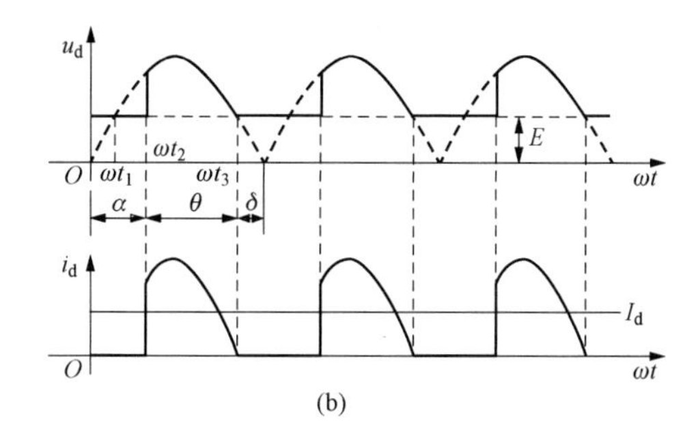

图 3-6　单相桥式全控整流电路带反电动势负载
（a）电路图；（b）波形图

如图 3-6（b）所示，在 ωt_1 之前的区间，虽然电源电压 u_2 是在正半周，但由于反电动势 E 的数值大于电源电压 u_2 的瞬时值，晶闸管仍是承受反向电压，处于反向阻断状态。此时，负载两端的电压等于其本身的电动势 E，但没有电流流过，晶闸管两端承受的电压为 $u_T=u_2-E$。

ωt_1 之后，电源电压 u_2 已大于反电动势 E，晶闸管开始承受正向电压，但在 ωt_2 之前没有加触发脉冲，所以晶闸管仍处于正向阻断状态。ωt_2 时刻，给 V1 和 V4 同时加触发脉冲，V1 和 V4

导通，输出电压为 $u_d=u_2$。负半周时情况一样，只不过触发的是 V2 和 V3。当晶闸管导通时，负载电流 $i_d=\frac{u_2-E}{R}$。所以，在 $u_2=E$ 的时刻，i_d 降为零，晶闸管关断。与电阻负载相比，晶闸管提前电角度 δ 关断，δ 称为停止导电角，计算公式为

$$\delta=\arcsin\frac{E}{\sqrt{2}U_2} \tag{3-18}$$

由图 3-6（b）可见，在 α 角相同时，反电动势负载时的整流输出电压比电阻性负载时大。而电流波形则由于晶闸管导电时间缩短，其导通角 $\theta_T=\pi-\alpha-\delta$，且反电动势内阻 R 很小，所以呈现脉动的波形，底部变窄，如果要求一定的负载平均电流，就必须有较大的峰值电流，且电流波形为断续的。

如果负载是直流电动机电枢，则在电流断续时电动机的机械特性将会变软。因为增大峰值电流，就要求较多地降低反电动势 E，即转速 n 降落较大，机械特性变软。另外，晶闸管导通角越小，电流波形底部越窄，电流峰值越大，则电流有效值也越大，对电源容量的要求也就越大。

为了克服以上的缺点，常在主回路直流输出侧串联一平波电抗器 L_d，电路如图 3-7（a）所示，利用电感平稳电流的作用来减少负载电流的脉动并延长晶闸管的导通时间。只要电感足够大，负载电流就会连续，直流输出电压和电流的波形与电感性负载时一样，如图 3-7（b）所示。U_d 的计算公式也与电感负载时一样，但直流输出电流 I_d 则为 $I_d=\frac{U_d-E}{R}$。

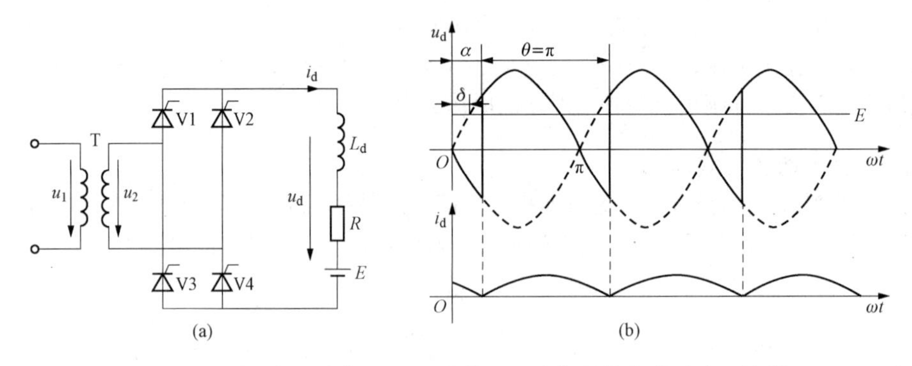

图 3-7　单相桥式全控整流电路带反电动势负载串联平波电抗器

（a）电路图；（b）电流临界连续时的波形

如图 3-7（b）所示为电流临界连续时的电压、电流波形。为保证电流连续，所需的回路的电感量可用式（3-19）计算

$$L=\frac{2\sqrt{2}U_2}{\pi\omega I_{dmin}}=2.87\times10^{-3}\frac{U_2}{I_{dmin}} \tag{3-19}$$

式中：L 为回路总电感，单位为 H，它包括平波电抗器电感 L_d、电枢电压 L_D 及变压器漏感 L_T 等；U_2 为变压器二次侧电压有效值，单位为 V；ω 为工频角速度；I_{dmin} 为给出的最小工作电流，单位为 A，一般取额定电流的 5%。

根据上面分析可以看出，单相桥式全控整流电路属全波整流，在两个半波周期中，负载上都有电流通过，负载上输出的电压脉动程度比半波时小，变压器利用率高、且不存在直流磁化问题；但需要同时触发两只晶闸管，线路较复杂。在一般中小容量调速系统中应用较多。

单相桥式全控整流电路测试。

在控制面板中按如图 3-8 所示接线，将电阻器放在最大阻值处，按下“启动”按钮，保持 U_b 偏移电压不变，逐渐增加 α，在 $\alpha=0°$、$30°$、$60°$、$90°$、$120°$时，用示波器观察、记录整流电压 U_d 和晶闸管两端电压 U_V 的波形，并将电源电压 U_2 和负载电压 U_d 的数值记录于表 3-1 中。

表 3-1　电源电压 U_2 和负载电压 U_d 的数值

α	30°	60°	90°	120°
U_2				
U_d（记录值）				
U_d（计算值）				

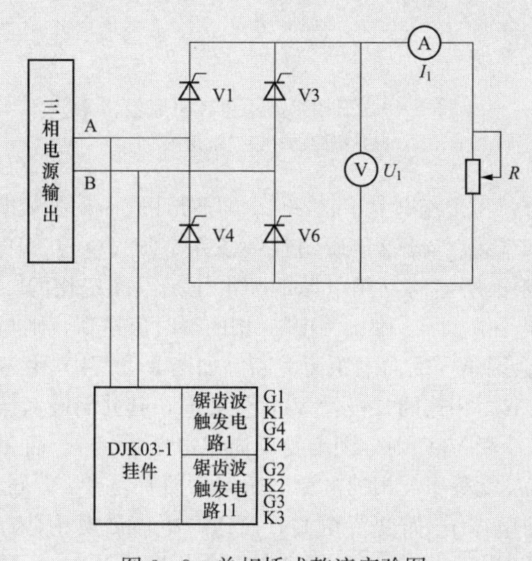

图 3-8　单相桥式整流实验图

3.3　必备知识二：三相可控整流电路

虽然单相可控整流电路具有线路简单，维护、调试方便的优点，但输出整流电压脉冲大，又会影响三相交流电网的平衡。因此，当负载容量较大，要求的直流电压脉动较小时，通常采用三相可控整流电路。三相可控整流电路有多种形式，其中最基本的是三相半波可控整流电路，而其他较常用的如三相桥式全控整流电路、双反星形可控整流电路等，均可看作是三相半波可控整流电路的串联或并联、可在分析三相半波可控整流电路的基础上进行分析。

3.3.1　三相半波不可控整流电路

为了更好地理解三相半波可控整流电路，先分析由二极管组成的不可控整流电路，如图 3-9（a）所示。此电路可由三相变压器供电，也可直接接到三相四线制的交流电源上。变压器二次侧相电压有效值为 U_2，线电压为 U_{2L}。其接法是三个整流管的阳极分别接到变压器二次侧的三相电源上，而三个阴极接在一起，接到负载的一端，负载的另一端接到整流变压器的中线，形成回路。

此种接法称为共阴极接法。

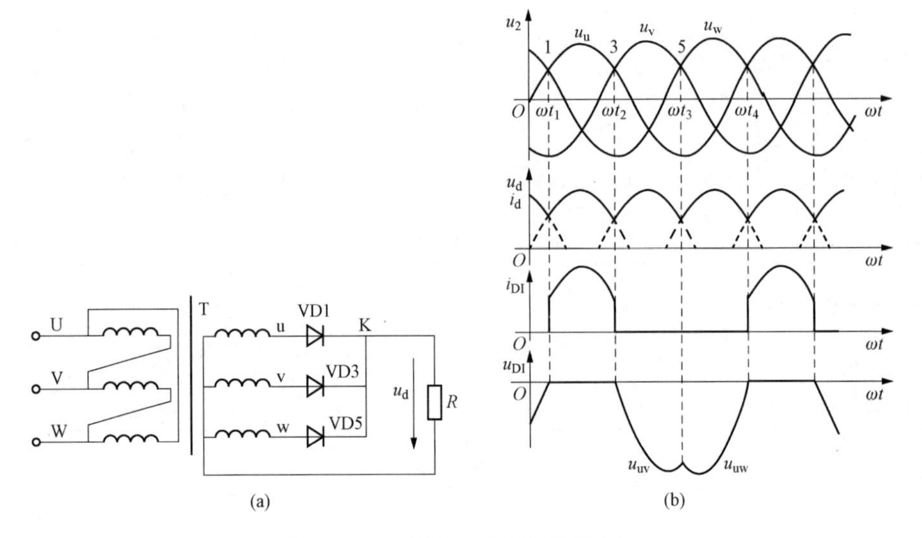

图 3-9　三相半波不可控整流电路

(a) 电路图；(b) 波形图

如图 3-9（b）所示为三相交流电 u_u、u_v 和 u_w 的波形图，u_d 是输出电压的波形，u_D 是二极管承受的电压的波形。由于整流二极管导通的唯一条件是阳极电位高于阴极电位，而三只二极管又是共阴极连接的，且阳极所接的三相电源的相电压是不断变化的，所以哪一相的二极管导通就要看其阳极所接的相电压 u_u、u_v 和 u_w 中哪一相的瞬时值最高，则与该相相连的二极管就会导通，其余两只二极管就会因承受反向电压而关断。如图 3-9（b）中 $\omega t_1 \sim \omega t_2$ 区间，u 相的瞬时电压值 u_u 最高，因此与 u 相相连的二极管 VD1 先导通，其共阴极 K 点电位即是 u_u，所以与 v 相、w 相相连的二极管 VD3 和 VD5 则分别承受反向线电压 u_{vu}、u_{wu} 而关断。若忽略二极管的导通压降，此时，输出电压 u_d 就等于 u 相的电源电压 u_u，即有 $u_d = u_u$。同理，当 ωt_2 时，由于 v 相的电压 u_v 开始高于 u 相的电压 u_u 而变为更高，所以，电流就要由 VD1 换流给 VD3，VD1 和 VD5 又会承受反向线电压 u_{uv}、u_{wv} 而处于阻断状态，输出电压 $u_d = u_v$。同样在 ωt_3 以后，因 w 相电压 u_w 最高，所以 VD5 导通，VD1 和 VD3 受反向电压而关断，输出电压 $u_d = u_w$。ωt_4 以后又重复上述过程。

由以上分析可以看出，三相半波不可控整流电路中的三个二极管轮流导通，导通角均为 120°，电路的直流输出电压 u_d 是脉动的三相交流相电压波形的包络线，负载电流 i_d 波形形状与 u_d 相同。u_d 波形与单相整流时相比，其输出电压脉动大为减小，一周脉动三次，脉动的频率为 150Hz。其输出直流电压的平均值 U_d 为

$$U_d = \frac{3}{2\pi}\int_{\frac{\pi}{6}}^{\frac{5\pi}{6}} \sqrt{2}U_2 \sin\omega t \, d(\omega t) = 1.17U_2 \tag{3-20}$$

整流二极管承受的电压的波形如图 3-9（b）所示，以 VD1 为例。在 $\omega t_1 \sim \omega t_2$ 区间，由于 VD1 导通，所以 u_{D1} 为零；在 $\omega t_2 \sim \omega t_3$ 区间，VD3 导通，则 VD1 承受反向线电压 u_{uv}，即 $u_{D1} = u_{uv}$；在 $\omega t_3 \sim \omega t_4$ 区间，VD5 导通，则 VD1 承受反向线电压 u_{uw}，即 $u_{D1} = u_{uw}$。从图 3-9（b）中还可以看出，整流二极管所承受的最大的反向电压就是三相交流电源的线电压的峰值，即

$$U_{DM} = \sqrt{6}U_2 \tag{3-21}$$

从图 3-9（b）中还可以看到，1、3、5 这三个点分别是二极管 VD1、VD3 和 VD5 的导通起

始点（自然换相点），即每经过其中一点，电流就会自动从前一相换流至后一相，这种换相是利用三相电源电压的变化自然进行的，因此把 1、3、5 点称为自然换相点。

3.3.2　共阴极三相半波可控整流电路

按负载性质的不同来分别讨论电路的工作情况。

1. 电阻性负载

将图 3-9（a）中的三个整流二极管 VD1、VD3 和 VD5 分别换成三个晶闸管 V1、V3 和 V5，就组成了共阴极接法的三相半波可控整流电路，如图 3-10（a）所示。这种电路的触发电路有公共端，即共阴极端，使用调试方便，故常被采用。

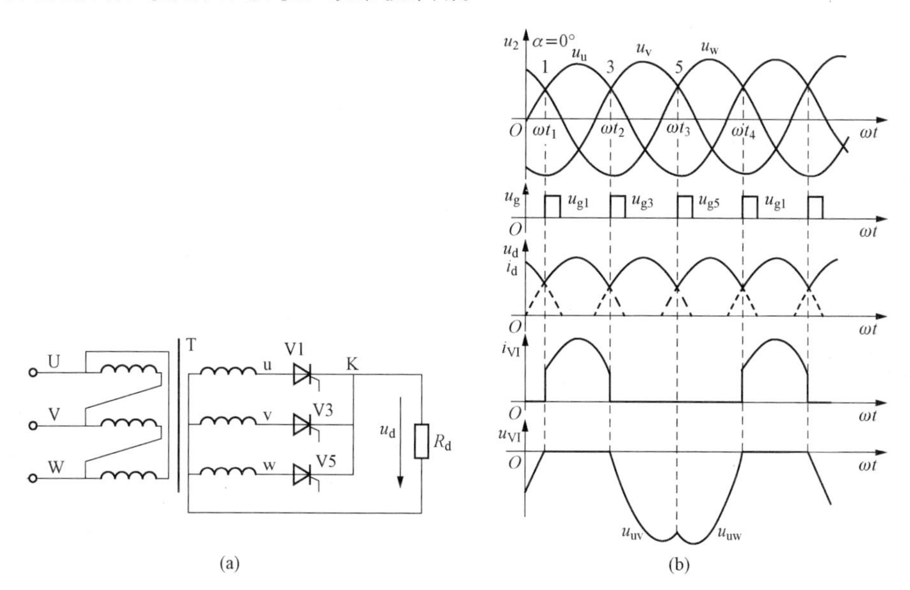

图 3-10　共阴极三相半波可控整流电路带电阻性负载

（a）电路图；（b）波形图

由于将二极管换成了晶闸管，故要使晶闸管导通，除了要有正向的阳极电压外，还要有正向的门极触发电压。图 3-10（b）中三相半波可控整流电路的最大输出是自然换相点处换相得到的，因此自然换相点 1、3、5 是三相半波可控整流电路中晶闸管可以被触发导通的最早时刻将其作为各晶闸管的控制角 α 的起始点，即 $\alpha=0°$的点，因此在三相可控整流电路中，α 角的起始点不再是坐标原点，而是在距离相应的相电压原点 30°的位置，要改变控制角，只能在此位置沿时间轴向后移动触发脉冲。而且三相触发脉冲的间隔必须和三相电源相电压的相位差一致，即均为 120°，其相序也要与三相交流电源的相序一致。若是在自然换相点 1、3、5 所对应的 ωt_1、ωt_2 及 ωt_3时刻分别给晶闸管 V1、V3 和 V5 加触发脉冲，则得到的输出电压的波形和不可控整流时是一样的，如图 3-10（b）所示，此时 U_d 的值最大，即 $U_d=1.17U_2$。

如图 3-11 所示为三相半波可控整流电路带电阻性负载 $\alpha=15°$的波形。在距离 u 相相电压原点 $30°+\alpha$ 处的ωt_1 时刻，给晶闸管 V1 加上触发脉冲 u_{g1}，因此时已过 1 点，u 相电压 u_u 最高，故可使 V1 导通，在负载上就得到 u 相电压 u_u，输出电压波形就是相电压 u_u 的波形，即 $u_d=u_u$。至 3 点的位置时，虽然 V3 阳极电位变为最高，但因其触发脉冲还没到，所以 V1 会继续导通，直至距离自然换相点 3 点 15°电角度的位置，即距离 v 相相电压过零点 $30°+\alpha$ 处的 ωt_2 时刻，给晶闸管 V3 加上触发脉冲 u_{g3}，V3 会导通，同时 V1 会由于 V3 的导通而承受反向线电压 u_{uv}关断，输出电压波形就成了 v 相电压 u_v 的波形，即输出电压变为 $u_d=u_v$。同理，在 ωt_3 时给晶闸管 V5

加上触发脉冲 u_{g5}，V5 会导通，V3 会由于 V5 的导通而承受反向线电压 u_{vw} 关断，输出电压为 $u_d = u_w$。

从图 3-11 中可以看出，输出电压 u_d 的波形（阴影部分）与图 3-10（b）少了一部分，因为是电阻性负载，所以负载上的电流 i_d 的波形与电压 u_d 的波形相似。由于三只晶闸管轮流导通，且各导通 120°，故流过一只晶闸管的电流波形是 i_d 波形的 1/3。如流过晶闸管 V1 的电流 i_{V1} 的波形如图 3-11 所示。在晶闸管 V1 两端所承受的电压 u_{V1} 波形中，可以看出它仍是由三部分组成：本身导通时，不承受电压，即 $u_{V1}=0$；v 相的晶闸管 V3 导通时，V1 将承受线电压 u_{uv}，即 $u_{V1}=u_{uv}$；同样，w 相的晶闸管 V5 导通时，就承受线电压 u_{uw}，即 $u_{V1}=u_{uw}$。以上三部分各持续了 120°。其他两只管子的电流和电压波形与 V1 的一样，只是相位相差了 120°。

由图 3-11 可以看出，在 $\alpha \leqslant 30°$ 时，输出电压、电流的波形都是连续的。$\alpha=30°$ 是临界状态，即前一相的晶闸管关断的时刻，恰好是下一个晶闸管导通的时刻，输出电压、电流都处于临界连续状态，波形如图 3-12 所示。ωt_1 时刻触发导通了晶闸管 V1，至 ωt_2 时刻流过 V1 的电流降为零，同时也给晶闸管 V3 加上了触发脉冲，使 V3 被触发导通，这样流过负载的电流 i_d 刚好连续，输出电压 u_d 的波形也是连续的，每只晶闸管仍是各导通 120°。

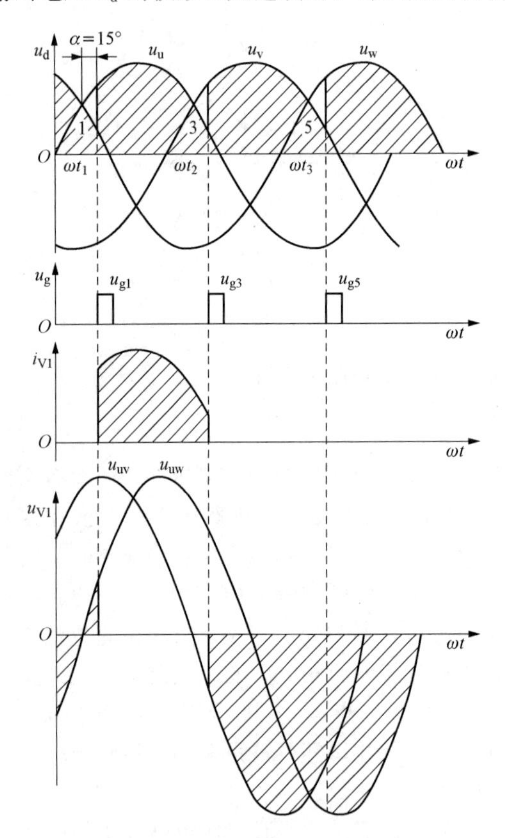

图 3-11 三相半波可控整流电路带电阻性负载（$\alpha=15°$）

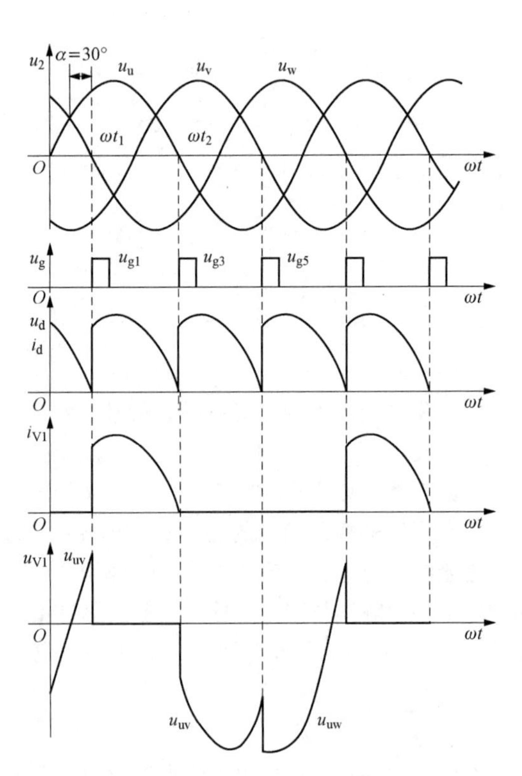

图 3-12 三相半波可控整流电路带电阻性负载（$\alpha=30°$）时的波形

若 $\alpha>30°$，例如 $\alpha=60°$ 时，整流输出电压 u_d、负载电流 i_d 的波形如图 3-13 所示。此时 u_d 和 i_d 的波形是断续的，当导通的一相相电压过零变负时，流过该相晶闸管的电流也降低为零，使原先导通的管子关断。但此时下一相的晶闸管虽然承受正的相电压，可它的触发脉冲还没有到，故不会导通。输出电压、电流均为零，即出现了电压、电流断续的情况。直到下一相触发脉冲出现为止。在这种情况下，各个晶闸管的导通角不再是 120°，而是小于 120°。例如 $\alpha=60°$时，各晶闸管的导通角是 90°（即 150°−60°）。值得注意的是在输出电压断续的情况下，晶闸管所承受的电压除了上面提到的三部分外，还多了一种情况，就是当三只晶闸管都不导通时，每只晶闸管均承受各自的相电压。

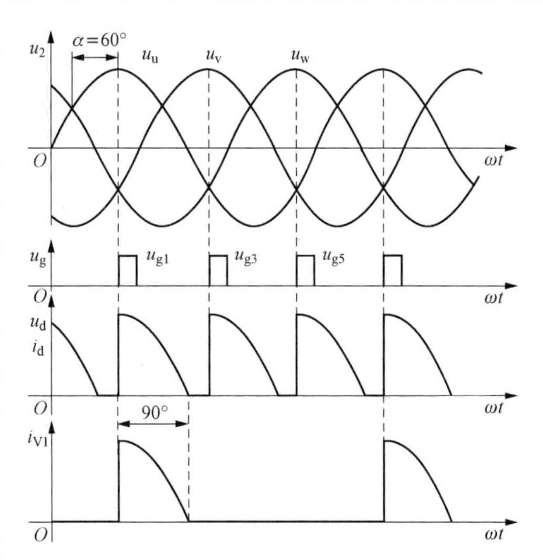

图 3-13　三相半波可控整流电路带电阻性负载（$\alpha=60°$）时波形

显然，当触发脉冲向后移至 $\alpha=150°$时，此时正好是相应的相电压的过零点，此后晶闸管将不再承受正向的相电压，因此无法导通。因此，三相半波可控整流电路，在电阻性负载时，控制角的移相范围是 0°～150°。

由于输出波形有连续和断续之分，所以在这两种情况下的各电量的计算也不尽相同，现在分别讨论如下。

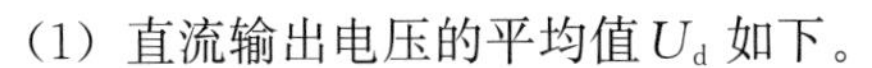

（1）直流输出电压的平均值 U_d 如下。

当 $0°\leqslant\alpha\leqslant30°$时，有

$$U_d=\frac{3}{2\pi}\int_{\frac{\pi}{6}+\alpha}^{\frac{5\pi}{6}+\alpha}\sqrt{2}U_2\sin\omega t\,\mathrm{d}(\omega t)=\frac{3\sqrt{6}}{2\pi}U_2\cos\alpha=1.17U_2\cos\alpha \tag{3-22}$$

由式（3-22）可以看出，当 $\alpha=0°$时，U_d 最大，为 $U_d=U_{d0}=1.17U_2$。

当 $30°\leqslant\alpha\leqslant150°$时，有

$$U_d=\frac{3}{2\pi}\int_{\frac{\pi}{6}+\alpha}^{\pi}\sqrt{2}U_2\sin\omega t\,\mathrm{d}(\omega t)=\frac{3\sqrt{2}}{2\pi}U_2\left[1+\cos\left(\frac{\pi}{6}+\alpha\right)\right]$$

$$=0.675U_2\left[1+\cos\left(\frac{\pi}{6}+\alpha\right)\right] \tag{3-23}$$

当 $\alpha=150°$时，U_d最小，为 $U_d=0$。

（2）直流输出电流的平均值 I_d。由于是电阻性负载，无论电流连续与否其波形都与电压波形相似，都有

$$I_d=\frac{U_d}{R_d}$$

（3）流过一只晶闸管的电流的平均值 I_{dV}和有效值 I_V。三相半波电路中三只晶闸管是轮流导通的，所以

$$I_{dV}=\frac{1}{3}I_d$$

当电流连续，即 $0°\leqslant\alpha\leqslant30°$，由图 3-9 可以看出，每只晶闸管轮流导通 120°，因此可得

$$I_V=\sqrt{\frac{1}{2\pi}\int_{\frac{\pi}{6}+\alpha}^{\frac{5}{6}\pi+\alpha}\left(\frac{\sqrt{2}U_2\sin\omega t}{R_d}\right)^2\mathrm{d}(\omega t)}=\frac{U_2}{R_d}\sqrt{\frac{1}{2\pi}\left(\frac{2\pi}{3}+\frac{\sqrt{3}}{2}\cos2\alpha\right)}$$

当电流断续，即 $30°\leqslant\alpha\leqslant150°$时，由图 3-11 可以看出，三只晶闸管轮流导通，但导通角小于 120°，因此有

$$I_V=\sqrt{\frac{1}{2\pi}\int_{\frac{\pi}{6}+\alpha}^{\pi}\left(\frac{\sqrt{2}U_2\sin\omega t}{R_d}\right)^2\mathrm{d}(\omega t)}=\frac{U_2}{R_d}\sqrt{\frac{1}{2\pi}\left(\frac{5\pi}{6}-\alpha+\frac{\sqrt{3}}{4}\cos2\alpha+\frac{1}{4}\sin2\alpha\right)}$$

（4）晶闸管两端承受的最大的峰值电压 U_{TM}。由前面波形图中晶闸管所承受的电压波形可以

看出，晶闸管承受的最大反向电压是变压器二次侧线电压的峰值，即

$$U_{TM}=\sqrt{2}U_{21}=\sqrt{2}\times\sqrt{3}U_2=\sqrt{6}U_2=2.45U_2$$

而在电流断续的时候，晶闸管承受的是各自的相电压，故其承受的最大正向电压是相电压的峰值即$\sqrt{2}U_2$。

2. 电感性负载

三相半波可控整流电路带电感性负载电路如图 3-14（a）所示。若负载中所含的电感分量 L_d 足够大，则由于电感的平波作用会使负载电流 i_d 的波形基本上是一水平的直线，如图 3-14（b）、（c）所示。

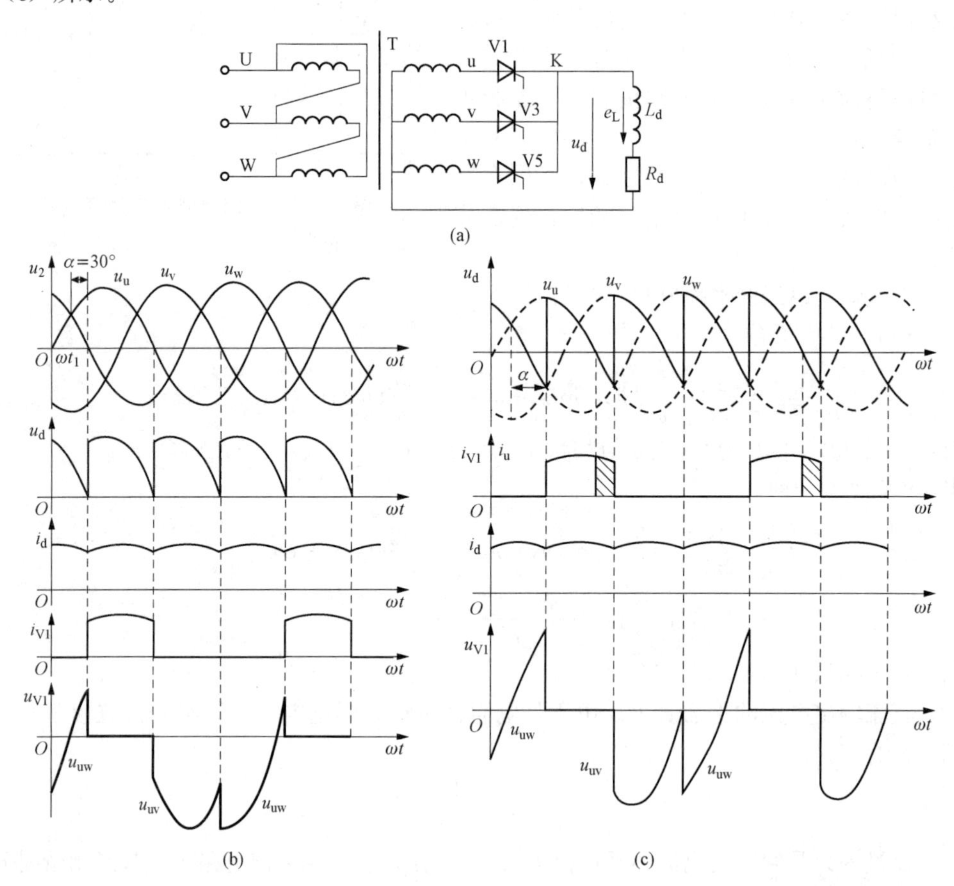

图 3-14　三相半波可控整流电路

（a）带电感性负载电路；（b）带电感性负载 $\alpha=30°$的波形图；（c）带电感性负载 $\alpha=60°$时的波形图

当 $\alpha\leqslant30°$时，直流输出电压 u_d 的波形不会出现负值，并且输出电压和电流都是连续的，与电阻性负载时的波形一致，但电流 i_d 的波形则变为一水平直线。如图 3-14（b）所示，读者可将此组波形图与图 3-12 电阻性负载时的波形图相比较。当 $30°\leqslant\alpha\leqslant90°$时，直流输出电压 u_d 的波形出现了负值，这是由于负载中电感的存在使得当电流发生变化时，电感产生自感电动势 e_L 来阻碍电流的变化，这样电源电压过零变负时，由于此时电流是减小的，电感两端产生的自感电动势 e_L 对晶闸管而言是正向的，因此，即使电源电压变为负值，但只要 e_L 的数值大于相应的相电压的数值，那么晶闸管就仍能维持导通状态，直到下一相的晶闸管的触发脉冲到来。如图 3-14（c）所示为 $\alpha=60°$时的波形。当与 u 相相连的晶闸管 V1 导通时，电路的整流输出电压为 $u_d=u_u$，至 u 相

相电压 u_u 过零变负时，由于 e_L 的作用，晶闸管 V1 会继续导通，此时输出电压 u_u 为负值。直到 V3 的触发脉冲的到来，由于共阴极的电路中阳极电位高的晶闸管优先导通，而此时 v 相的相电压 u_v 高于 u 相的相电压 u_u，所以晶闸管 V1 会让位给 V3，电流由 V1 换流给 V3，输出电压变为 $u_d=u_v$，后面依次类推。因此就得到了如图 3-14（c）所示的波形图，通过将它与图 3-13 三相半波带电阻性负载（$\alpha=60°$）的波形相比可以看出，整流输出电压 u_d 出现了负值，且其波形是连续的，流过负载 i_d 的波形既连续又平稳，三只晶闸管轮流导通，且每一只晶闸管都导通 120°。从图 3-14（c）中还可以推出，当触发脉冲向后移至 $\alpha=90°$时，u_d 的波形的正负面积相等，其平均值 u_d 为零。所以，此电路的最大的有效移相范围是 0°～90°。

晶闸管所承受的电压的波形分析与电阻性负载时的情况相同，除本身导通时不承受电压外，其他两相的晶闸管导通时分别承受相应的线电压，每一部分各为 120°。

由于在 $0°\leqslant\alpha\leqslant 90°$区间输出电压、电流是连续的，所以输出的直流电压 u_d 为

$$U_d=\frac{3}{2\pi}\int_{\frac{\pi}{6}+\alpha}^{\frac{5\pi}{6}+\alpha}\sqrt{2}U_2\sin\omega t\,\mathrm{d}(\omega t)=\frac{3\sqrt{6}}{2\pi}U_2\cos\alpha=1.17U_2\cos\alpha$$

很明显，它与式（3-22）是一样的，即三相半波可控整流电路，只要电压连续，U_d 就可用此式计算。另外，由此式还可以看出，当 $\alpha=90°$时，$\cos\alpha=0$，所以 U_d 也等于零，与前面由波形得到的结论一致，即电感性负载时 α 角的移相范围是 0°～90°。

负载上得到的直流输出电压的平均值为

$$I_d=\frac{U_d}{R_d}=1.17\frac{U_2}{R_d}\cos\alpha$$

当电感足够大时，i_d 的波形为一直线，则每一相的电流及流过一只晶闸管的电流的波形为矩形波，所以有

$$I_{dV}=\frac{1}{3}I_d$$

$$I_V=I_2=\sqrt{\frac{1}{3}}I_d=0.577I_d$$

由图 3-14（c）还可以看出，晶闸管所承受的最大正反向电压均是线电压的峰值，即 $U_{TM}=\sqrt{2}U_{21}=\sqrt{6}U_2$

同单相电路一样，为了扩大移相范围及提高输送电压，也可在电感性负载两端并接续流二极管 VD_R，如图 3-15（a）所示。根据二极管的导通特性，即只有在相电压过零变负时 VD_R 才会导通，故在 $\alpha\leqslant 30°$的区间，输出电压 u_d 均为正值，且 u_d 波形连续，此时续流二极管 VD_R 并不起作用，仍是三个晶闸管轮流导通 120°，输出电压和电流波形同图 3-15（b）相同。当 $30°\leqslant\alpha\leqslant 150°$时，当电源电压过零变负时，续流二极管 VD_R 就会导通，为负载提供续流回流，使得负载电流不再经过变压器二次侧绕组，而此时晶闸管则由于承受反向的电源相电压而关断。因此负载上的输

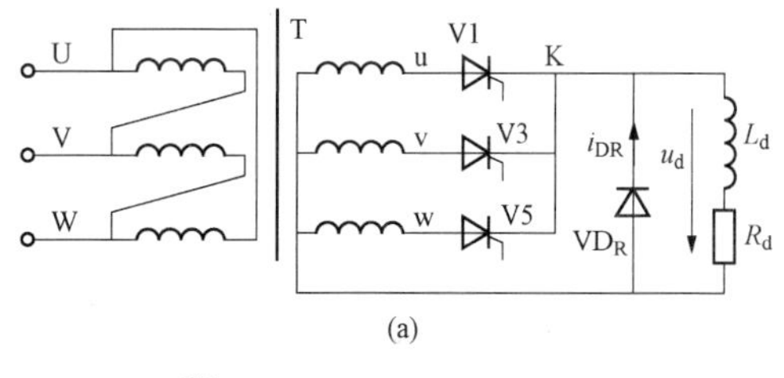

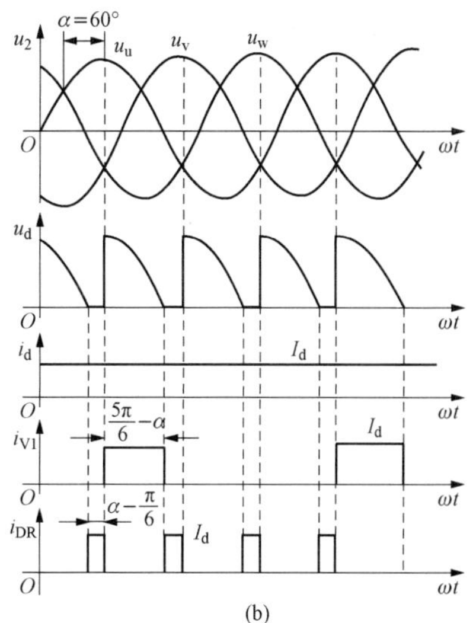

图 3-15　三相半波可控整流电路带电感性负载两端并接续流二极管

（a）电路图；（b）$\alpha=60°$时的波形

出电压为续流二极管 VD_R 的正向导通压降，接近于零。这样，输出电压 u_d 的波形出现了断续且没有了负值，同时负载上的电流 i_d 仍是连续的续流二极管 VD_R 的导通角为 $\theta_{DR}=3\left(\alpha-\frac{\pi}{6}\right)$，而此时晶闸管的导通角变为 $\theta_T=\frac{5\pi}{6}-\alpha$。因此，根据图 3-14（b）及图 3-15（b）的波形，可以推导出三相半波可控整流电路带电感性负载接续流二极管时各电量的数量关系。

（1）直流输出电压的平均值 U_d 如下。

当 $0°\leqslant\alpha\leqslant30°$时，因为输出电压 u_d 的波形与不接续流二极管时一致，故仍有

$$U_d=\frac{3\sqrt{6}}{2\pi}U_2\cos\alpha=1.17U_2\cos\alpha$$

当 $30°\leqslant\alpha\leqslant150°$时，$u_d$ 的波形与电路带电阻性负载时一致，u_d 的波形也是断续的，故有

$$U_d=0.675U_2\left[1+\cos\left(\frac{\pi}{6}+\alpha\right)\right]$$

（2）直流输出电流的平均值为

$$I_d=\frac{U_d}{R_d}$$

（3）流过一只晶闸管的电流的平均值和有效值。

当 $0°\leqslant\alpha\leqslant30°$时，有

$$I_{dV}=\frac{1}{3}I_d,\ I_V=\sqrt{\frac{1}{3}}I_d$$

当 $30°\leqslant\alpha\leqslant150°$时，有

$$I_{dD}=\frac{\frac{5\pi}{6}-\alpha}{2\pi}I_d,\ I_V=\sqrt{\frac{\frac{5\pi}{6}-\alpha}{2\pi}}I_d$$

（4）流过续流二极管 VD_R 的电流的平均值和有效值。

当 $0°\leqslant\alpha\leqslant30°$时，续流二极管没起作用，流过 VD_R 的电流为零。

当 $30°\leqslant\alpha\leqslant150°$，有

$$I_{dD}=\frac{\left(\alpha-\frac{\pi}{6}\right)\times3}{2\pi}I_d=\frac{\alpha-\frac{\pi}{6}}{\frac{2\pi}{3}}I_d,\ I_D=\sqrt{\frac{\alpha-\frac{\pi}{6}}{\frac{2\pi}{3}}}I_d$$

（5）晶闸管和续流二极管两端承受的最大的电压为

$$U_{TM}=\sqrt{6}U_2,\ U_{DRM}=\sqrt{2}U_2$$

3. 反电动势负载

如图 3-16（a）所示为三相半波可控整流电路带直流电动机电枢时的电路，它与单相电路一样，为了能使电流平稳连续，一般也要在负载回路中串接电感量足够大的平波电抗器 L_d，此时电路的分析同电感性负载时一致，波形如图 3-16（b）所示。它与图 3-14（c）一致，所以电路分析以及各电量的计算也都一致，只是负载的直流电流的平均值的计算改为

$$I_d=\frac{U_d-E}{R_d}$$

其他电量的计算可套用式（3-10）及式（3-12）～式（3-14）。另外若是所串平波电抗器 L_d 的电感量不够大或负载电流过小，则电流会出现断流的情况，注意在电流断续的区间，负载两端的电压是其本身的电动势 E。

以上电路为了扩大移相范围及使电流 i_d 平稳，也可在负载两端并接续流二极管 VD_R，电路的分析方法与图 3-15 所示的电路一致，这里不再赘述。

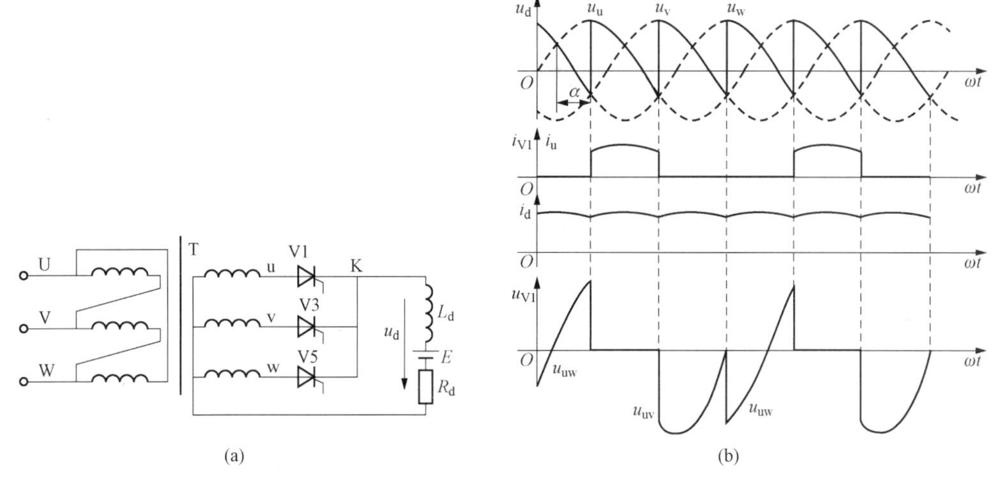

图 3-16　三相半波可控整流电路带反电动势负载串接平波电抗器

（a）电路图；（b）波形图

3.3.3　共阳极三相半波可控整流电路

三相半波可控整流电路还可以把晶闸管的三个阳极接在一起，而三个阴极分别接在三相交流电源，形成共阳极的三相半波可控整流电路，其带电感性负载电路如图 3-17（a）所示。由于三个阳极是接在一起的，即是等电位的，所以对于螺栓式晶闸管来说可以将晶闸管的阳极固定在同一块大散热器上，散热效果好，安装方便。但此电路的触发电路不能再像共阴极电路的触发电路那样，引出一条公共的接阴极的线，而且输出脉冲变压器二次绕组也不能有公共线，这就给调试和使用带来了不便。

共阳极的三相半波可控整流电路的工作原理与共阴极的一致，也是要晶闸管承受正向电压即其阳极电位高于阴极电位时，才可能导通。所以，共阳极的三只晶闸管 V2、V4 和 V6 哪一只导通，要看哪一只晶闸管的阴极电位低，触发脉冲应在三相交流电源相应相电压的负半周加上，而且三个管子的自然换相点在电源两相邻相电压负半周的交点，即图 3-17（b）中的 2、4、6 点，故 2、4、6 点的位置分别与 w 相、u 相、v 相相连的晶闸管 V2、V4 和 V6 的 α 角的起始点。从图 3-17（b）中可以看出，当 $\alpha=30°$时，输出全部在电源负半周。例如，在 ωt_1 时刻触发晶闸管 V2，因其阴极电位最低，满足导通条件，故可以被触发导通，此时在负载上得到的输出电压为 u_w。至 ωt_2 时，给 V4 加触发脉冲，由于此时 u 相电压更低，故 V2 会让位给 V4，而 V4 的导通会立即使 V2 承受反向的线电压 u_{uw}而关断。同理在 ωt_3 时刻又会换相给 v 相的晶闸管 V6。由图 3-17（a）可见，共阳极接法时

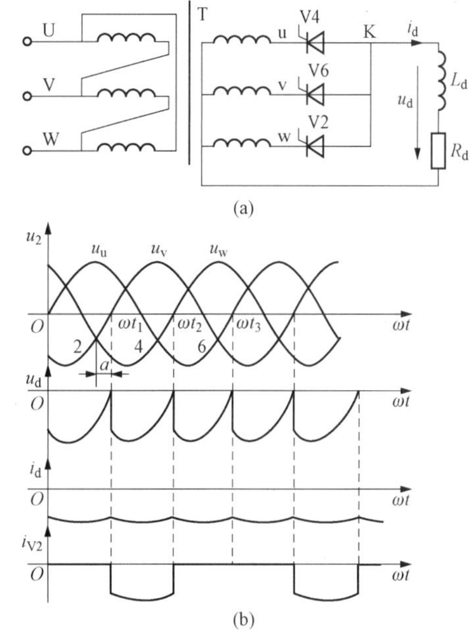

图 3-17　共阳极三相半波可控整流电路

（a）电路图；（b）$\alpha=30°$时的波形图

的整流输出电压波形形状与共阴极时是一样的，只是输出电压的极性相反，故三相半波共阳极整流电路带电感性负载时的整流输出电压的平均值为

$$U_d = -1.17U_2\cos\alpha$$

式中负号表示三相电源的零线为实际负载电压的正端，三个接在一起的阳极为实际负载电压的负端。负载电流的实际方向也与电路图中所标的方向相反。

从上面讨论的三相半波可控整流电路中还可以看出，不论是共阴极还是共阳极接法的电路，都只用了三只晶闸管，所以接线较简单，但其变压器绕组利用率较低，每相的二次绕组一周期最多工作120°，而且绕组中的电流（波形与相连的晶闸管的电流波形一致）还是单方向的，因此也会存在铁芯的直流磁化现象；还有晶闸管承受的反向峰值电压较高（与三相桥式电压相比）；另外，因电路中负载电流要经过电网零线，也会引起额外损耗。正是由于上述局限，三相半波可控整流电路一般只用于中等偏小容量的系统。

3.3.4 三相桥式全控整流电路

【微课】
三相桥式全控整流电路

1. 电阻性负载

直流电动机由单独的可调整流装置供电，晶闸管相控整流电路有单相、三相、全控、半控等，调速系统一般采用三相桥式全控整流电路，不宜用三相半波的原因是其变压器二次侧电流中含有直流分量。本设计中直流电动机采用三相桥式全控整流电路作为直流电动机的可调直流电源。通过调节触发延迟角 α 的大小来控制输出电压 U_d 的大小，从而改变电动机的电源电压。

三相桥式全控整流电路带电阻性负载如图3-18所示。

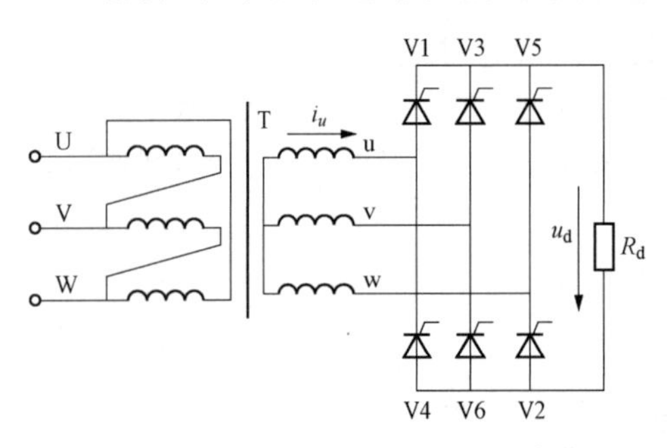

图3-18 三相桥式全控整流电路带电阻性负载

【仿真】
三相全控桥式整流电路——阻性负载电路

对于图3-18所示电路，可以像分析三相半波可控整流电路一样，先分析不可控整流电路的情况，即把晶闸管都换成二极管，这种情况相当于可控整流电路 $\alpha=60°$时的情况。即要求共阴极的一组晶闸管要在自然换相点1、3、5换相，而共阳极的一组晶闸管则会在自然换相点2、4、6换相。因此，对于可控整流电路，就要求触发电路在三相电源相电压正半周的1、3、5点的位置给晶闸管V1、V3和V5送出触发脉冲，而在三相电源相电压负半周的2、4、6点的位置给晶闸管V2、V4和V6送出触发脉冲，且在任意时刻共阴极和共阳极的晶闸管，这样在负载才能有电流通过，负载上得到的电压是某一线电压，其波形如图3-19所示。为便于分析，可以将一个周期分成6个区间，每个区间60°。$\omega t_1-\omega t_2$ 区间，u相电压最高，在 ωt_1 时刻，即对于共阴极组的u相晶闸管V1的 $\alpha=0°$的时刻，给其加触发脉冲，V1满足其导通的两个条件，同时假设此时共阳极组阴极电位最低的晶闸管V6已导通，这样就形成了由电源u相V1、负载 R_d 及V6回电源v相的电流回路。若假设电流流出绕组的方向为正，则此时u相绕组的电流 i_u 为正，v相绕组的电流 i_v 为负。在负载电阻上就得到了整流后的直流输出电压 u_d，且 $u_d=u_u-u_v=u_{uv}$，为三相交流电源的线电压之一。

过60°后至 ωt_2 时刻，进入 $\omega t_2-\omega t_3$ 区间，这时u相电压 u_u 仍是最高，但对于共阳极组的晶

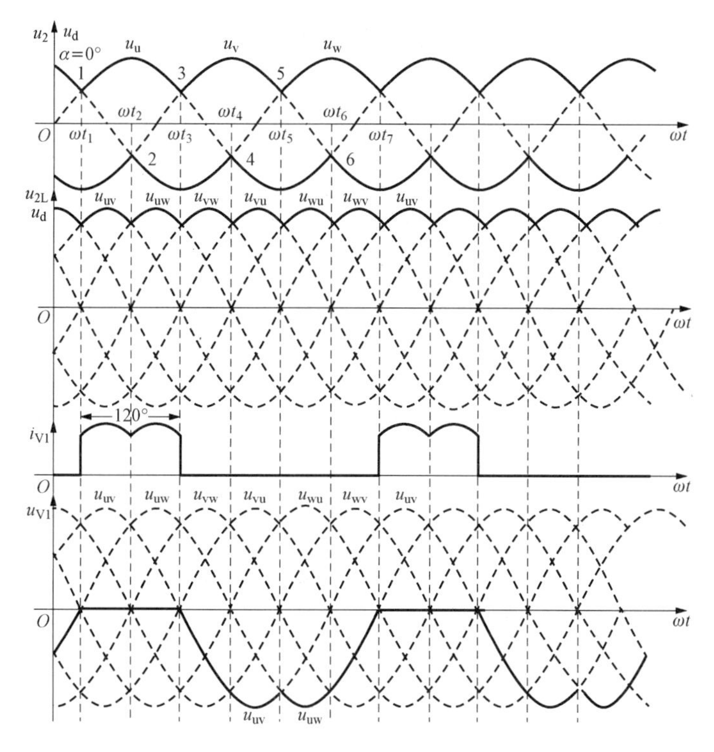

图 3-19　三相桥式全控整流电路带电阻性负载 $\alpha=0°$时的波形

闸管来说，由于 w 相相电压 u_w 为负，即 V2 的阴极电位将变得最低。所以在自然换相点 2，即 ωt_2时，给晶闸管 V2 加触发脉冲，使其导通，同时由于 V2 的导通，使 V6 承受了反向的线电压 u_{wv}而关断。即共阳极组由 V6 换流到 V2，则形成的电源通路仍由电源 u 相流出，经过还在导通的共阴极组的晶闸管 V1，向负载 R_d 供电，由 V2 流回到 w 相，此时 $u_d=u_u-u_w=u_{uw}$。再过 60°后至 ωt_3 时刻，进入 $\omega t_3-\omega t_4$ 区间，在此区间中，对于共阴极组来说变为 v 相最高，而对于共阳极组仍是 w 相最低。因此，在自然换相点 3，即 ωt_3 时要给晶闸管 V3 加触发脉冲，共阳极组的晶闸管由 V1 换流到 V3，而共阳极组仍是 V2 导通，改为由晶闸管 V3 和 V2 形成通路，所以，负载上得到的输出电压为 $u_d=u_v-u_w=u_{vw}$。

同样，再过 60°后至时刻，进入 $\omega t_4-\omega t_5$ 区间，V4 阴极所接的 u 相相电压 u_u 最低，故又该触发晶闸管 V4，输出电压为 $u_d=u_v-u_u=u_{vu}$。在 $\omega t_5-\omega t_6$ 区间，触发导通 V5，输出电压为$u_d=u_w-u_u=u_{wu}$。在 $\omega t_6-\omega t_7$ 区间，给共阳极组的晶闸管 V6 加触发脉冲，使得输出电压变为 $u_d-u_w-u_v=u_{wv}$。以后又重复上述过程。由图 3-19 的波形图可以看出，三相桥式全控整流电路中两组晶闸管的自然换相点对应相差 60°。当 $\alpha=0°$时，各个晶闸管均是在自然换相点换相，导通的顺序是 V1—V2—V3—V4—V5—V6—V1，每只晶闸管轮流导通 120°，相位相差了 60°，即六只晶闸管的触发脉冲依次相差 60°。负载上得到的输出电压 u_d 的波形，从相电压的波形上来看，共阴极组的晶闸管导通时，若以变压器二次侧的中点为参考点，则整流后的输出电压为相电压正半周的包络线，而共阳极组晶闸管导通时，输出电压为相电压负半周的包络线。因此三相桥式全控整流电路的输出波形可用电源线电压波形表示。每个线电压输出了 60°，如图 3-19 所示。

由图 3-19 所示波形可以看出晶闸管所承受的电压 u_V 的波形与三相半波电路时的分析是一样的，即晶闸管本身导通时 u_V 为零；同组的其他相邻晶闸管导通时，就承受相应的线电压。故晶闸管承受的最大的正反向电压仍为$\sqrt{6}U_2$。而由流过一只晶闸管的电流的波形可以看出，每只晶闸管在一周期内都导通了120°，波形的形状与相应段的u_d波形相同。

需要特别说明的是，三相桥式全控整流电路要保证任何时候都有两只晶闸管导通，这样才能形成向负荷供电的回路，并且是共阴极组和共阳极组各一个，不能为同一组的晶闸管。所以，在此电路合闸启动过程中或电流断续时，为保证电路能正常工作，就需要保证同时触发应导通的两只晶闸管，即要同时保证两只晶闸管都有触发脉冲。一般可以采用两种方式：一是采用单宽脉冲触发，即脉冲宽度大于60°，小于120°一般取如图3-20中的u_{g1}，这样以保证第二次脉冲u_{g2}时，前一个脉冲u_{g1}还没有消失，这样两只晶闸管V1和V2会同时脉冲，因篇幅所限，在图3-20中只画出了u_{g1}，其他五个宽脉冲没有画出。另一种脉冲形式是采用双窄脉冲，即要求本相的触发电路在送出本相的触发电路时，给前一相补发一个辅助脉冲，两个脉冲相位相差60°，脉宽一般为20°～30°。如图3-20所示，在给晶闸管V3送出脉冲u_{g3}的同时，又给晶闸管V2补发了一个辅脉冲u'_{g2}。虽然双窄脉冲的电路比较复杂，但其要求的触发电路的输出功率小，可以减小脉冲变压器的体积。而单宽脉冲触发方式虽然可以少一半脉冲输出，但为了不使脉冲变压器饱和，其铁芯体积要做得大一些，绕组的匝数也要多，因而漏电感增大，导致输出的脉冲前沿不陡，这样对于多个晶闸管的串联时是不利的。虽然可以利用增加去绕组的方法来改善这一情况，但这样又会使装置复杂化。所以两种触发方式中常选用的是双窄脉冲触发方式。

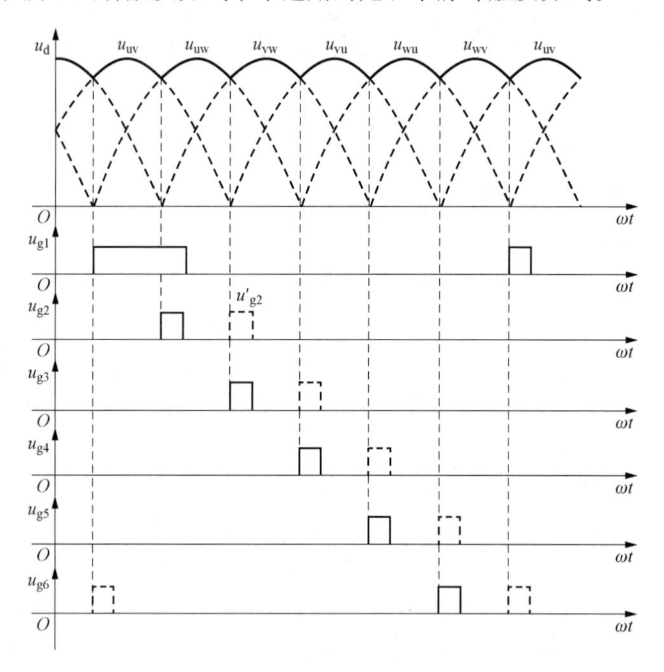

图3-20　三相桥式全控整流电路的触发脉冲

由图3-19可以看出，三相桥式全控整流电路的输出电压U_d的波形实际是由六个线电压u_{uv}、u_{uw}、u_{vw}、u_{vu}、u_{wu}和u_{wv}轮流输出所组成的。因此在分析三相桥式全控整流电路的输出电压U_d的波形时，只要分析线电压的波形即可，可不必再画相电压的波形。图3-21～图3-23所示分别是$\alpha=30°$、$\alpha=60°$和$\alpha=90°$时的电压、电流波形。当控制角α发生变化时电路的工作情况将发生变化。由图中可以看出输出电压u_d的波形仍是由六个电源线电压波形组成，与$\alpha=0°$时不同的是，由于晶闸管的导通时间推迟，输出电压的波形面积减小，输出电压的平均值降低。

例如，当$\alpha=30°$时，晶闸管的导通时间比$\alpha=0°$推迟了30°，组成输出u_d线电压波形也向后

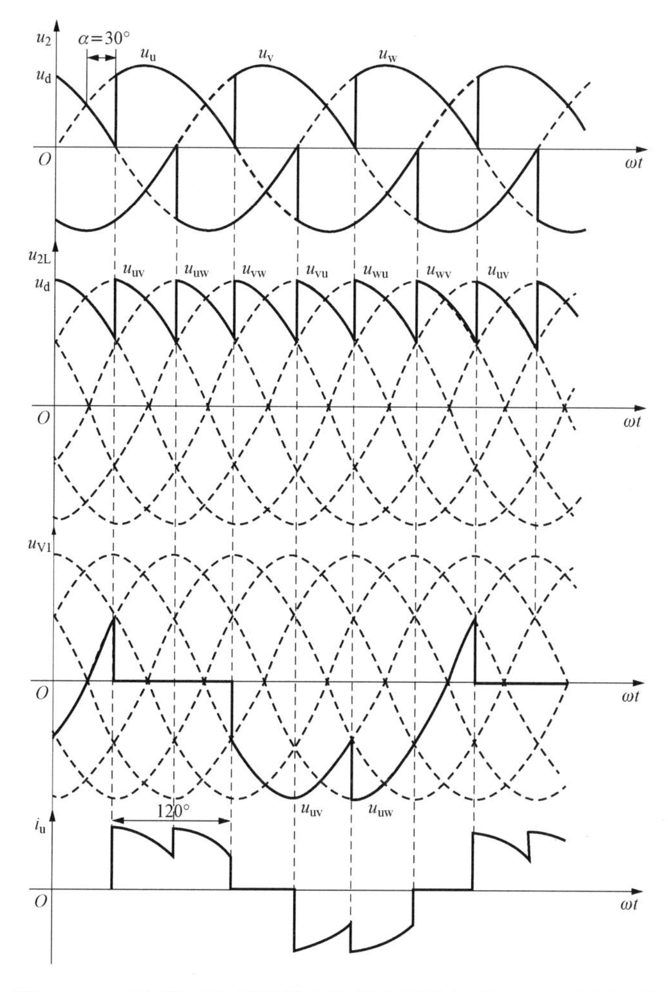

图 3-21　三相桥式全控整流电路带电阻性负载 $\alpha=30°$时的波形

推迟了 30°，但晶闸管的导通顺序仍然没有变，与其符号相符，流过变压器二次绕组的电流 i_u 为正负各 120°的对称的波形。当 $\alpha=60°$时，u_d 的波形继续向后推，且 u_d 的波形出现了零点。因此，$\alpha=60°$是一种临近情况，如图 3-22 所示。对于电阻性负载来说，只要 $\alpha\leqslant60°$，输出电压 u_d 的波形就是连续的，且电流 i_d 的波形也是连续的。当电流 $\alpha\geqslant60°$时，例如图 3-23 所示的 $\alpha=90°$时输出电压 u_d 的波形就出现了断续，每个线电压不再输出 60°了，而是有了 30°的等于零的情况，这是由于当 u_d 减小到零时，电流 i_d 也减小到了零，晶闸管就会关断，输出电压为零，不会有负值输出。α 角越大，电压、电流断续的区间就越大，至 $\alpha=120°$时，整流后的输出电压 u_d 的波形全为零，其平均值 U_d 也为零。所以，三相桥式全控整流电路带电阻性负载时，α 角的移相范围是 0°～120°。

2. 电感性负载

三相桥式全控整流电路一般多用于电感性负载及电动势负载。而对于反电动势负载，常指直流电动机或要求能实现有源逆变的负载。对于此类负载，为了改善电流波形，有利于直流电动机换向及减小火花，一般都要串入电感量足够大的平波电抗器，分析时等同于电感性负载。所以，重点讨论电感性负载时的工作情况，电路如图 3-24（a）所示。

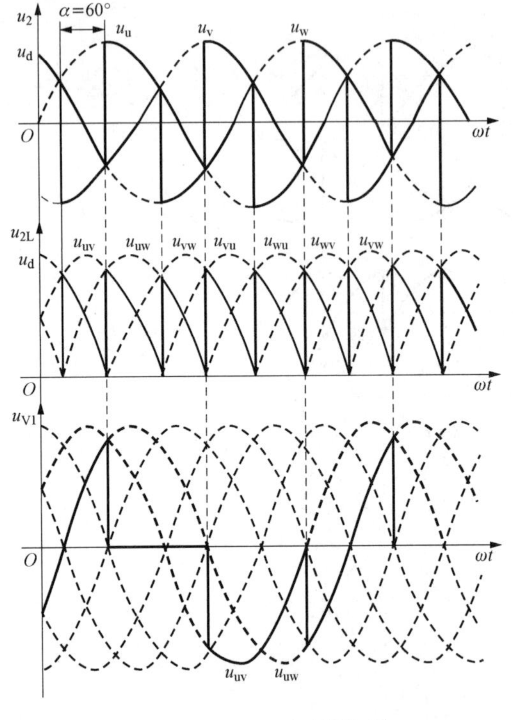

图 3-22 α=60°时的波形

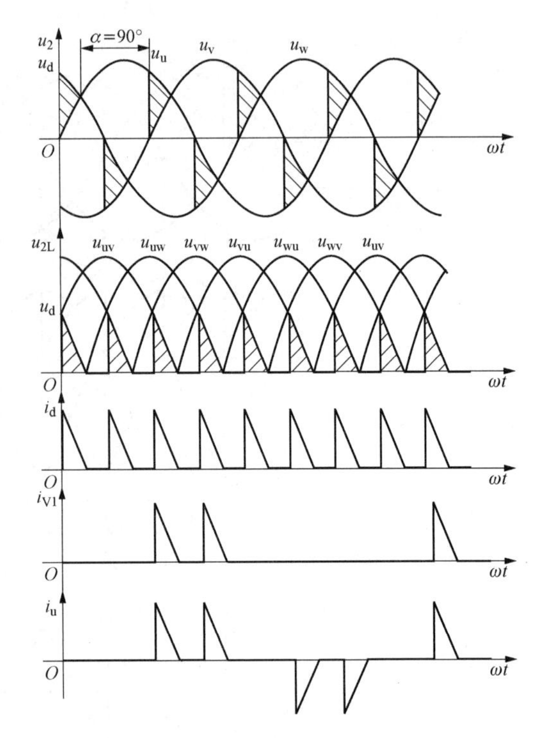

图 3-23 α=90°时的波形

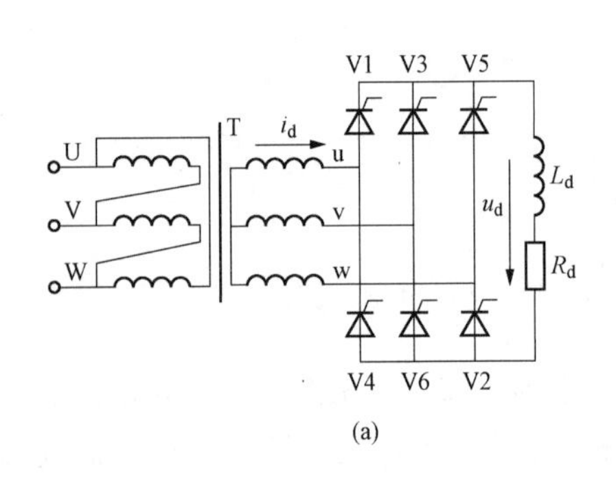

(a)

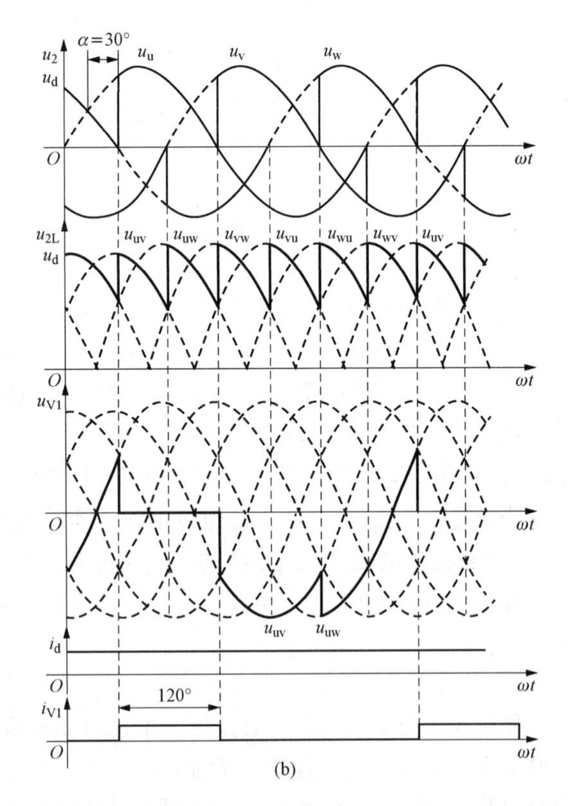

(b)

图 3-24 电感性负载的三相桥式整流电路及波形图

(a) 电路图；(b) 波形图

分析方法同电阻性负载时一样，特别是当 $\alpha \leqslant 60°$ 时，电路带电感性负载的工作情况与电阻性负载的工作情况很相似。例如，整流输出电压 u_d 的波形、晶闸管的导通情况、晶闸管两端承受的电压 u_V 的波形都是一样的。两者的区别在于流过负载的电流 i_d 的波形不同，电阻性负载时，i_d 的波形的形状与输出电压 u_d 的波形相同；而电感性负载时，由于电感有阻碍电流变化的作用，因此得到的负载电流的波形比较平直，特别是当电感足够大时，可以认为负载电流 i_d 的波形是一条水平的直线。如图 3-24（b）所示电感性负载的三相桥式整流电路 $\alpha=30°$ 时的波形，由图可以看出，输出电压 u_d、电流 i_d 的波形都是连续的，整流输出电压 u_d 的波形仍由六个线电压组成。在距离相应的自然换相点 30°的位置，要同时保证两只晶闸管都有触发脉冲，使其形成通路。例如，在距离自然换相点 1 点 30°的位置，同时给 V1 和 V6 门极加窄脉冲，使两只晶闸管同时导通，输出线电压 u_{uv}。至距离 2 点 30°的地方，又触发了晶闸管 V2，输出线电压 u_{uw}，依此类推，分别输出线电压 u_{vw}、u_{vu}、u_{wu} 和 u_{wv}，且每一线电压都输出了 60°。晶闸管承受的电压的波形同电阻性负载时是一样的。由流过晶闸管的电流 i_{V1} 的波形可以看出，每只晶闸管都是导通了 120°，且 i_{V1} 波形为方波，其形状由负载电流 u_d 的形状决定，不再由 u_d 波形决定。

电路带电感性负载时数量关系如下。

（1）直流输出电压的平均值 U_d。由上面的分析可以知道，当 $0° \leqslant \alpha \leqslant 90°$ 时整流输出电压和电流的关系都是连续的。若以相应的线电压由负到正的过零点作坐标原点，则可以很容易推导出

$$U_d = \frac{6}{2\pi}\int_{\frac{\pi}{3}+\alpha}^{\frac{2\pi}{3}+\alpha} \sqrt{6}U_2 \sin\omega t \, d(\omega t) = \frac{3\sqrt{6}}{\pi}U_2\cos\alpha = 2.34U_2\cos\alpha = 1.35U_{2L}\cos\alpha$$

式中：U_2 为变压器二次绕组的相电压的有效值；U_{2L} 为变压器二次绕组的线电压的有效值。

（2）直流输出电流的平均值 I_d 为

$$I_d = \frac{U_d}{R_d}$$

（3）流过一只晶闸管的电流的平均值和有效值。由于每组晶闸管都是轮流导通 120°，所以

$$I_{dV} = \frac{1}{3}I_d \qquad I_V = \sqrt{\frac{1}{3}}I_d = 0.577I_d$$

另外，晶闸管两端承受的最大的反向电压仍是 $\sqrt{6}U_2$。

当三相桥式全控整流电路带反电动势负载时，只要串联的平波电抗器的电感量足够大，保证电流连续，电路的工作情况就与电感性负载时一样，各电压、电流波形也相同，只是直流输出电流的平均值 I_d 的计算变为

$$I_d = \frac{U_d - E}{R}$$

式中：E 为反电动势负载的电动势；R 为反电动势负载的内阻。

综上所述，可以总结三相桥式全控整流电路的特点如下。

1）在任何时刻都必须有两只晶闸管导通，且不能是同一组的晶闸管，必须是共阴极组的一只，共阳极组的一只，这样才能形成负载供电的回路。

2）对触发脉冲则要求晶闸管的导通顺序为 V1—V2—V3—V4—V5—V6 依次送出，相位相差 60°；对于共阴极组晶闸管，V1、V3、V5，其脉冲依次相差 120°，共阳极组 V4、V6、V2 的脉冲也依次相差 120°；但对于接在同一相的晶闸管，如 V1 和 V4，V3 和 V6，V5 和 V2，它们之间的相位均相差 180°。

3）为保证电路能启动工作或在电流断续后能再次导通，要求触发脉冲为单宽脉冲或双窄脉冲。

4）整流后的输出电压的波形为相应的变压器二次侧线电压的整流电压，一周期脉动 6 次，每次脉动的波形也都一样，故该电路为 6 脉波整流电路。其基波频率为 300Hz。

5）电感性负载时晶闸管两端承受的电压的波形同三相半波时是一样的，但其整流后的输出电压 U_d 的平均值是三相半波时的 2 倍，所以当要求同样的输出电压 U_d 时三相桥式电路对管子的要求降低了一半。

6）电感性负载时，变压器一周期有 240°电流通过，变压器的利用率很高，且由于流过变压器的电流是正负对称的，没有直流分量，所以变压器没有直流磁化现象。

正是由于三相桥式全控整流电路具有上述特点，所以在大功率高电压的场合中应用较为广泛。特别是对要求能进行有源逆变的负载，或中大容量要求可逆调速的直流电动机负载常选用此电路。但是由于此电路必须用六只晶闸管，触发电路也比较复杂，所以，对于一般的电阻性负载或不可逆直流调速系统，可以选用三相桥式半控整流电路。

将三相桥式全控整流电路中共阳极组的三只晶闸管 V4、V6、V2 换成三只二极管 VD4、VD6、VD2，即是三相桥式半控整流电路。由于共阳极组的二极管的阴极分别接在三相电源上，因此在任何时候总有一只二极管的阴极电位最低而导通，即 VD2、VD4、VD6 是在自然换相点 2、4、6 点自然换相。

思政教学要点

能源优化配置，基于高压直流输电远距离电力传输的国家能源战略。结合我国的能源分布情况，近年来国家重大高压直流输电工程的实施，其中电力电子技术的电能变换是关键，实现了从交流系统到直流输电，我国具有自主知识产权的特高压技术继续引领世界电网技术发展前沿。通过这样的实际案例工程，引导学生不忘初心、学以致用，为推动社会进步作出应用的贡献，是时代给予当代大学生的责任与使命。

3.4 必备知识三：集成触发电路

电力电子装置能否可靠安全运行，控制晶闸管导通的触发电路尤为重要，因此电力电子装置的触发电路必须按照主电路的要求来设计。

单结晶体管触发电路输出触发脉冲的功率较小，脉冲较窄，另外，由于单结晶体管的参数差异较大，在多相电路中，触发脉冲不易做到一致。因此单结晶体管触发电路只用于控制精度要求不高的单相晶闸管系统。在电流容量较大、要求较高的晶闸管装置中，为了保证触发脉冲具有足够的功率，常采用由晶体管组成的触发电路。

随着晶闸管技术的发展，对其触发电路的可靠性提出了更高的要求。集成触发电路具有体积小、温漂小、功耗低、调试接线方便、性能稳定可靠、移相线性度好等优点，近年来发展迅速，应用越来越多。相控集成触发器主要有 KC 系列和 KJ 系列。

3.4.1 KC04 移相集成触发器

KC04 移相集成触发器是具有 16 个引脚的双列直插式集成元件，主要用于单相或三相全控桥式装置。它的内部原理图和外形图如图 3-25 所示。

它由同步信号、锯齿波产生、移相控制、脉冲形成和整形放大输出等环节构成，有 16 个引出脚。16 脚接+15V 电源，3 脚通过 30kΩ 电阻和 6.8kΩ 电位器接−15V 电源，7 脚接地。正弦同步电压经 15kΩ 电阻接至 8 脚，进入同步环节。3、4 脚接 0.47μF 电容，与集成电路内部三极

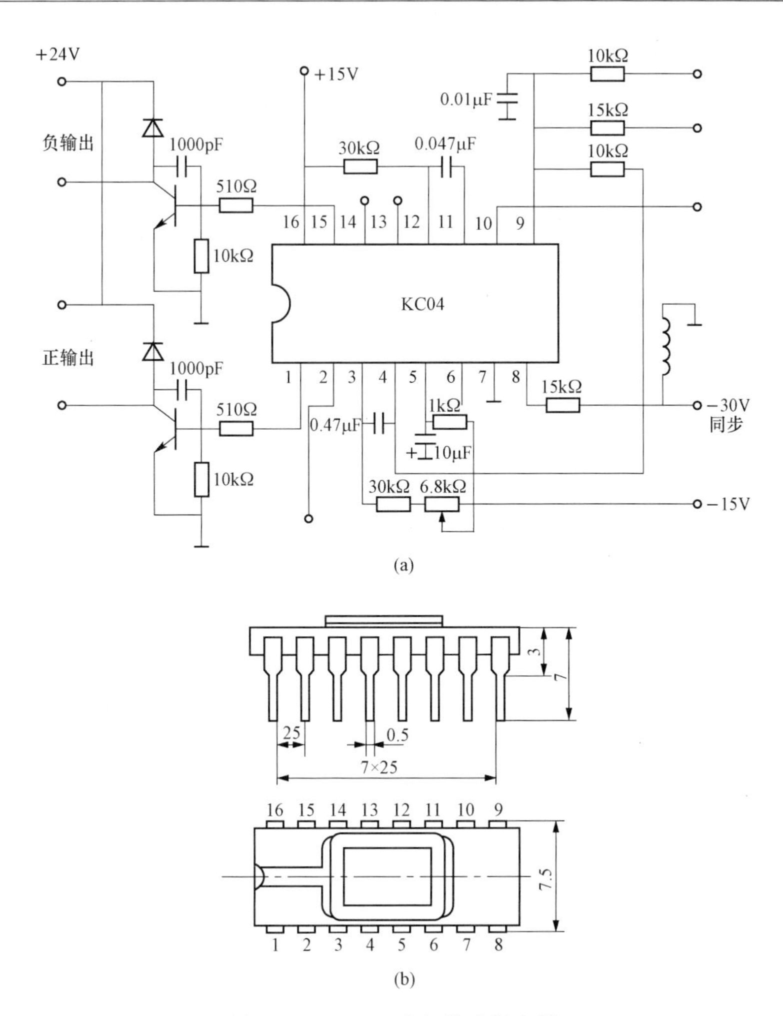

图 3-25　KC04 移相集成触发器

（a）内部原理图；（b）外形图

管构成电容负反馈锯齿波发生器。9 脚为锯齿波直流偏移电压和控制移相电压综合比较输入。11 脚和 12 脚接 0.047μF 电容后接 30kΩ 电阻，再接＋15V 电源，与集成电路内部三极管构成脉冲形成环节，其脉宽由时间常数 0.047μF×30kΩ 决定。13 脚和 14 脚是提供脉冲列调制和脉冲封锁控制脚。1 脚和 15 脚输出相位相差 180°的两个窄脉冲。

KC04 移相集成触发器主要用于单相或三相全控桥式装置，其主要技术数据如下所述。

（1）电源电压：DC±15V，允许波动±5％。

（2）电源电流：正电流≤15mA，负电流≤8mA。

（3）移相范围：≥170°（同步电压 30V，R_4＝15kΩ）。

（4）脉冲宽度：400μs～2ms。

（5）脉冲幅值：≥13V。

（6）最大输出能力：100mA。

（7）正负半周脉冲相位不均衡：≤±3°。

（8）环境温度：－10～70℃。

3.4.2 KJ004和KJ041集成移相集成触发器

对于三相全控整流或调压电路，要求顺序输出的触发脉冲依次间隔60°。本设计采用三相同步绝对式触发方式。根据单相同步信号的上升沿和下降沿，形成两个同步点，分别发出两个相位互差180°的触发脉冲。然后由分属三相的此种电路组成脉冲形成单元输出6路脉冲，再经补脉冲形成及分配单元形成补脉冲并按顺序输出6路脉冲。本设计课题是三相全控桥整流电路中有六个晶闸管，触发顺序依次为V1—V2—V3—V4—V5—V6，晶闸管必须严格按编号轮流导通，6个触发脉冲相位依次相差60°，可以选用三个KJ004集成块和一个KJ041集成块，即可形成六路双脉冲，再由六个晶体管进行脉冲放大，就可以构成三相全控桥整流电路的集成触发电路，如图3-26所示。

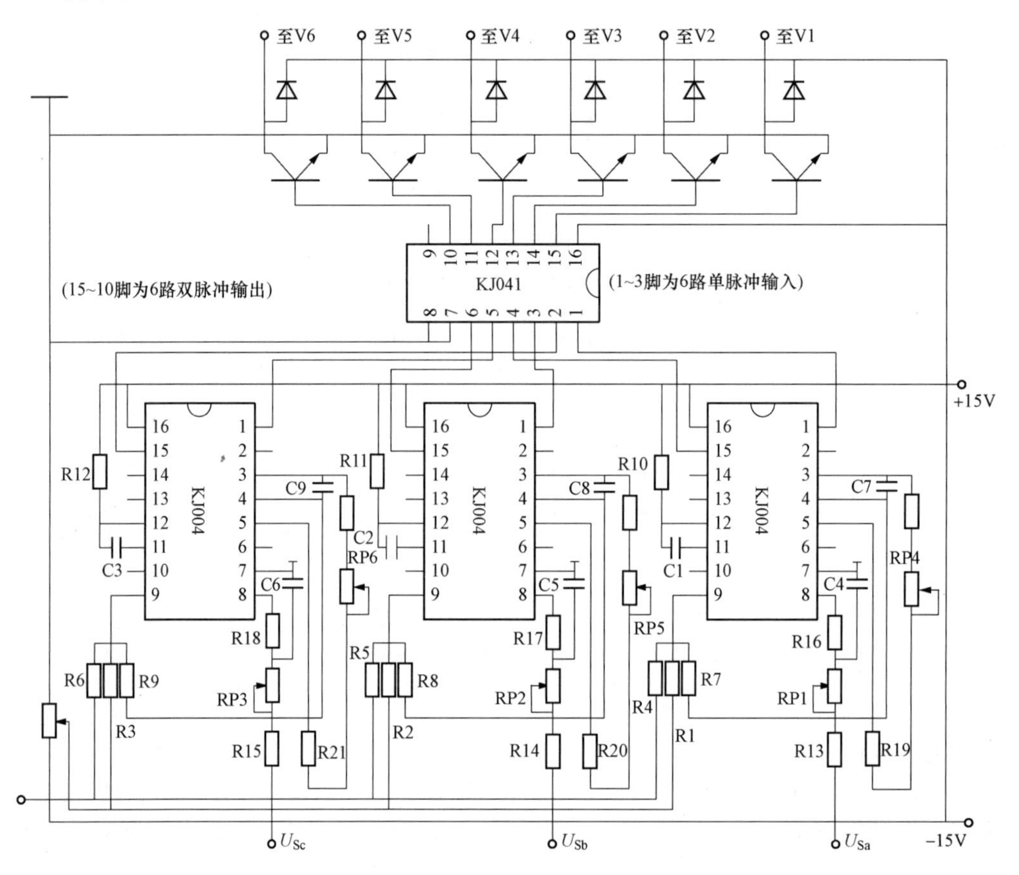

图3-26 三相全控桥整流电路的集成触发电路

3.5 必备知识四：晶闸管保护

晶闸管具有容量大，可控性好的特点，但与其他元件相比，它承受过电压、过电流的能力相对较差，且能承受的电压上升率和电流上升率也较低。但在实际应用中，瞬时过电压或过电流现象不可避免，因此，为了保证变流电路的正常可靠工作，除了选择合适的晶闸管之外，还必须对晶闸管设置必要的保护措施。

3.5.1　过电压保护

过电压是指超过正常工作时晶闸管能够承受的最大电压。当正向电压超过晶闸管的正向转折电压时，会使晶闸管硬导通，不仅会出现电路工作失常，而且多次硬导通会使转折电压降低甚至会损坏晶闸管。当反向电压超过晶闸管的反向击穿电压时，晶闸管会因反向击穿而损坏。因此，对晶闸管采取过电压保护措施是非常必要的。根据产生过电压的原因不同，采用不同的保护措施，常用的过电压保护电路如图 3-27 所示。

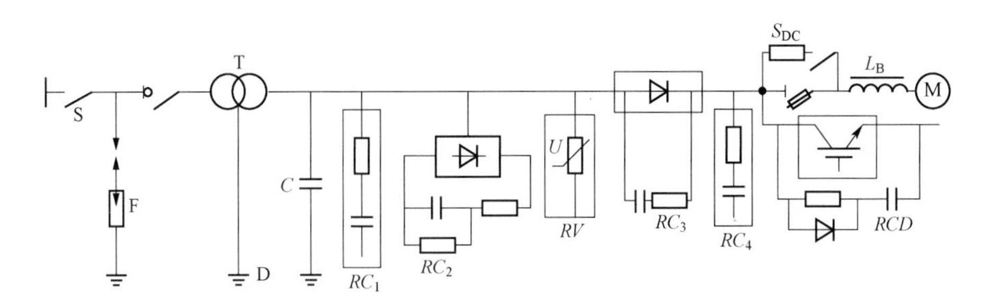

图 3-27　常用的过电压保护电路图

F—避雷器；D—变压器静电屏蔽层；C—静电感应过电压抑制电容；RC_1—阀侧浪涌过电压抑制用 RC 电路；RC_2—阀侧浪涌过电压抑制用反向阻断式 RC 电路；RV—压敏电阻过电压抑制器；RC_3—阀元件换相过电压抑制用 RC 电路；RC_4—直流侧 RC 抑制电路；RCD—阀元件关断过电压抑制用 RCD 电路

1. 晶闸管关断过电压及保护

由于晶闸管关断过程引起的过电压，称为关断过电压。晶闸管在关断过程中，当正向电流降到零时，管子内部残留的载流子在反向电压的作用下形成瞬间反向电流而消失，消失的速度 $\mathrm{d}i/\mathrm{d}t$ 很大，由于电路中有感性元件的存在，会产生很大的感应电动势，该电动势与外电压同向，反向加在晶闸管两端，形成瞬时过电压，短时间内会达到工作电压峰值的 5～6 倍。对于这种尖峰状的瞬时过电压，通常要在晶闸管两端并联 RC 电路对管子进行保护。电路中电容具有储能作用，两端电压不能突变，可以迅速吸收过电压产生的能量。电阻则能消耗产生的过电压能量，并起阻尼作用，可以防止电容与电路分布电感形成振荡，同时限制当晶闸管触发导通时电容放电引起的 $\mathrm{d}i/\mathrm{d}t$ 及浪涌电流。

2. 交流侧过电压及保护

由于接通、断开交流侧电源时出现的过电压称为交流侧操作过电压。产生的原因有静电感应过电压、断开与交流装置相邻的负载电流引起的过电压、断开变压器一次绕组空载电流引起的过电压。常用的保护措施有以下几种。

(1) 并联阻容吸收电路，该电路应用广泛，性能可靠，但电阻耗能，会引起电阻发热，且体积大，而且对于能量较大的过电压并不能完全抑制。

(2) 对于雷电或电网入侵引起的浪涌过电压，通常利用阀型避雷器或具有稳压特性的非线性电阻元件来抑制，常见的非线性电阻性元件有金属氧化物压敏电阻和硒堆等非线性元件限制或吸收过电压。

3. 直流侧过电压及保护

若直流侧带大电感负载，当断开负载时，会引起电流突变，大电感会感应出很大的电动势，与存储在交流电路、变压器中的磁场能量在开关和整流桥两端产生过电压，会使得晶闸管误导通而损坏。可采用在直流负载端并联硒堆和压敏电阻等保护元件抑制直流侧过电压。

3.5.2 过电流保护

当流过晶闸管电流的有效值超过它的额定通态平均电流的有效值时称为过电流，广义上包含过载和短路两种情况。过载时电流超过允许值倍数小，允许时间长，反之，超过倍数大，允许时间短。短路时则会很迅速地产生很大的电流，使元件被烧坏。过电流保护是一旦出现过电流，在晶闸管尚未损坏之前，快速切断相应的直流侧或交流侧电路以消除过电流的保护，常见过电流保护措施图如图 3-28 所示。

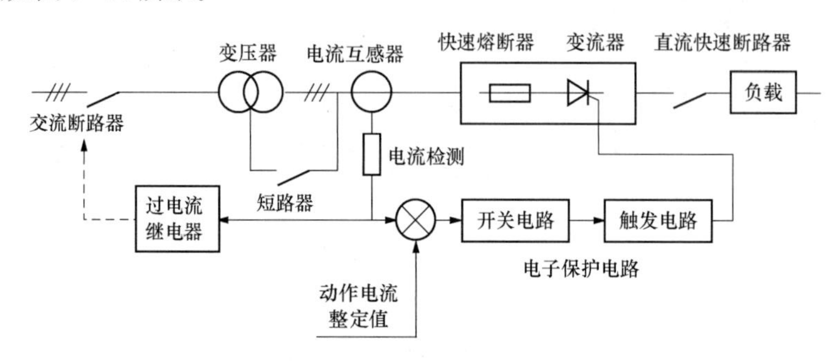

图 3-28 常见过电流保护措施图

1. 过电流产生的原因

(1) 由于电网电压波动大，拖动负载超过了允许值，使流过晶闸管的电流随之增大而超过额定值。

(2) 由于电路中晶闸管误导通或元件故障，使得相邻桥臂的晶闸管引起两相电源短路，从而形成过电流。

(3) 整流电路直流输出端短路，逆变电路发生换流失败引起逆变失败，均会产生较大的短路电流。

2. 过电流保护方法

(1) 交流进线电抗器。在交流进线中串入进线电抗器或利用漏感较大的电源变压器来限制短路电流。

(2) 过电流继电器保护。继电器可装在交流侧或直流侧，在发生过电流故障时，使交流侧自动开关或直流接触器跳闸。

(3) 限流与脉冲移相保护。

(4) 快速熔断器保护。快速熔断器是对故障最简便、最有效的保护方法，往往作为最后一道保护。

(5) 直流快速开关保护。它的开关动作时间只有 2ms，全部断弧时间约为 25～30ms，可用于大容量和经常发生短路的场合，但成本较高。

3.5.3 电压与电流上升率的限制

1. 晶闸管的正向电压上升率及限制

晶闸管在阻断状态时其阳极与阴极之间相当于一个电容，若晶闸管突然加上正向电压，便会有一充电电流流过结面，当充电电流流进靠近阴极的 PN 结时，相当于门极有触发电流的作用。如果加到晶闸管上的正向电压上升率太大，引起充电电流过大，就会使晶闸管发生误导通的情况。

2. 晶闸管电流上升率及限制

晶闸管在触发导通的瞬间，如阳极电流增大的速度（电流上升率）太大，虽未超过元件的额定值，也会使得门极附近 PN 结面因电流密度过大而烧毁。

3. 解决的方法

为了抑制电压和电流的上升率，可在桥臂上串联电感或接入阻容吸收电路，但选择何种保护措施应全面考虑装置的可靠性和经济性，这样变流装置的工作才能更加可靠。

3.6　直流电机调速系统的分析与设计

3.6.1　直流电机调速系统的分析

直流电机拖动系统调速的被控对象为电动机，调速系统一般对启动、制动及调速精度要求较高。本项目选用直流他励电动机。假定该直流电机型号为 Z3-71，额定功率 $P_N=10kW$，额定电压 $U_N=220V$，额定电流 $I_N=110A$，转速 $n_N=1000r/min$，调速范围 $D=10$，静差率 $s<5\%$。

由于电机的容量较大，又希望电流的脉动小，故选用三相全控桥式整流电路供电方案。为使线路简单、工作可靠、装置体积小，选用 KJ004 组成的六脉冲集成触发电路。另外，晶闸管承受过电压和过电流的能力很差，短时间过电压、过电流就会使元件损坏。晶闸管承受电压和电流上升率也是有一定限制的。为了使元件可靠运行，除了合理选择晶闸管外，还必须对晶闸管采取恰当的保护措施。

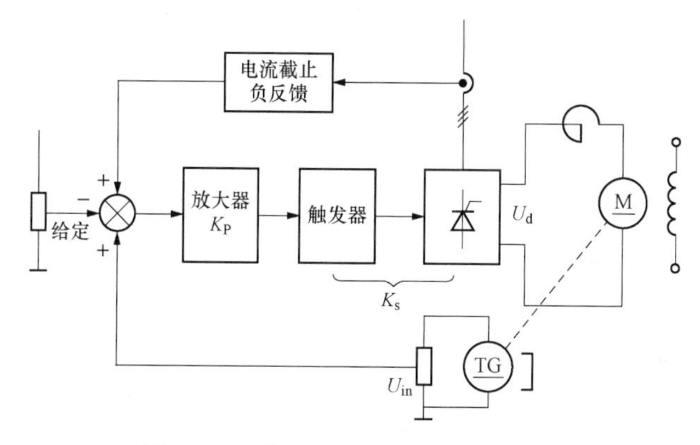

图 3-29　直流电动机调速系统原理图

因调速精度要求较高，故选用转速负反馈调速系统，原理图如图 3-29 所示。直流电动机调速系统组成原理图如图 3-30 所示。

直流电动机调速系统各组成部分及作用如下。

主电路、触发控制电路、保护电路，再加上一个检测电路，便得到整体电路。检测电路即为测主电路中负载两端的电压（电机两端的电压），通过这个电压来反映电机的转速，从而达到直流电机的转速可调的目的。

主电路选用三相全控桥式整流电路，触发电路选用 KJ004 组成的六脉冲集成触发电路。另外，对晶闸管采取了恰当的过电压和过电流保护措施。

1. 晶闸管整流电路

（1）整流电压器的选择：主要指合理地选择整流变压器的容量。

（2）晶闸管元件的选择：晶闸管和整流管的选择，主要指合理地选择元件的额定电压和额定电流。

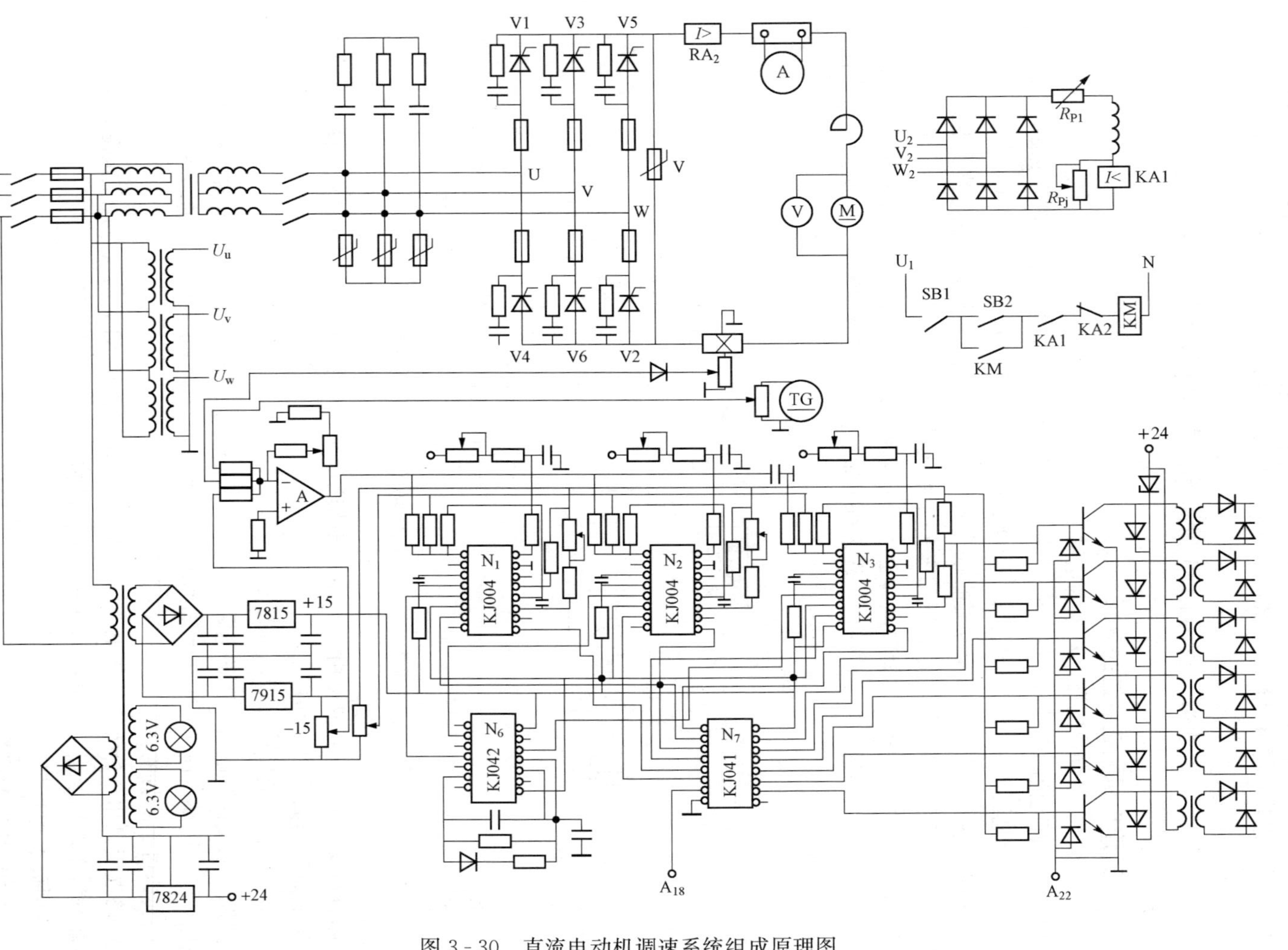

图 3-30　直流电动机调速系统组成原理图

2. 晶闸管保护环节

（1）过电压保护。本系统主要采用交流侧过电压保护、直流侧过电压保护和元件两端的过电压保护三种方式。

（2）过电流保护。本系统设有与元件串联的快速熔断器作过载与短路保护，用过电流继电器切断故障电流。在使用中，熔断器与同它保护的电路串联，接有电抗器的三相全控桥式电路。

3. 触发电路的选择

由集成元件组成的三相触发电路用于晶闸管三相桥式全控变流器的触发。该电路可将控制电压幅度转换为相应导通角且功率足够大的触发脉冲，使主电路可靠地工作，每相输出脉冲能可靠地驱动一只大功率晶闸管元件。

4. 控制电路的直流电源

选用CM7815、CM7915和CM7824三端集成稳压器作为控制电路电源。

5. 继电器—接触器控制电路

为使电路工作更可靠，总电源由自动开关引入。

整流装置应有电流指示和转速指示，因输出额定电流为110A，并考虑快速启动，故选150A直流电流表。转速可通过测量测速发电机输出电压获得。

3.6.2　安装与调试

安装与调试分为8步。

第1步：准备好电路所需元件及工具。注意使用元件之前，应该用万用表检查元件是否良好；发现坏件，应立即更换。

第2步：根据所选电路板尺寸，绘制电路元件装配草图。

第3步：对照原理图及元件装配草图，绘制电路布线草图。

第4步：根据电路布线草图安装电路元件。

第5步：焊接、剪脚。

第6步：检查无误后，经指导教师同意，按正确连接方法进行主电路、触发电路与电动机的连接，并通电调试，观察电动机是否启动。调节给定电位器（改变触发电路控制角），观察电动机转速是否相应地改变。

调试时要注意以下几点。

（1）由于直流电机调速系统电路带有较高电压，调试时要注意安全，防止触电。

（2）对于三相系统，相位关系要求很严格。因此在调试前，必须对电源的相序进行检查。

（3）调速拖动系统是通过电动机（负载）构成完整电路的，调试时需接负载，方可看到现象并进行调试。为了可靠起见，可先不接电动机负载，而用一个灯泡来替代。接通电源，按下启动按钮，调给定电位器，使输出电压缓慢增加，灯泡由暗变亮，示波器上出现的波形与理论值一致，说明电路工作正常；如发现缺相，说明晶闸管不能正常开通。

（4）电阻负载正常后可接上电动机进行调试。调试时，应从小到大逐渐调整控制角的值，电动机转速应由慢变快，并且有一定的调速范围。

第7步：用示波器观察相应位置的波形。

第8步：若直流电机不转或不能调速，检查电路，发现问题及时纠正。

3-1　单相桥式全控整流电路，大电感负载，交流侧电流有效值为110V，负载电阻R_d为4Ω，计算当$\alpha=30°$时：

（1）直流输出电压平均值U_d、输出电流的平均值I_d。

（2）若在负载两端并接续流二极管，U_d、I_d值为多少？此时流过晶闸管和接续流二极管的电流平均值和有效值又是多少？

（3）画出上述两种情况下的电压电流波形（u_d、i_d、i_{V1}、i_{DR}）。

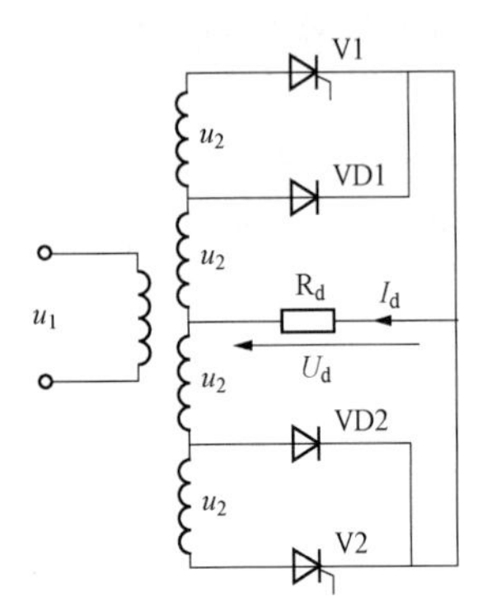

图 3-31　习题 3-3 图

3-2　单相桥式全控整流电路，带反电动势负载，其中电源$U_2=100V$，$R=4\Omega$，电动势$E=50V$，为了使电流连续，回路串联一个电感量足够大的平波电抗器。求当$\alpha=30°$时，输出电压及电流的平均值U_d和I_d、晶闸管的电流平均值I_{dV}和有效值I_V、变压器二次侧电流有效值I_2。

3-3　如图 3-31 所示的整流电路中，变压器一次电压有效值为 220V，二次侧各段电压有效值均为 100V，所带电阻负载的电阻值R_d为 10Ω。试计算$\alpha=90°$时的输出电压和输出电流，并画出此时的输出电压以及晶闸管、二极管和变压器一次侧绕组的电流波形。

3-4　单相桥式半控整流电路对恒温电炉供电，交流电源电压有效值为 110V，电炉的电热丝电阻为 40Ω，试选用合适的晶闸管（考虑 2 倍裕量），并计算电炉的功率。

3-5　单相桥式半控整流电路，对直流电动机供电，加有电感量足够大的平波电抗器和续流二极管，变压器二次电压 220V，若控制角$\alpha=30°$，且此时负载电流$I_d=20A$，计算晶闸管、整流二极管和续流二极管的电流平均值及有效值，以及变压器的二次侧电流I_2、容量S、功率因数$\cos\varphi$。

3-6　由 220V 经变压器供电的单相桥式半控整流电路，带大电感负载并接有续流二极管。负载要求直流电压为 10～75V 连续可调，最大负载电流 15A，最小控制角$\alpha_{min}=25°$。选择晶闸管、整流二极管和续流二极管的额定电压和额定电流，并计算变压器的容量。

3-7　晶闸管串联的单相桥式半控整流电路，带大电感负载接续流二极管，如图 3-32 所示，变压器二次电压有效值为 110V，负载中电阻R_d为 3Ω，试求：当$\alpha=60°$时，流过整流二极管、晶闸管和续流二极管的电流平均值和有效值，并绘出负载电压及整流二极管、晶闸管、续流二极管的电流波形以及晶闸管承受的电压波形。

3-8　单相桥式全控整流电路中，若有一只晶闸管因过电流烧成短路，结果会怎样？若这只晶闸管烧成断路，结果又会是怎样？

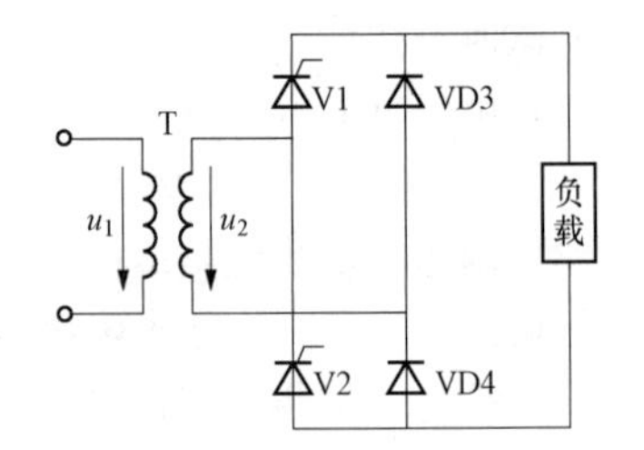

图 3-32　晶闸管串联的单相桥式半控整流电路

3-9　对于同一个单相可控整流电路，分别在给电阻性负载供电和给反电动势负载蓄电池充电时，若要求流过负载的电流平均值相同，哪一种负载的晶闸管的额定电流要选大一些？为什么？

3-10　单相半波可控整流电路带大电感负载时，为什么必须在负载两端并接续流二极管，电路才能正常工作？它与单相桥式半控整流电路中的续流二极管的作用是否相同？为什么？

3-11　三相半波可控整流电路带大电感负载，电感阻值为 10Ω，变压器二次相电压有效值为 220V。求当$\alpha=45°$时，输出电压及电流的平均值U_d和I_d、流过晶闸管的电流平均值I_{dV}和有效值I_V，并画出输出电压u_d、电流i_d的波形。如果在负载两端并接了续流二极管，再求上述数值及波形。

3-12　三相桥式全控整流电路带大电感性负载，$U_2=100V$，$R_d=10\Omega$，求$\alpha=45°$时，输出电压电流U_d、I_d及变压器二次侧电流有效值I_2，流过晶闸管的电流有效值I_V。

情境四　电风扇无级调速器

电风扇无级调速器在日常生活中随处可见。随着科技的发展和人们生活水平的不断提高，人们对电风扇控制的要求也越来越高，传统的按键式电风扇已经无法满足人们生活的需求，所以电风扇从简单的按键式调速控制逐渐向无级调速控制转变。通过利用双向晶闸管构成的调压电路，可以实现对负载电压的控制，从而实现电风扇无级调速，满足人们对电风扇调速的需求。

如图 4-1（a）所示是生活中常见的电风扇无级调速器。旋动旋钮便可以调节电风扇的转速，极大地方便了人们的生活。

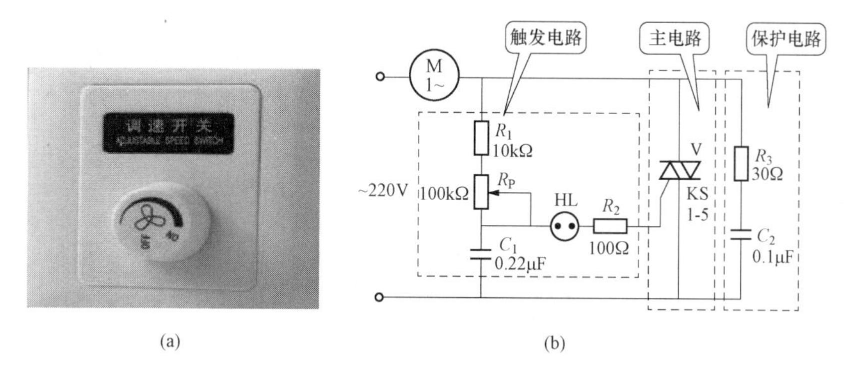

图 4-1　电风扇无级调速器

（a）调速开关外观；（b）电路原理图

如图 4-1（b）为电风扇无级调速器电路原理图，它以双向晶闸管为核心元件，内部电路由主电路、触发电路和保护电路组成。采用双向晶闸管作为风扇电动机的开关。利用晶闸管的可控特性，通过改变晶闸管的控制角 α，使晶闸管输出电压发生改变，达到调节电动机转速的目的，从而调节电风扇的速度。

本情境通过对电风扇无级调速器主电路及触发电路的分析，使学生能够理解无级调速器电路的工作原理，进而掌握分析交流调压电路的方法。

4.1　学习目标及任务

1. 学习目标

通过对电风扇无级调速器电路的学习，掌握双向晶闸管的基本结构、工作特性和参数，进而制作简单的电风扇无级调速器。

（1）掌握双向晶闸管的基本结构、工作特性和主要参数。

（2）能够分析晶闸管交流开关电路的工作原理。

（3）掌握单相交流调压电路的原理分析。

（4）掌握三相交流调压电路的原理分析。

（5）能按电路图选择和检查元件，并正确组装电路，完成电风扇无级调速器的设计与调试。

2. 学习任务

（1）识别检测双向晶闸管。

（2）分析单相交流调压电路和三相交流调压电路。

（3）制作简单的电风扇无级调速器电路，并选择仪器仪表对电路进行调试和检测。

4.2 必备知识一：双向晶闸管

双向晶闸管是把两个反并联的晶闸管集成在同一硅片上，用一个门极控制触发的组合型元件。这种结构使它在两个方向都具有和晶闸管同样对称的开关特性，且伏安特性相当于两只反向并联的晶闸管，不同的是它由一个门极进行两个方向控制，因此可以认为是一种控制交流功率的理想元件，主要应用于交流无触点控制、交流相位控制等电路，应用非常广泛。

4.2.1 双向晶闸管的结构和型号

1. 双向晶闸管的结构

双向晶闸管的外形与普通晶闸管类似，有小电流塑封式、螺栓式、平板式，其外形如图 4-2 所示。其内部是一种 NPNPN 五层结构的三端元件。有两个主电极 T1、T2，一个门极 G，双向晶闸管的内部结构、等效电路及图形符号如图 4-3 所示。

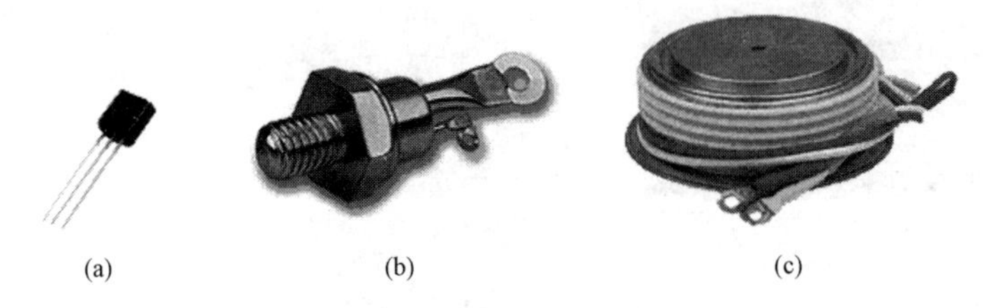

图 4-2 双向晶闸管的外形

（a）小电流塑封式；（b）螺栓式；（c）平板式

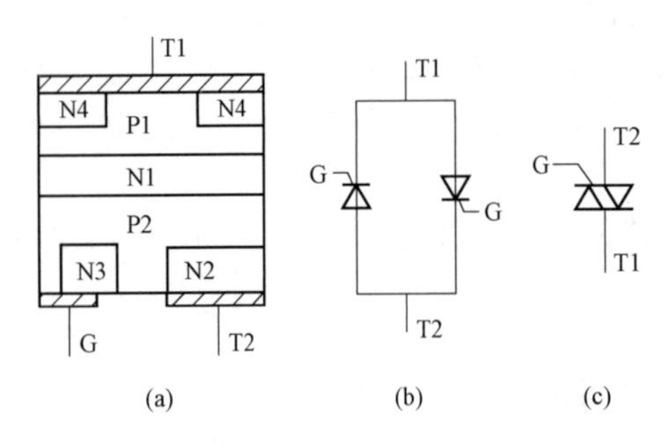

图 4-3 双向晶闸管

（a）内部结构；（b）等效电路；（c）图形符号

如图 4-3 所示，双向晶闸管相当于两个晶闸管反并联（P1N1P2N2 和 P2N1P1N4），不过它只有一个门极 G，由于 N3 区的存在，使得门极 G 相对于 T1 端，无论是正的或是负的都能触发，而且 T1 相对于 T2 既可以是正，也可以是负。

双向晶闸管与单向晶闸管一样，也具有触发控制特性。不过，它的触发控制特性与单向晶闸管有很大的不同，这就是无论在阳极和阴极间接入何种极性的电压，只要在它的控制极上加上一个触发脉冲，无论这个脉冲是什么极性的，都可以使双向晶闸管导通。

由于双向晶闸管在阳极、阴极间接任何极性的工作电压都可以实现触发控制，因此双向晶闸管的主电极也就没有阳极、阴极之分，通常把这两个主电极称为 T1 电极和 T2 电极，将接在 P 型半导体材料上的主电极称为 T1 电极，将接在 N 型半导体材料上的电极称为 T2 电极。由于双向晶闸管的两个主电极没有正负之分，所以它的参数中也就没有正向峰值电压与反向峰值电压之分，而只用一个最大峰值电压表示，双向晶闸管的其他参数与单向晶闸管相同。

常见的双向晶闸管引脚排列如图 4-4 所示。

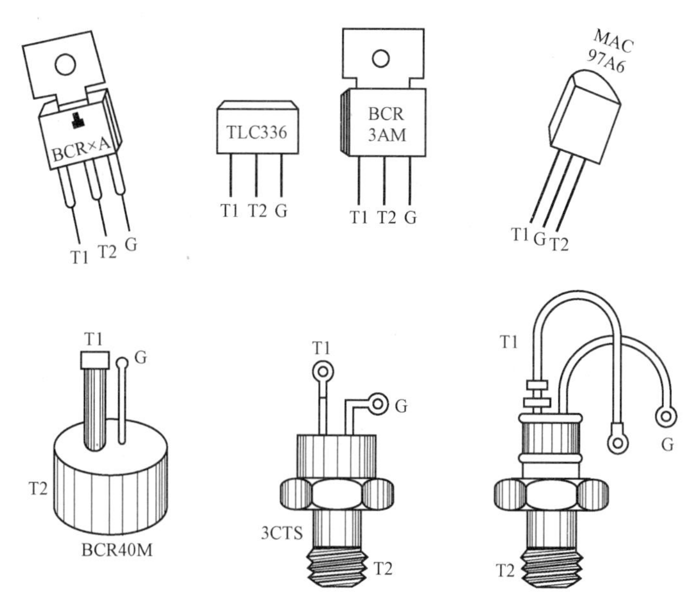

图 4-4　常见的双向晶闸管引脚排列

2. 双向晶闸管的型号

根据国家有关规定，双向晶闸管型号的表示形式如图 4-5 所示。例如 KS100-8 表示双向晶闸管，额定通态电流（有效值）100A，断态重复峰值电压为 8 级（800V）；型号 KS50-10-21 表示额定电流 50A，额定电压 10 级（1000V）断态电压临界上升率 du/dt 为 2 级，换向电流临界下降率 di/dt 为 1 级的双向晶闸管。双向晶闸管通态电流的系列值为 1、10、20、50、100、200、400、500A。

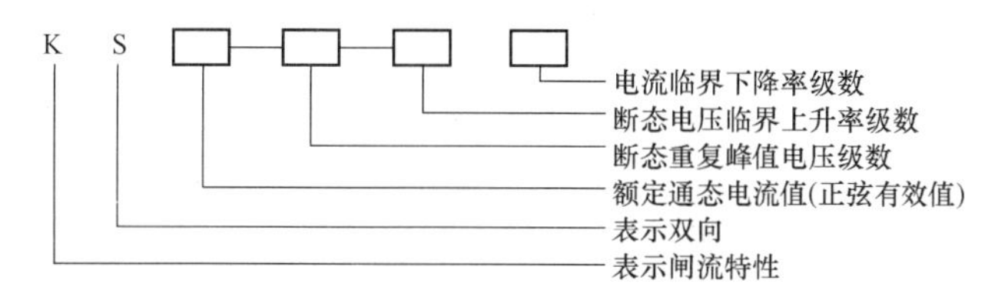

图 4-5　双向晶闸管型号示意图

4.2.2　双向晶闸管的特性与参数

双向晶闸管有正反向对称的伏安特性曲线，正向部分位于第Ⅰ象限，反向部分位于第Ⅲ象限，如图 4-6 所示。

根据双向晶闸管的伏安特性曲线，由于双向晶闸管正、反特性具有对称性，所以它可在正反两个方向导通，是一种理想的交流开关元件。

双向晶闸管的主要参数中只有额定电流与普通晶闸管有所不同，其他参数定义相似。由于双向晶闸管工作在交流电路中，正反向电流都可以流过，所以它的额定电流不用平均值而是用有效值来表示，其定义为在标准散热条件下，当元件的单向导通角大于 170°，允许流过元件的最大交

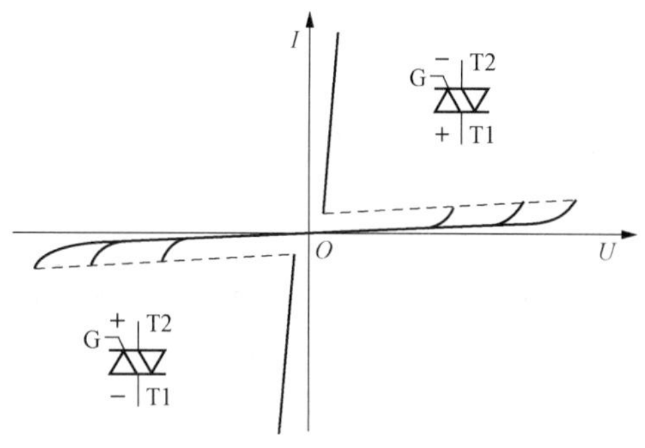

图 4-6　双向晶闸管伏安特性曲线

流正弦电流的有效值，用 $I_{T(RMS)}$ 表示。

双向晶闸管额定电流与普通晶闸管额定电流之间的换算关系式为

$$I_{T(AV)} = \frac{\sqrt{2}}{\pi} I_{T(RMS)} = 0.45 I_{T(RMS)} \tag{4-1}$$

以此推算，一个 100A 的双向晶闸管与两个反并联 45A 的普通晶闸管电流容量相等。

双向晶闸管的主要参数与分级规定见表 4-1。

表 4-1　双向晶闸管的主要参数与分级规定

参数 / 数值 / 系列	额定通态电流（有效值）$I_{T(RMS)}$（A）	断态重复峰值电压（额定电压）U_{DRM}（V）	断态重峰值电流 I_{DRM}（mA）	额定结温 T_{jm}（℃）	断态电压临界上升率 du/dt（V/μs）	通态电流临界上升率 di/dt（A/μs）	换向电流临界下降率 (di/dt)（A/μs）	门极触发电流 I_{GT}（mA）	门极触发电压 U_{GT}（V）	门极峰值电流 I_{GM}（A）	门极峰值电压 U_{GM}（V）	维持电流 I_H（mA）	通态平均电压 $U_{T(AV)}$（V）
KS1	1	100～200	<1	115	≥20	—	≥0.2% $I_{T(RMS)}$	3～100	≤2	0.3	10	实测值	上限值各厂由浪涌电流和结温的合格型式试验决定并满足 $\lvert U_{T1}-U_{T2}\rvert \leqslant 0.5V$
KS10	10		<10	115	≥20	—		5～100	≤3	2	10		
KS20	20		<10	115	≥20	—		5～200	≤3	2	10		
KS50	50		<15	115	≥20	10		8～200	≤4	3	10		
KS100	100		<20	115	≥20	10		10～300	≤4	4	12		
KS200	200		<20	115	≥50	15		10～400	≤4	4	12		
KS400	400		<25	115	≥50	30		20～400	≤4	4	12		
KS500	500		<25	115	≥50	30		20～400	≤4	4	12		

4.2.3　双向晶闸管的触发方式

双向晶闸管正反两个方向都能导通，门极加正负电压都能触发。主电压与触发电压相互配合，可得到四种触发方式，伏安特性曲线如图 4-6 所示。

（1）Ⅰ＋触发方式：主极 T1 为正，T2 为负；门极电压 G 为正，T2 为负。特性曲线在第Ⅰ象限。

（2）Ⅰ－触发方式：主极 T1 为正，T2 为负；门极电压 G 为负，T2 为正。特性曲线在第Ⅰ象限。

（3）Ⅲ＋触发方式：主极 T1 为负，T2 为正；门极电压 G 为正，T2 为负。特性曲线在第Ⅲ象限。

（4）Ⅲ－触发方式：主极 T1 为负，T2 为正；门极电压 G 为负，T2 为正。特性曲线在第Ⅲ象限。

由于双向晶闸管的内部结构原因，四种触发方式灵敏度不相同，以Ⅲ＋触发方式灵敏度最低，使用时要尽量避开，常采用的触发方式为Ⅰ＋和Ⅲ－。

4.2.4　双向晶闸管的触发电路

（1）简易触发电路。图 4-7 所示为双向晶闸管简易触发电路。在图 4-7（a）中，当开关 S 拨至“1”时，双向晶闸管 V 门极 G 无触发信号，无法导通；当开关 S 拨至“2”时，双向晶闸管 V 只在 I+触发，负载 R_L 上仅得到正半周电压；当 S 拨至“3”时，双向晶闸管 V 在正、负半周分别在 I+、Ⅲ－触发，负载 R_L 上得到正、负两个半周的电压，因而比置“2”时电压大。在图 4-7（b）中，当工作于大 α 值时，因 R_P 阻值较大，使 C_1 充电缓慢，到 α 角时电源电压已经过峰值并降得过低，则 C_1 上充电电压过小不足以击穿双向触发二极管 VD 使其导通，则 V 也不会导通。

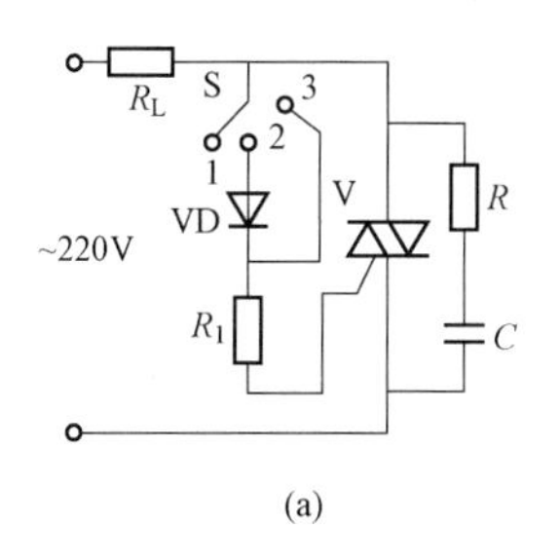

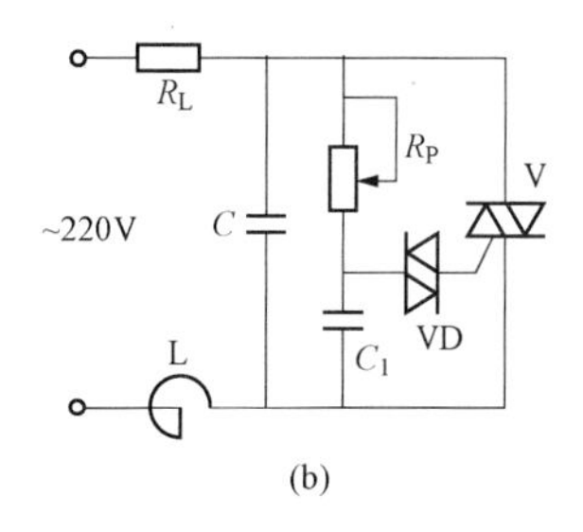

(a)　(b)

图 4-7　双向晶闸管的简易触发电路

（2）单结晶体管触发。如图 4-8 所示为单结晶体管触发的交流调压电路，调节 R_P 阻值可改变负载 R_L 上电压的大小。

（3）集成触发器。如图 4-9 所示为 K006 组成的双向晶闸管移相交流调压电路。该电路主要适用于交流直接供电的双向晶闸管或反并联普通晶闸管的交流移相控制。R_{P1} 用于调节触发电路锯齿波斜率，R_4、C_3 用于调节脉冲宽度，R_{P2} 为移相控制电位器，用于调节输出电压的大小。

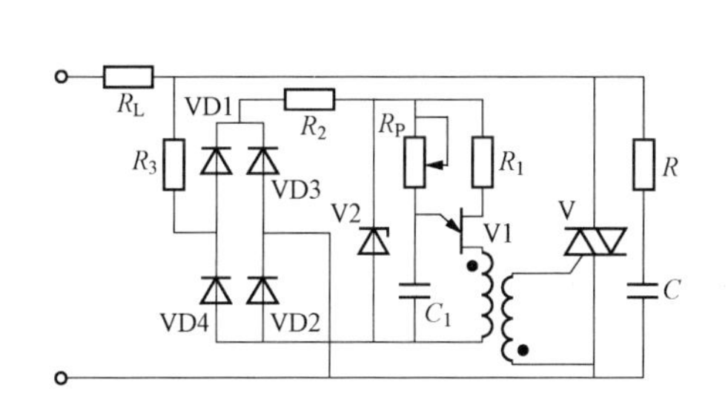

图 4-8　单结晶体管触发的交流调压电路

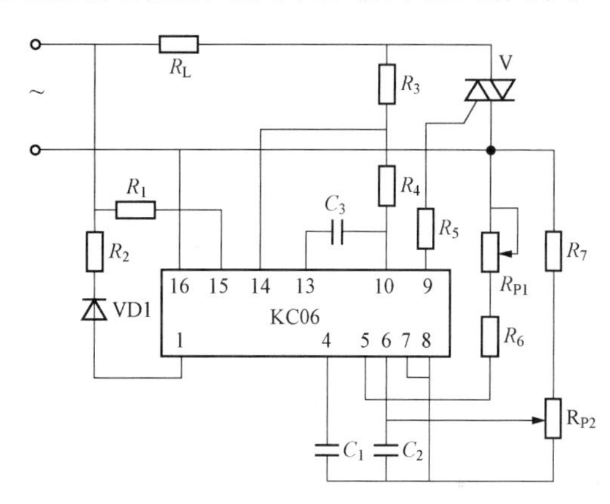

图 4-9　双向晶闸管移相交流调压电路

练一练

实训技能训练：准备一个万用表和双向晶闸管，自己动手检测双向晶闸管的特性，进一步掌握双向晶闸管的原理。

1. 判别双向晶闸管各电极

用万用表 $R\times1k\Omega$ 或 $R\times10k\Omega$ 挡分别测量双向晶闸管三个引脚间的正向、反向电阻值，若测得某一管脚与其他两脚均不通，则此管脚便是主电极 T2。

找出 T2 极之后，剩下的两管脚便是主电极 T1 和门极 G。测量这两管脚之间的正反向电阻值，测得两个均较小的电阻值。在电阻值较小（几十欧姆）的一次测量中，黑表笔接主电极 T_1，红表笔接门极 G。

2. 判别双向晶闸管好坏

用万用表 $R\times1k\Omega$ 或 $R\times10k\Omega$ 挡测量双向晶闸管的主电极 T1 与主电极 T2 之间、主电极 T2 与门极 G 之间的正向、反向电阻值，正常时均应接近无穷大。若测得电阻值均很小，则说明该晶闸管电极间已击穿或漏电短路。

测量主电极 T1 与门极 G 之间的正向、反向电阻值，正常时均应在几十欧姆至一百欧姆间（黑表笔接 T1 极，红表笔接 G 极时，测得的正向电阻值较反向电阻值略小一些）。若测得 T1 极与 G 极之间的正向、反向电阻值均为无穷大，则说明该晶闸管已开路损坏。

3. 双向晶闸管触发能力检测

对于工作电流为 8A 以下的小功率双向晶闸管，可用万用表 $R\times1\text{k}\Omega$ 挡直接测量。测量时先将黑表笔接主电极 T2，红表笔接主电极 T1，然后用镊子将 T2 极与门极 G 短路，给 G 极加上正极性触发信号，若此时测得的电阻值由无穷大变为十几欧姆，则说明该晶闸管已被触发导通，导通方向为 T2→T1。

再将黑表笔接主电极 T1，红表笔接主电极 T2，用镊子将 T2 极与门极 G 之间短路，给 G 极加上负极性触发信号时，测得的电阻值应由无穷大变为十几欧姆，则说明该晶闸管已被触发导通，导通方向为 T1→T2。

若在晶闸管被触发导通后断开 G 极，T2、T1 极间不能维持低阻导通状态而阻值变为无穷大，则说明该双向晶闸管性能不良或已经损坏。若给 G 极加上正（或负）极性触发信号后，晶闸管仍不导通（T1 与 T2 间的正向、反向电阻值仍为无穷大），则说明该晶闸管已损坏，无触发导通能力。

对于工作电流以 8A 以上的中、大功率双向晶闸管，在测量其触发能力时，可先在万用表的某支表笔上串接 1～3 节 1.5V 干电池，然后再用 $R\times1$ 挡按上述方法测量。

4.3 必备知识二：晶闸管交流开关电路

晶闸管交流开关是一种比较理想的快速交流开关，其主回路及控制回路没有触头及可动的机械机构，所以不存在电弧、触头磨损等问题。此外，由于晶闸管交流开关总是在电流过零时关断，在关断时不会因负载或线路电感存储能量而造成暂态过电压和电磁干扰，因此适用于操作频繁、可逆运行的场合。

1. 晶闸管交流开关的基本形式

晶闸管交流开关是以其门极中毫安级的触发电流来控制其阳极中几安至几百安大电流通断的装置。在电源电压为正半周时，晶闸管承受正向电压并触发电路，在电源电压过零或为负时，晶闸管承受反向电压，在电流过零时自然关断。

如图 4-10（a）所示是普通晶闸管反并联形式。当开关 S 闭合时，两只晶闸管均以管子本身的阳极电压作为触发电压进行触发，这种触发属于强触发，对要求大触发电流的晶闸管也能可靠触发。随着交流电源的正负交变，两管轮流导通，在负载上得到基本为正弦波的电压。

如图 4-10（b）所示为双向晶闸管交流开关。双向晶闸管工作于 Ⅰ+、Ⅲ－触发方式，这种线路比较简单，但其工作频率低于反并联电路。

如图 4-10（c）所示为带整流桥的晶闸管交流开关。该电路只用一只普通晶闸管，且晶闸管不受反压。其缺点是串联元件多，压降损耗较大。

2. 过零触发开关电路

前述各种晶闸管可控整流电路都是采用移相触发控制。这种触发方式的主要缺点是其所产生的缺角正弦波中包含较大的高次谐波，会对电力系统形成干扰。过零触发（也称零触发）方式可克服这种缺点。晶闸管过零触发开关是在电源电压为零或接近零的瞬时给晶闸管以触发脉冲使之导通，利用管子电流小于维持电流使管子自行关断。这样，晶闸管的导通角是 2π 的整数倍，

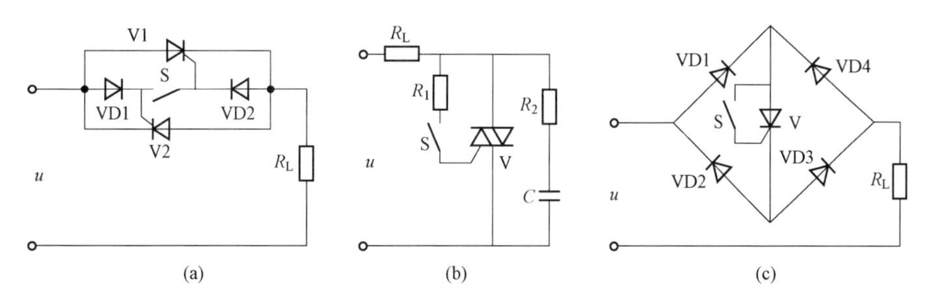

图 4-10　晶闸管交流开关的基本形式

(a) 普通晶闸管反并联形式；(b) 双向晶闸管交流开关；(c) 带整流桥的晶闸管交流开关

不再出现缺角正弦波，因而对外界的电磁干扰最小。

利用晶闸管的过零控制可以实现交流功率调节，这种装置称为调功器或周波控制器。其控制方式有全周波连续式和全周波断续式两种。全周波过零触发输出电压波形如图 4-11 所示。在设定周期内，将电路接通几个周波，然后断开几个周波，通过改变晶闸管在设定周期内通断时间的比例，可达到调节负载两端交流电压有效值即负载功率的目的。

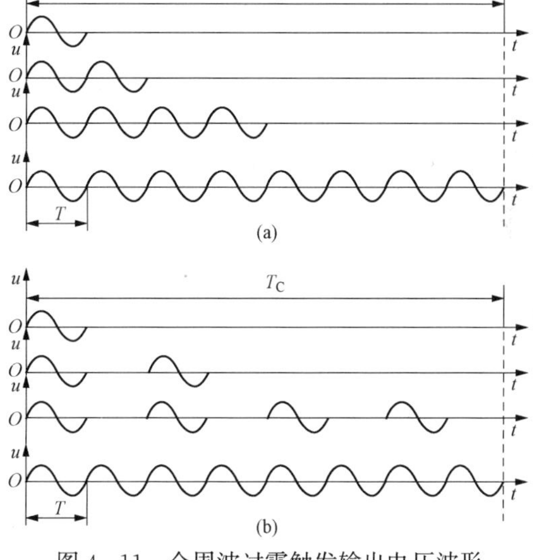

图 4-11　全周波过零触发输出电压波形

(a) 全周波连续式；(b) 全周波断续式

如在设定周期 T_C 内导通的周波数为 n，每个周波的周期为 T (50Hz，$T=20$ms)，则调功器的输出功率为

$$P=\frac{nT}{T_C}P_n \tag{4-2}$$

调功器输出电压有效值为

$$U=\sqrt{\frac{nT}{T_C}}U_n \tag{4-3}$$

式中：P_n、U_n为在设定周期 T_C 内晶闸管全导通时调功器输出的功率与电压有效值。显然，改变导通的周波数 n 就可改变输出电压或功率。

3. 固态开关

固态开关是以双向晶闸管为基础构成的无触点通断组件，包括固态继电器和固态接触器，如图 4-12 所示。

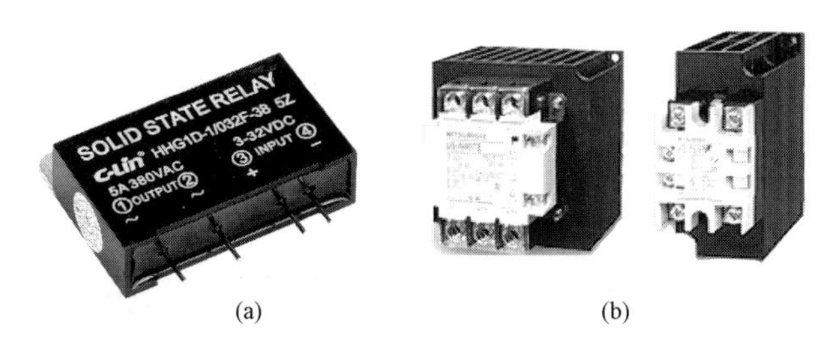

图 4-12　固态开关

固态开关一般采用环氧树脂封装，体积小，工作频率高，在频繁通断及潮湿、腐蚀性、易燃

环境也可使用。

如图 4 - 13 所示为采用光电三极管耦合器的“0”压固态开关内部电路。1、2 为输入端，相当于继电器或接触器的线圈；3、4 为输出端，相当于继电器或接触器的一对触点，与负载串联后接到交流电源上。

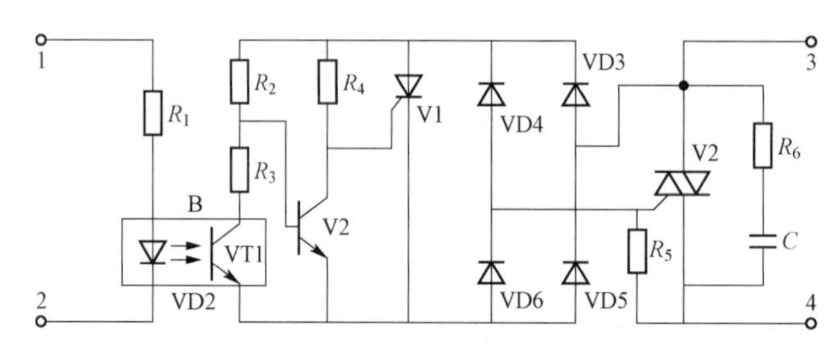

图 4 - 13　光电三极管耦合器的“0”电压固态开关内部电路

输入端接上控制电压，使发光二极管 VD2 发光，光敏管 VT1 阻值减小，使原来导通的晶体管 V2 截止，原来阻断的晶闸管 V1 通过 R_4 被触发导通。输出端交流电源通过负载、二极管 VD1～VD6、V1 以及 R_6 构成通路，在电阻 R_5 上产生电压降作为双向晶闸管 V2 的触发信号，使 VT2 导通，负载得电。由于 V2 的导通区域处于电源电压的“0”点附近，因而具有“0”电压开关功能。

如图 4 - 14 所示为光电晶闸管耦合器“0”电压开关内部电路。由输入端 1、2 输入信号，光电晶闸管耦合器 B 中的光控晶闸管导通；电流经 3 - VD4 - B - VD1 - R_4 - 4 构成回路；借助 R_4 上的电压降向双向晶闸管 V 的控制极提供分流，使 V 导通。由 R_3、R_2 与 V_p 组成“0”电压开关功能电路。即当电源电压过“0”并升至一定幅值时，V_p 导通，光控晶闸管则被关断。

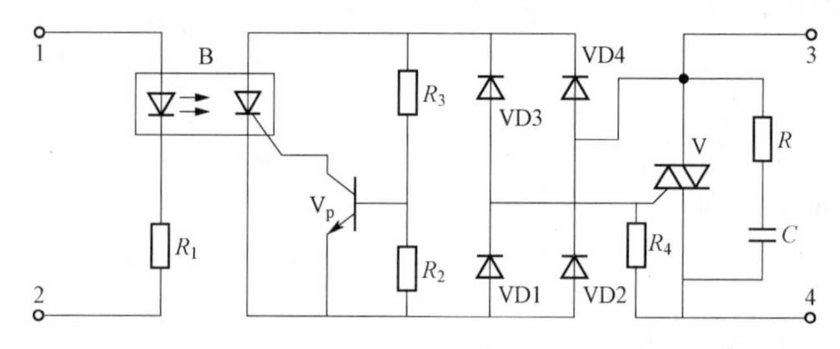

图 4 - 14　光电晶闸管耦合器零电压开关内部电路

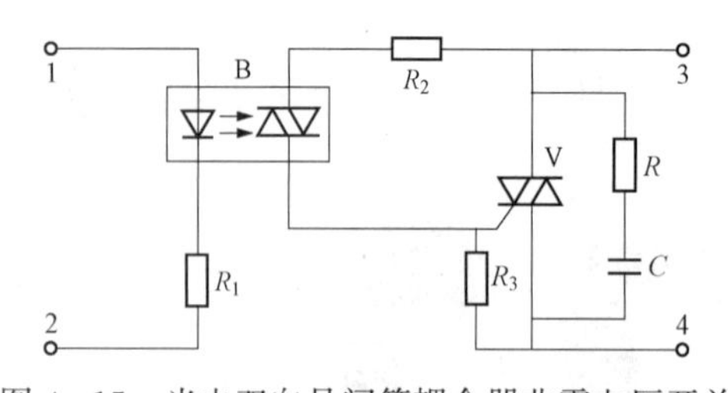

图 4 - 15　光电双向晶闸管耦合器非零电压开关

如图 4 - 15 所示为光电双向晶闸管耦合器非“0”电压开关。由输入端 1、2 输入信号时，光电双向晶闸管耦合器 B 导通；电流经 3 - R_2 - B - R_3 - 4 形成回路，R_3 提供双向晶闸管 V 的触发信号。这种电路相对于输入信号的任意相位，交流电源均可同步接通，因而称为非“0”电压开关。

4.4　必备知识三：交流调压电路分析

交流调压电路的作用是将一定频率和电压的交流电转换为频率不变、电压可调的交流电。随着电力电子技术的发展，交流调压技术也日益完善，并已经普遍应用于交流电动机调速、灯光控制、温度控制以及电焊、电镀、交流侧调压等各领域。由双向晶闸管组成的单相交流调压电路成本低、电路简单，适用于小功率调节，在民用电器控制方面得到广泛应用。

4.4.1　单相交流调压电路分析

用晶闸管组成的交流电压控制电路，可方便地调节输出电压有效值，可用于电路温控、灯光调节、异步电动机的启动和调速等。

1. 电阻性负载

如图4-16所示为一双向晶闸管与电阻负载R_L组成的交流调压主电路，图中双向晶闸管也可改用两只反并联的普通晶闸管，但需要两组独立的触发电路分别控制两只晶闸管。

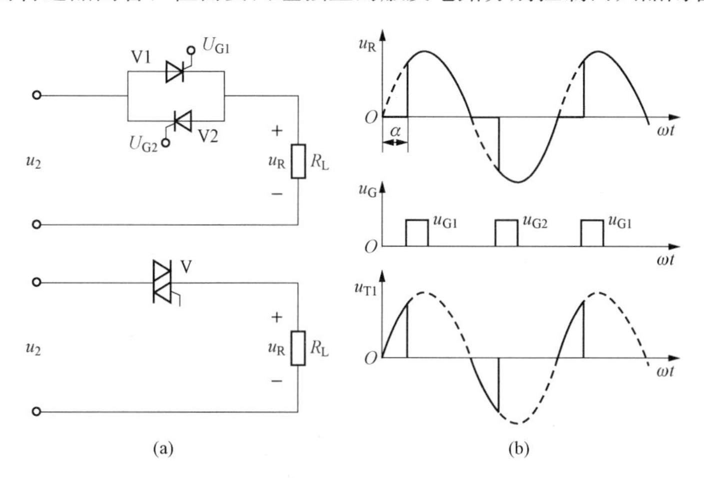

图4-16　单相交流调压电路电阻负载电路及波形

（a）电路图；（b）波形图

在电源正半周$\omega t=\alpha$时触发V导通，有正向电流流过R_L，负载端电压u_R为正值，电流过零时V自行关断；在电源负半周$\omega t=\pi+\alpha$时，再触发V导通，有反向电流流过R_L，其端电压u_R为负值，到电流过零时V再次自行关断。然后重复上述过程。改变α角即可调节负载两端的输出电压有效值，达到交流调压的目的。电阻负载上交流电压有效值为

$$U_R=\sqrt{\frac{1}{\pi}\int_{\alpha}^{\pi}(\sqrt{2}U_2\sin\omega t)^2\mathrm{d}(\omega t)}=U_2\sqrt{\frac{1}{2\pi}\sin2\alpha+\frac{\pi-\alpha}{\pi}}\tag{4-4}$$

电流有效值为

$$I=\frac{U_R}{R}=\frac{U_2}{R}\sqrt{\frac{1}{2\pi}\sin2\alpha+\frac{\pi-\alpha}{\pi}}\tag{4-5}$$

电路功率因数为

$$\cos\varphi=\frac{P}{S}=\frac{U_RI}{U_2I}=\sqrt{\frac{1}{2\pi}\sin2\alpha+\frac{\pi-\alpha}{\pi}}\tag{4-6}$$

电路的移相范围为0～π。

通过改变α可得到不同的输出电压有效值，从而达到交流调压的目的。由双向晶闸管组成的电路，只要在正负半周对称的相应时刻（α、$\pi+\alpha$）给触发脉冲，则和反并联电路一样可得到同样的可调交流电压。

交流调压电路的触发电路完全可以套用整流移相触发电路，但是脉冲的输出必须通过脉冲变压器，其两个二次线圈之间要有足够的绝缘。

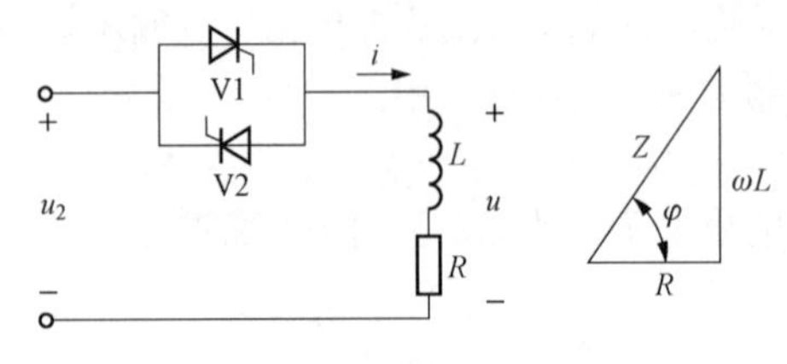

图 4 - 17　单相交流调压电感负载电路图

2. 电感性负载

如图 4 - 17 所示为电感性负载的交流调压电路。由于电感的作用，在电源电压由正向负过零时，负载中电流要滞后一定 φ 角度才能到零，即晶闸管要继续导通到电源电压的负半周才能关断。晶闸管的导通角 θ 不仅与控制角 α 有关，而且与负载的功率因数角 φ 有关。控制角越小则导通角越大，负载的功率因数角 φ 越大，表明负载感抗大，自感电动势使电流过零的时间越长，因而导通角 θ 越大。

下面分三种情况加以讨论。

（1）$\alpha>\varphi$。如图 4 - 18（a）所示，当 $\alpha>\varphi$ 时，$\theta<180°$，即正负半周电流断续，且 α 越大，θ 越小。可见，α 在 φ～180°范围内，交流电压连续可调。电流电压波形如图 4 - 18（a）所示。

（2）$\alpha=\varphi$。如图 4 - 18（b）所示，当 $\alpha=\varphi$ 时，$\theta=180°$，即正负半周电流临界连续。相当于晶闸管失去控制，电流电压波形如图 4 - 18（b）所示。

（3）$\alpha<\varphi$。电流电压波形如图 4 - 18（c）所示，此种情况若开始给 V1 以触发脉冲，V1 导通，而且 $\theta>180°$。如果触发脉冲为窄脉冲，当 u_{G2} 出现时，V1 的电流还未到零，V1 不关断，V2 不能导通。当 V1 电流到零关断时，u_{G2} 脉冲已消失，此时 V2 虽已受正压，但也无法导通。到第三个半波时，u_{G1} 又触发 V1 导通。这样负载电流只有正半波部分，出现很大直流分量，电路不能正常工作。因而电感性负载时，晶闸管不能用窄脉冲触发，可采用宽脉冲或脉冲列触发。

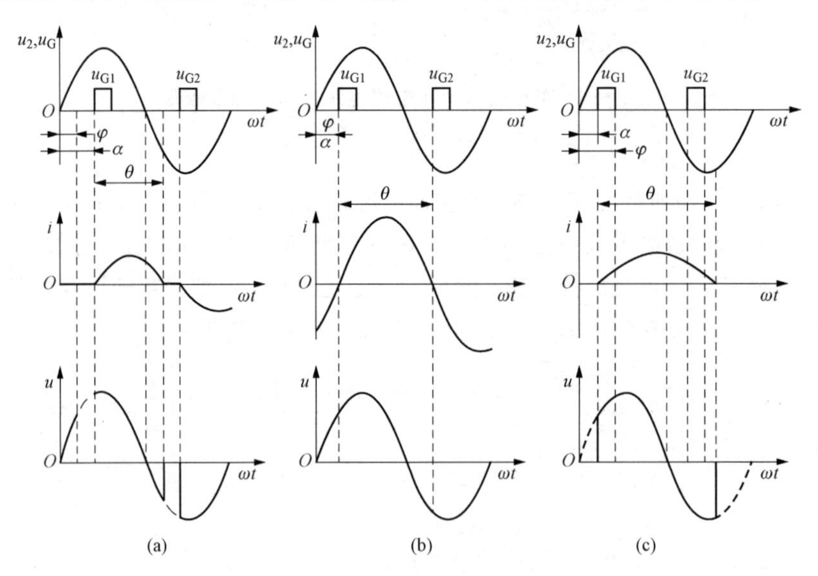

图 4 - 18　单相交流调压电感负载波形图

（a）$\alpha>\varphi$；（b）$\alpha=\varphi$；（c）$\alpha<\varphi$

综上所述，单相交流调压有如下特点。

（1）电阻负载时，负载电流波形与单相桥式可控整流交流侧电流一致。改变控制角 α 可以连续改变负载电压有效值，达到交流调压的目的。

（2）电感性负载时，不能用窄脉冲触发，否则当 $\alpha<\varphi$ 时，会出现一个晶闸管无法导通，产生很大直流分量电流，烧毁熔断器或晶闸管。

（3）电感性负载时，最小控制角 $\alpha_{min}=\varphi$（阻抗角）。所以 α 的移相范围为 φ～180°，电阻负载

时移相范围为 0°～180°。

4.4.2　三相交流调压电路分析

当交流功率调节容量较大或为某些三相负载控制方式时，如三相电热炉、大容量异步电动机的软启动装置、高频感应加热等需要调压的负载，可采用三相交流调压电路。三相交流调压电路可由三个互差 120°的单相交流调压电路组合而成，负载可接成三角形或星形。三相交流调压电路的形式较多，下面对常用的接线方式进行介绍。

1. 负载 Y 形连接带中性线的三相交流调压电路

如图 4-19 所示，它由 3 个单相晶闸管交流调压器组合而成，其公共点为三相调压器中线，每一相可以作为一个单相调压器单独分析，其工作原理和波形与单相交流调压相同。

在晶闸管交流调压电路中，每相负载电流为正负对称的缺角正弦波，它包含有较大的奇次谐波电流，3 次谐波电流的相位是相同的，中性线的电流为一相 3 次谐波电流的三倍，且数值较大，这种电路的应用有一定的局限性。

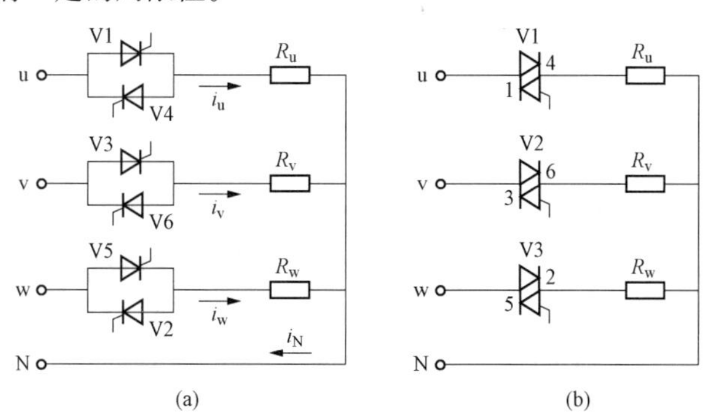

图 4-19　负载 Y 形连接带中性线的三相交流调压电路

（a）使用单向晶闸管反并联；（b）使用双向晶闸管

2. 晶闸管与负载连接成内三角形的三相交流调压电路

晶闸管与负载连接成内三角形的三相交流调压电路如图 4-20 所示，这种电路实际上是由三个单相交流调压电路组合而成。

该电路的优点是：由于晶闸管串接在三角形内部，流过的是相电流，在同样线电流情况下，晶闸管的容量可降低，另外线电流中无 3 的倍数次谐波分量。缺点是：只适用于负载是三个分得开的单元的情况，因而其应用范围也有一定的局限性。

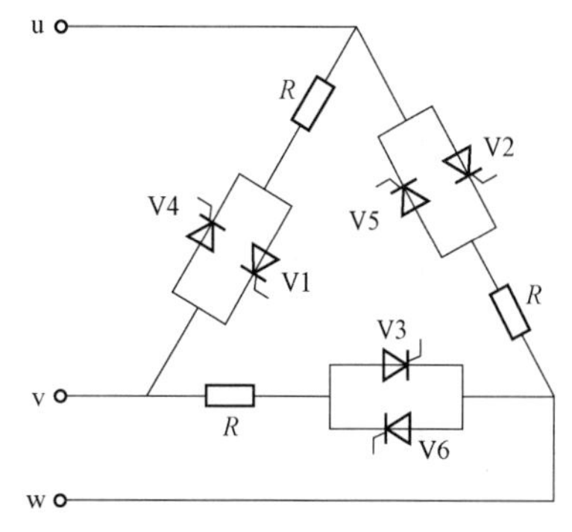

图 4-20　连接成内三角形的交流调压电路

3. 三个晶闸管接于 Y 形负载中性点的三相交流调压电路

电路如图 4-21 所示，它要求负载是三个分得开的单元，从电流波形可见，输出电流出现正负半周波形不对称，但其面积是相等的，所以没有直流分量。

此种电路使用元件少，触发线路简单，但由于电流波形正负半周不对称，故存在偶次谐波，对电源影响与干扰较大。

4. 用三对反并联晶闸管连接成三相三线交流调压电路

三相三线交流调压电路如图 4-22 所示，这种电路是三对晶闸管反向并联接于三相线中，负载连接成星形或三角形。

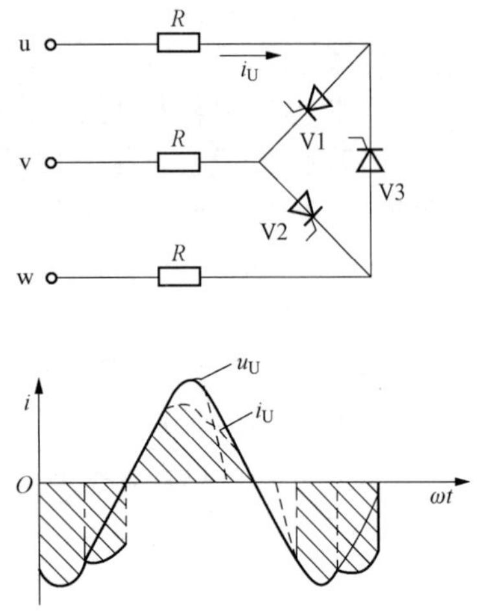

图 4 - 21　三个晶闸管接于 Y 形负载中性点的交流调压电路

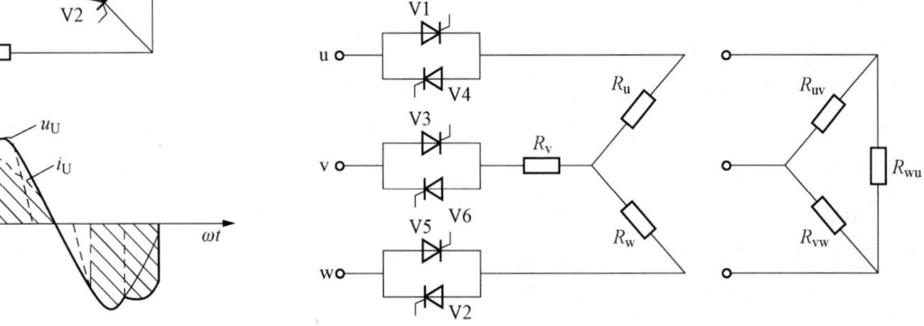

图 4 - 22　三相三线交流调压电路

对触发脉冲电路的要求是：

（1）三相正（或负）触发脉冲依次间隔为 120°，而每一相正、负触发脉冲间隔为 180°。

（2）为了保证电路起始工作时能两相同时导通，以及在感性负载和控制角较大时，仍能保持两相同时导通，与三相全控整流桥一样，要求采用双脉冲或宽脉冲触发。

（3）为了保证输出电压对称可调，应保持触发脉冲与电源电压同步。

四种三相交流调压电路比较见表 4 - 2。

表 4 - 2　　四种三相交流调压电路比较

电路名称	电路图	晶闸管工作电压（峰值）	晶闸管工作电流（峰值）	移相范围	线路性能特点
星形带中性线的三相交流调压		$\sqrt{\frac{2}{3}}U_1$	$0.45I_1$	0°～180°	（1）是三个单相电路的组合。（2）输出电压、电流波形对称。（3）因有中性线，可流过谐波电流，特别是 3 次谐波电流。（4）适用于中小容量可接中性线的各种负载
晶闸管与负载连接成内三角形的三相交流调压		$\sqrt{2}U_1$	$0.26I_1$	0°～150°	（1）是三个单相电路的组合。（2）输出电压、电流波形对称。（3）与 Y 连接比较，在同容量时，此电路可选电流小、耐压高的晶闸管。（4）此种接法实际应用较少

续表

电路名称	电路图	晶闸管工作电压（峰值）	晶闸管工作电流（峰值）	移相范围	线路性能特点
三相三线交流调压		$\sqrt{2}U_1$	$0.45I_1$	0°～150°	（1）负载对称，且三相皆有电流时，如同三个单相组合。 （2）应采用双窄脉冲或大于60°的宽脉冲触发。 （3）不存在3次谐波电流。 （4）适用于各种负载
控制负载中性点的三相交流调压		$\sqrt{2}U_1$	$0.68I_1$	0°～210°	（1）线路简单，成本低。 （2）适用于三相负载Y联结，且中性点能拆开的场合。 （3）因线间只有一个晶闸管，属于不对称控制

思政教学要点

AC-AC交流变换电路部分包括交流电力控制电路和交-交变频电路。交流电力控制电路包括交流调压电路和交流调功电路。从交流调压电路应用于灯光控制及异步电动机的软起动和调速出发，了解地铁动力照明系统，通过对地铁动力照明系统能耗的简单分析，讲解地铁动力系统时，引申到地铁需要动力的其他部分，如电动列车牵引系统、车站通风空调系统、车站给排水水泵和车站电梯系统，这些系统都涉及电动机的调速，而目前交流电动机调速多使用变频器，变频器涉及交-交变频电路，采用变频电路能有效地实现电机的节能运行，有效地降低能耗，让学生意识到科学技术在生产实际中的重要作用，激发学生倾注精力、投入时间认真学习知识、技术的持续兴趣，培养学生自强不息的钻研精神。

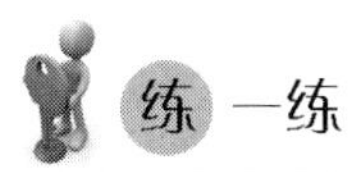

一练

单相交流调压电路测试

1. 实验目的

（1）加深理解单相交流调压电路的工作原理。

（2）加深理解单相交流调压电路带电感性负载对脉冲及移相范围的要求。

（3）了解KC05晶闸管移相触发器的原理和应用。

2. 实验所需挂件及附件

序号	型号	备注
1	DJK01电源控制屏	该控制屏包含“三相电源输出”等几个模块

续表

序号	型号	备注
2	DJK02 晶闸管主电路	该挂件包含“晶闸管”以及“电感”等模块
3	DJK03-1 晶闸管触发电路	该挂件包含“单相调压触发电路”等模块
4	D42 三相可调电阻	
5	双踪示波器	自备
6	万用表	自备

3. 实验线路及原理

本实验采用 KC05 晶闸管集成移相触发器。该触发器适用于双向晶闸管或两个反向并联晶闸管电路的交流相位控制，具有锯齿波线性好、移相范围宽、控制方式简单、易于集中控制、有失交保护、输出电流大等优点。

单相晶闸管交流调压器的主电路由两个反向并联的晶闸管组成，如图 4-23 所示。图中电阻 R 用 D42 三相可调电阻，将两个 900Ω 的电阻并联，晶闸管则利用 DJK02 上的反桥元件，交流电压、电流表由 DJK01 控制屏上得到，电抗器 L_d 从 DJK02 上得到，用 700mH。

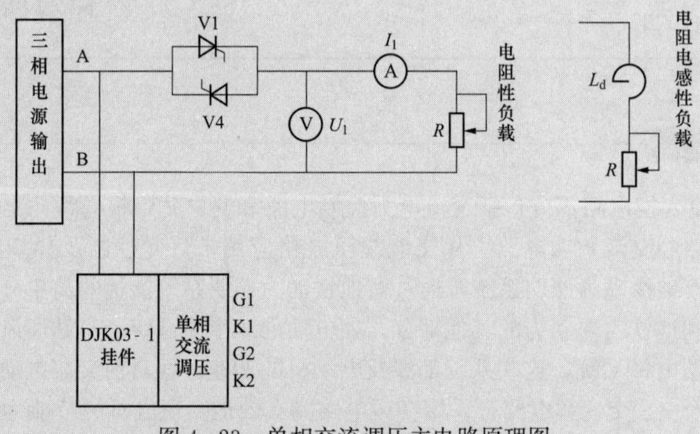

图 4-23 单相交流调压主电路原理图

4. 实验内容

(1) KC05 集成移相触发电路的调试。

(2) 单相交流调压电路带电阻性负载。

(3) 单相交流调压电路带电阻电感性负载。

5. 思考题

(1) 交流调压在带电感性负载时可能会出现什么现象？为什么？如何解决？

(2) 交流调压有哪些控制方式？有哪些应用场合？

6. 实验方法

(1) KC05 集成晶闸管移相触发电路调试。将 DJK01 电源控制屏的电源选择开关打到“直流调速”侧，使输出线电压为 200V，用两根导线将 200V 交流电压接到 DJK03 的“外接 220V”端，按下“启动”按钮，打开 DJK03 电源开关，用示波器观察“1”～“5”端及脉冲输出的波形。调节电位器 R_{P1}，观察锯齿波斜率是否变化，调节 R_{P2}，观察输出脉冲的移相范围如何变化，移相能否达到 170°，记录上述过程中观察到的各点电压波形。

（2）单相交流调压带电阻性负载。将 DJK02 面板上的两个晶闸管反向并联而构成交流调压器，将触发器的输出脉冲端“G1”“K1”“G2”和“K2”分别接至主电路相应晶闸管的门极和阴极。接上电阻性负载，用示波器观察负载电压、晶闸管两端电压 U_{vT} 的波形。调节“单相调压触发电路”上的电位器 R_{P2}，观察在不同 α 角时各点波形的变化，并记录 $\alpha=30°$、60°、90°、120°时的波形。

（3）单相交流调压接电阻电感性负载。

1）在进行电阻电感性负载实验时，需要调节负载阻抗角的大小，因此应该知道电抗器的内阻和电感量。常采用直流伏安法来测量内阻，如图 4-24 所示。电抗器的内阻为

$$R_L=\frac{U_L}{I}$$

电抗器的电感量可采用交流伏安法测量，如图 4-25 所示。由于电流大时，对电抗器的电感量影响较大，采用自耦调压器调压，多测几次取其平均值，从而可得到交流阻抗。

在实验中，欲改变阻抗角，只需改变滑线变阻器 R_d 的电阻值即可。

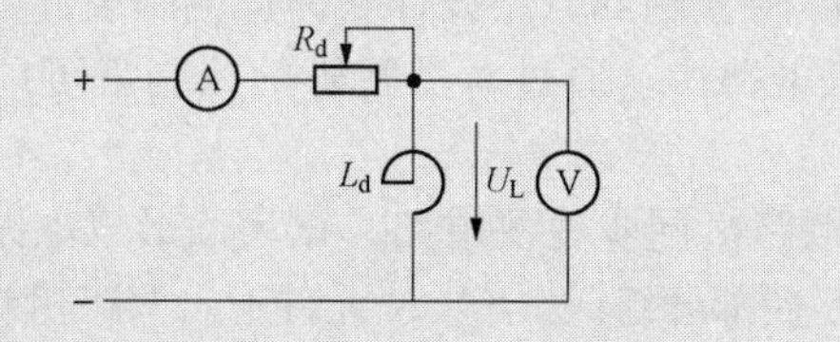

图 4-24　用直流伏安法测电抗器内阻

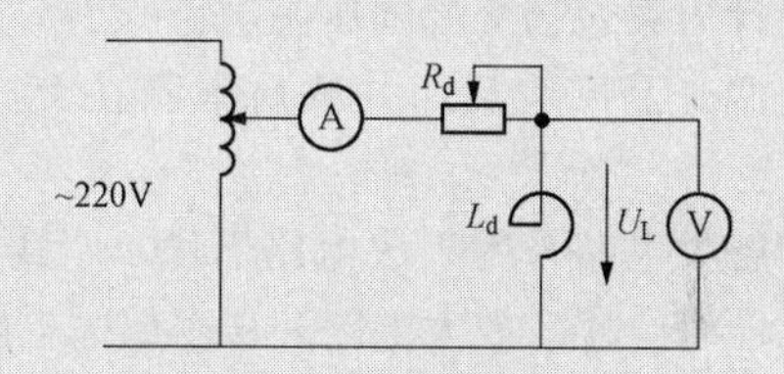

图 4-25　用交流伏安法测定电感量

2）切断电源，将 L 与 R 串联，改接为电阻电感性负载。按下“启动”按钮，用双踪示波器同时观察负载电压 U_L 和负载电流 I_L 的波形。调节 R 的数值，使阻抗角为一定值，观察在不同 α 角时波形的变化情况，记录 $\alpha>\varphi$、$\alpha=\varphi$、$\alpha<\varphi$ 三种情况下负载两端的电压 U_L 和流过负载的电流 I_L 波形。

7. 实验报告

（1）整理、画出实验中所记录的各类波形。

（2）分析电阻电感性负载时，α 角与 φ 角相应关系的变化对调压器工作的影响。

（3）分析实验中出现的各种问题。

8. 注意事项

（1）触发脉冲是从外部接入 DJK02 面板上晶闸管的门极和阴极，此时，应将所用晶闸管对应的正桥触发脉冲或反桥触发脉冲的开关拨向“断”的位置，并将 U_{Lf} 及 U_{Lr} 悬空，避免误触发。

（2）可以用 DJK02-1 上的触发电路来触发晶闸管。

（3）由于“G”“K”输出端有电容影响，故观察触发脉冲电压波形时，需将输出端“G”和“K”分别接到晶闸管的门极和阴极（也可用 100Ω 左右阻值的电阻接到“G”“K”两端，来模拟晶闸管门极与阴极的阻值），否则，无法观察到正确的脉冲波形。

4.5　电风扇无级调速器电路的制作与调试

电风扇无级调速电路设计采用晶闸管构成的交流调压电路，通过计算，正确选择元件、控制

电路实现电风扇电动机电压的调节，从而改变电风扇的转速，可实现无级变速，满足人们对电风扇风速的不同要求。

1. 技术要求

（1）交流电源：单相220V。

（2）输出电压在0～220V连续可调。

（3）输出电流最大值1A。

（4）负载为100W电风扇，功率因数0.6。

（5）根据实际工作情况，最小控制角取20°～30°。

2. 方案设计与论证

方案设计：晶闸管反向并联后串联在交流电路中，通过对晶闸管的控制就可以控制交流输出，负载为阻感负载，控制角为20°～30°，电阻800Ω，电感1.93H，总功率为100W，功率因数0.6，电流小于1A，电压不超过220V，可调节为控制角20°～30°时，输出电压负荷要求。

总体设计方案包括交流调压主电路设计，晶闸管触发电路设计和保护电路设计，其中交流调压部分由两个晶闸管反向并联后串联在交流电路中，通过对晶闸管的控制就可以控制交流输出。

晶闸管触发电路采用集成电路KJ004，其电路由同步检测电路、锯齿波形成电路、偏移电压、相移电压综合比较放大电路和功率放大电路四部分组成。KJ004元件输出两路相差180°的移相脉冲，可以方便地构成全控桥式触发器线路。该电路具有输出负载能力大，移相性好，正负半周脉冲相位均衡性好、移相范围宽、对同步电压要求低，有脉冲列调制输出端等特点。它性能可靠，调试方便。KJ004电路原理与分立式锯齿波移相触发电路相似，分为同步、锯齿波形成、移相、脉冲形成、分选和放大几个环节。

保护电路主要有过电压保护、过电流保护和 du/dt 保护和 di/dt 保护。过电流保护采用快速熔断器，在各晶闸管电路串联熔断器，还可以采用过电流继电器和直流快速断路器等用于过载和短路保护，但保护速度和效果不如快速熔断器。过电压保护目前最常用的是在主电路回路中接入吸收能量的元件，使能量得以耗散，称为吸收回路或缓冲回路。这里采用电容作为吸收元件，但为防止振荡，增加了阻尼电阻，构成 R、C 吸收回路。

3. 电路设计

电风扇无级调速电路的结构如图4-26所示。

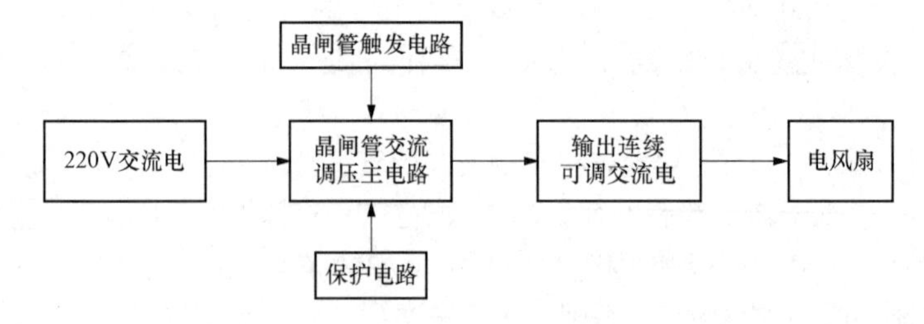

图4-26 电风扇无级调速电路结构图

简易的电风扇无级调速电路原理图如图4-27所示。电路的主控元件为双向晶闸管，R_1、R_2、R_P、C_1 组成触发电路，R_3、C_2 组成保护电路。

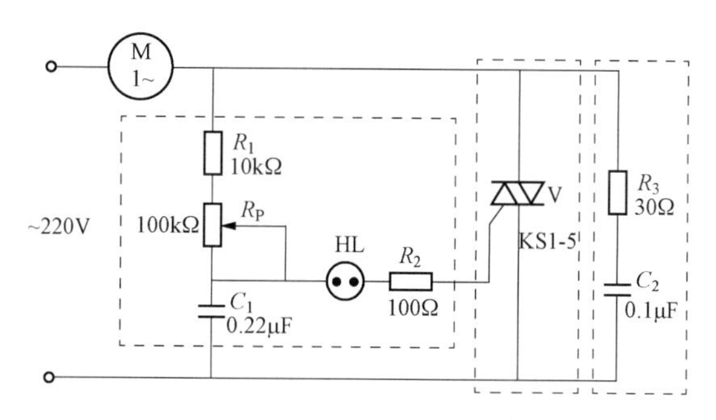

图 4-27　电风扇无级调速原理图

习题四

4-1　双向晶闸管额定电流的定义和普通晶闸管额定电流的定义有何不同？额定电流为100A 的两只普通晶闸管反向并联可以用额定电流为多少的双向晶闸管代替？

4-2　双向晶闸管有哪几种触发方式？一般选用哪几种？

4-3　简述如何判别双向晶闸管的极性？

4-4　简述四种三相交流调压电路的区别？

情境五　开　关　电　源

电是工业的动力，是人类生活的源泉。电源是产生电的装置，表示电源特性的参数有功率、电压、电流、频率等；在同一参数要求下，又有重量、体积、效率和可靠性等指标。一般都需要经过转换才能适合使用的需求，例如交流转换成直流，高电压变成低电压，大功率变换为小功率等。

按照电子理论，AC/DC是交流转换为直流；AC/AC称为交流转换为交流，即为改变频率；DC/AC称为逆变；DC/DC为直流变交流后再变直流。为了达到转换的目的，电源变换的方法是多样的。自20世纪60年代，人们研发出了二极管、三极管半导体元件后，就用半导体元件进行转换。所以，凡是用半导体功率元件作开关，将一种电源形态转换成另一种形态的电路，叫作开关变换电路。在转换时，以自动控制稳定输出并有各种保护环节的电路，称为开关电源（Switching Power Supply）。

随着电力电子技术的发展，发展出了一系列的开关电源变换形式，如从脉宽调制（PWM）技术到谐振技术的改变，近几年来又出现了相移脉宽调制零电压谐振转换技术，这种脉宽调制控制技术加上零电压、零电流转换的软开关技术是当今电源技术发展的新潮流。开关电源是利用现代电力电子技术，控制电力电子元件开通和关断的时间比，改变输出直流电压大小的一种电源。开关电源具有体积小、重量轻、耗能低、使用方便等优点，在邮电通信、仪器仪表、工业设备、医疗器械、家用电器等领域应用效果显著。

5.1　学习目标及任务

1. 学习目标

通过对开关电源电路的学习，学生要掌握电力场效应管的基本结构、工作原理和特性参数，熟练识别DC/DC变换电路三种变换方式，并能够制作简易的开关电源。

（1）认识开关电源的组成结构和元件。

（2）掌握DC/DC变换电路的三种基本形式。

（3）了解开关电源的控制方式。

（4）了解开关电源的设计步骤。

2. 学习任务

（1）识别检测电力场效应管。

（2）识别DC/DC变换电路。

（3）制作简易的开关电源电路。

5.2　必备知识一：开关电源常用元件

开关电源就是利用电子开关元件（如晶体管、场效应管和晶闸管等），通过控制电路，使电子开关元件不停地“接通”和“关断”，让电子开关元件对输入电压进行脉冲调制，从而实现输出电压可调和自动稳压的目的。

5.2.1 电力场效应管

电力场效应管也称功率场效应管（Power MOSFET），是一种单极型的电压控制元件，不但有自关断能力，而且有驱动功率小，开关速度高、无二次击穿、安全工作区宽等特点。由于其易于驱动和开关频率可高达500kHz，特别适于高频化电力电子装置，如应用于DC/DC变换、开关电源、便携式电子设备、航空航天以及汽车等电子电器设备中。但因为其电流、热容量小，耐压低，一般只适用于小功率电力电子装置。

1. 电力场效应管的结构和工作原理

电力场效应管种类和结构繁多，按导电沟道可分为P沟道和N沟道。按栅极电压幅值可分为耗尽型，当栅极电压为零时漏源极之间就存在导电沟道；增强型，对于N(P)沟道元件，栅极电压大于（小于）零时才存在导电沟道。电力场效应管主要是N沟道增强型。

（1）电力场效应管的结构。电力场效应管的内部结构和电气符号如图5-1所示，其导通时只有一种极性的载流子（多子）参与导电，是单极型晶体管。导电原理与小功率MOS管相同，但结构上有较大区别，小功率MOS管是横向导电元件，电力场效应管大都采用垂直导电结构（又称VMOSFET），大大提高了电力场效应管元件的耐压和耐电流能力。

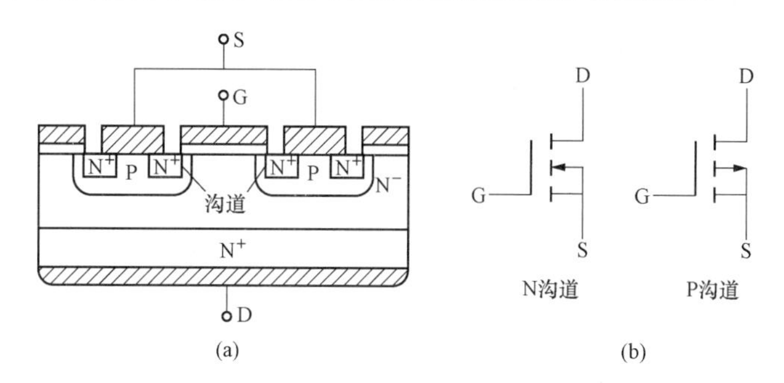

图5-1 电力场效应管的内部结构和电气符号

（2）电力场效应管的工作原理。

1）截止：漏源极间加正电源，栅源极间电压为零。P基区与N漂移区之间形成的PN结J1反偏，漏源极之间无电流流过。

2）导电：在栅源极间加正电压U_{GS}，栅极是绝缘的，所以不会有栅极电流流过。但栅极的正电压会将其下面P区中的空穴推开，而将P区中的少子—电子吸引到栅极下面的P区表面。

当U_{GS}大于U_T（开启电压或阈值电压）时，栅极下P区表面的电子浓度将超过空穴浓度，使P型半导体反型成N型而成为反型层，该反型层形成N沟道而使PN结J1消失，漏极和源极导电。

2. 电力场效应管的基本特性

（1）静态特性。漏极电流I_D和栅源间电压U_{GS}的关系称为电力场效应管的转移特性，I_D较大时，I_D与U_{GS}的关系近似线性，曲线的斜率定义为跨导G_{fs}，即

$$G_{fs} = \frac{dI_D}{dU_{GS}} \tag{5-1}$$

电力场效应管是电压控制型元件，其输入阻抗极高，输入电流非常小。

静态特性电力场效应管的转移特性和输出特性如图5-2所示。

电力场效应管的漏极伏安特性（输出特性）：截止区（对应于GTR的截止区），饱和区（对应于GTR的放大区），非饱和区（对应于GTR的饱和区）。电力场效应管工作在开关状态，即在截止区和非饱和区之间转换。电力场效应管漏源极之间有寄生二极管，漏源极间加反向电压

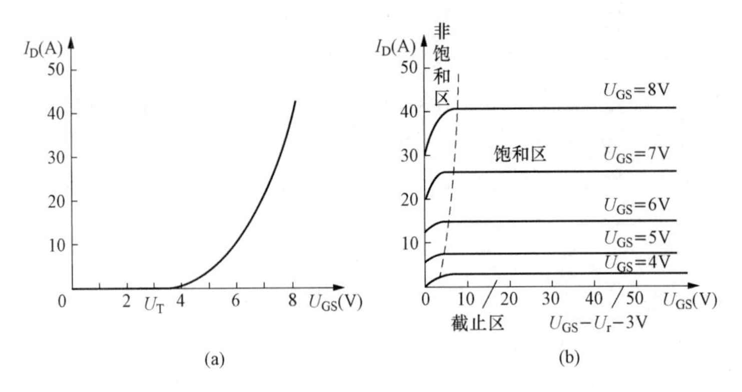

图 5 - 2　静态特性电力场效应管的转移特性和输出特性

（a）转移特性；（b）输出特性

时导通。

电力场效应管的通态电阻具有正温度系数，对元件并联时的均流有利。

（2）动态特性。动态特性电力场效应管的测试电路和开关过程波形如图 5 - 3 所示。

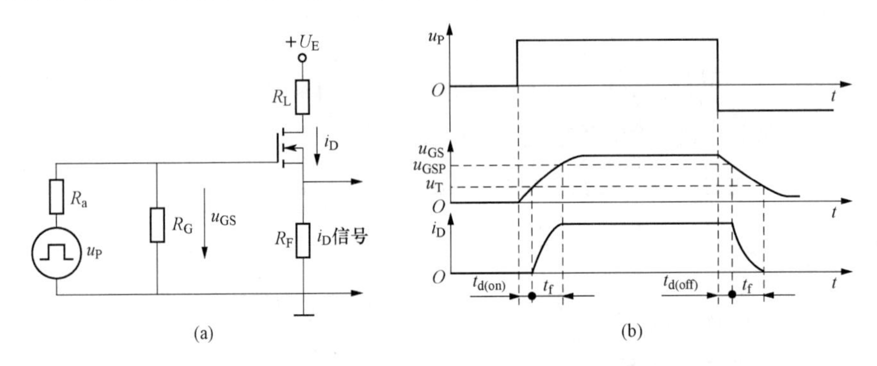

图 5 - 3　动态特性电力场效应管的开关过程

（a）测试电路；（b）开关过程波形

图中 u_p为矩形脉冲电压信号源，R_s为信号源内阻，R_G为栅极电阻，R_L为漏极负载电阻，R_F用于检测漏极电流。

开通过程：

（1）开通延迟时间 $t_{d(on)}$。U_p前沿时刻到 $U_{GS}=U$ 并开始出现 i_D的时刻间的时间段。

（2）上升时间 t_{ri}。U_{GS}从 U_T上升到电力场效应管进入非饱和区的栅压 U_{GSP}的时间段；i_D稳态值由漏极电源电压 U_E和漏极负载电阻决定。U_{GSP}的大小和 i_D的稳态值有关，U_{GS}达到 U_{GSP}后，在 U_p作用下继续升高直至达到稳态，但 i_D已不变。

（3）开通时间 t_{on}。开通延迟时间与上升时间之和，即

$$t_{on} = t_{d(on)} + t_{ri} + t_{fv} \tag{5 - 2}$$

关断过程：

（1）关断延迟时间 $t_{d(off)}$。U_p下降到零起，C_{in}通过 R_S和 R_G放电，U_{GS}按指数曲线下降到 U_{GSP}时，i_D开始减小为零的时间段。

（2）下降时间 t_f。U_{GS}从 U_{GSP}继续下降起，i_D减小，到 $U_{GS}<U_T$时沟道消失，i_D下降到零为止的时间段。

（3）关断时间 t_{off}。关断延迟时间和下降时间之和，即

$$t_{off}=t_{d(off)}+t_{rv}+t_{fi} \tag{5-3}$$

电力场效应管是场控元件，静态时几乎不需输入电流。但在开关过程中需对输入电容充放电，仍需一定的驱动功率。开关频率越高，所需要的驱动功率越大。

3. 电力场效应管的主要参数

（1）漏极电压 U_{DS}：标称电力场效应管电压定额的参数。

（2）漏极直流电流 I_D和漏极脉冲电流幅值 I_{DM}：标称电力场效应管电流定额的参数。

（3）栅源电压 U_{GS}：栅源之间的绝缘层很薄，$|U_{GS}|>20V$ 将导致绝缘层击穿。

（4）极间电容：电力场效应管的三个电极之间分别存在极间电容 C_{GS}、C_{GD}、C_{DS}。一般生产厂家提供的是漏源极短路时的输入电容 C_{iss}、共源极输出电容 C_{oss}和反向转移电容 C_{rss}。它们之间的关系是

$$C_{iss}=C_{GS}+C_{GD} \tag{5-4}$$

$$C_{rss}=C_{GD} \tag{5-5}$$

$$C_{oss}=C_{DS}+C_{GD} \tag{5-6}$$

这些电容都是非线性的。

一般来说，电力场效应管不存在二次击穿问题，这是它的一大优点。在实际使用中，仍应注意留适当裕量。

5.2.2 绝缘栅双极型晶体管（IGBT）

1. IGBT 的工作原理

电力场效应管元件是单极型（N 沟道电力场效应管中仅电子导电、P 沟道电力场效应管中仅空穴导电）、电压控制型开关元件；因此其通、断驱动控制功率很小，开关速度快；但通态降压大，难以制成高压大电流开关元件。电力三极晶体管是双极型（电子、空穴两种多数载流子都参与导电）、电流控制型开关元件；因此其通—断控制驱动功率大，开关速度不够快；但通态压降低，可制成较高电压和较大电流的开关元件。

为了兼有这两种元件的优点，弃其缺点，20 世纪 80 年代中期出现了将它们的通、断机制相结合的新一代半导体电力开关元件——绝缘栅极双极型晶体管（Insulated Gate Bipolar Transistor，IGBT）。它是一种复合元件，输入控制部分为电力场效应管，输出级为双极结型三极晶体管；因此兼有电力场效应管和电力晶体管的优点，即高输入阻抗，电压控制，驱动功率小，开关速度快，工作频率可达到 10～40kHz（比电力三极管高），饱和压降低（比电力场效应管小得多，与电力三极管相当），电压、电流容量较大，安全工作区域宽。

如图 5-4 所示为 IGBT 的符号、内部结构、等值电路及静态特性。IGBT 也有 3 个电极：栅极 G、发射极 E 和集电极 C。输入部分是一个电力场效应管，图 5-4（b）中 R_{dr}表示电力场效应管的等效调制电阻（漏极－源极之间的等效电阻 R_{DS}）。输出部分为一个 PNP 三极管 VT1，此外还有一个内部寄生的三极管 VT2（NPN 管），在 VT2 的基极与发射极之间有一个体区电阻 R_{br}。

当栅极 G 与发射极 E 之间的外加电压 $U_{GE}=0$ 时，电力场效应管内无导电沟道，其调制电阻 R_{dr}可视为无穷大，$I_C=0$，电力场效应管处于断态。在栅极 G 与发射极 E 之间的外加控制电压 U_{GE}，可以改变电力场效应管导电沟道的宽度，从而改变调制电阻 R_{dr}，这就改变了输出 VT1（PNP 管）的基极电流，控制了 IGBT 管的集电极电流 I_C。当 U_{GE}足够大时（例如 15V），则 VT1 饱和导电，IGBT 进入通态。一旦撤除 U_{GE}，即 $U_{GE}=0$，则电力场效应管从通态转入断态，VT1 截止，IGBT 元件从通态转入断态。

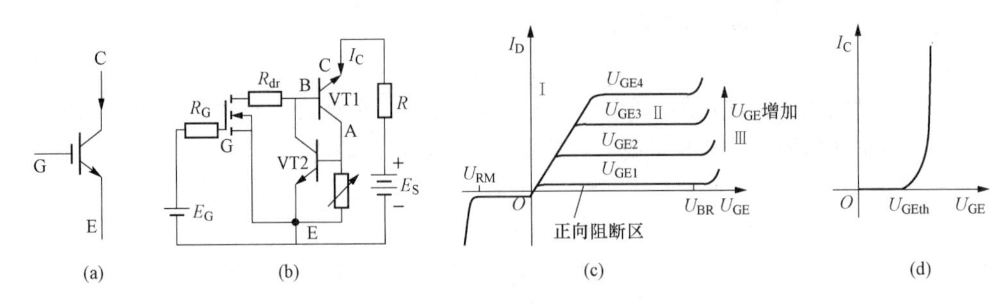

图 5-4 IGBT 的符号、内部结构、等值电路及静态特性

（a）符号；（b）电路；（c）输出特性；（d）转移特性

2. IGBT 的基本特性

（1）静态特性。

1）输出特性：U_{GE}一定时，集电极电流 I_C 与集电极－发射极电压 U_{CE} 的函数关系，即 $I_C=f(U_{GE})$。

如图 5-4（c）所示 IGBT 的输出特性。$U_{GE}=0$ 的曲线对应于 IGBT 处于断态。在线性导电区Ⅰ，U_{GE}增大，I_C 增大。在恒流饱和区Ⅱ，对于一定的 U_{GE}，U_{GE}增大，I_C 不再随 U_{GE}而增大。

在 U_{GE}为负值的反压下，其特性曲线类似于三极管的反向阻断特性。

为了使 IGBT 安全运行，它承受的外加压、反向电压应小于图 5-4（c）中的正、反向折转击穿电压。

2）转移特性：如图 5-4（d）所示的集电极电流 I_C 与栅极电压 U_{GE}的函数关系，即 $I_C=f(U_{GE})$。

当 U_{GE}小于开启阈值电压 U_{GEth}时，等效电力场效应管中不能形成导电沟道；因此 IGBT 处于断态。当 $U_{GE}>U_{GEth}$后，随着 U_{GE} 的增大，I_C 显著上升。实际运行中，外加电压 U_{GE} 的最大值 U_{GEM}一般不超过 15V，以限制 I_C 不超过 IGBT 的允许值 I_{CM}。IGBT 在额定电流时的通态压降一般为 1.5～3V。其通态压降常在其电流较大（接近额定值）时具有正的温度系数（I_C 增大时，管压降大）；因此在几个 IGBT 并联使用时 IGBT 元件具有电流自动调节均流的能力，这就使多个 IGBT 易于并联使用。

（2）动态特性。图 5-5 所示 IGBT 的开通和关断过程。开通过程的特性类似于电力场效应管；因为在这个区间，IGBT 大部分时间作为电力场效应管运行。开通时间由 4 个部分组成。开通延迟时间 t_d是外施栅极脉冲从负到正跳变开始，到栅－射极间电压充电到 U_{GEth}的时间。这以后集电极电流从 0 开始上升，到 90％稳态值的时间为电流上升时间 t_{ri}。在这两个时间段内，集－射极间电压 U_{CE}基本不变。此后，U_{CE}开始下降。t_{fu1} 是电力场效应管工作时漏－源极间电压下降时间，t_{fu2}是 MOSFET 和 PNP 晶体管同时工作时漏－源电压下降时间；因此，IGBT 开通时间为 $t_{on}=t_d+t_r+t_{fu1}+t_{fu2}$。

开通过程中，在 t_d、t_r时间内，栅－射极间电容在外施正电压作用下充电，且按指数规律上升，在 t_{fu1}、t_{fu2}这一时间段内电力场效应管开通，流过对 GTR 的驱动电流，栅－射极间电压基本维持 IGBT 完全导通后驱动过程结束。栅－射极间电压再次按指数规律上升到外施栅极电压值。

IGBT 关断时，在外施栅极反向电压作用下，电力场效应管输入电容放电，内部 PNP 晶体管仍然导通，在最初阶段里，关断的延迟时间 t_d和电压 U_{CE}的上升时间 t_r，由 IGBT 中的电力场效应管决定。关断时 IGBT 和电力场效应管的主要差别是电流波形分为 t_{fi1} 和 t_{fi2}两部分，其中，t_{fi1}由电力场效应管决定，对应于电力场效应管的关断过程；t_{fi2}由 PNP 晶体管中存储电荷所决定。因为在 t_{fi1}末尾电力场效应管已关断，IGBT 又无反向电压，体内的存储电荷难以被迅速消除；所

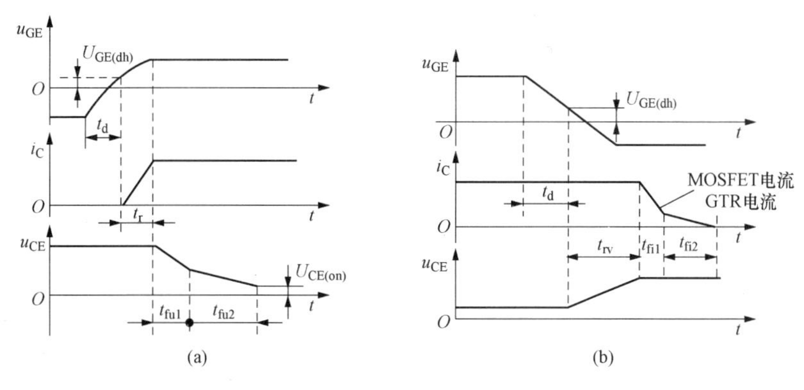

图 5-5 IGBT 的开通和关断过程

(a) IGBT 的开通过程；(b) IGBT 的关断过程

以漏极电流有较长的下降时间。因为此时漏源电压已建立，过长的下降时间会产生较大的功耗，使结温升高；所以希望下降时间越短越好。

练一练

电力场效应管的测试

1. 用测电阻法判别结型场效应管的电极

根据场效应管的 PN 结正向、反向电阻值不一样的现象，可以判别出结型场效应管的三个电极。具体方法：将万用表拨在 $R\times 1\text{k}\Omega$ 挡上，任选两个电极，分别测出其正向、反向电阻值。当某两个电极的正向、反向电阻值相等，且为几千欧姆时，则该两个电极分别是漏极 D 和源极 S。因为对结型场效应管而言，漏极和源极可互换，剩下的电极肯定是栅极 G。也可以将万用表的黑表笔（也可用红表笔）任意接触一个电极，另一只表笔依次接触其余的两个电极，测其电阻值。当出现两次测得的电阻值近似相等时，则黑表笔所接触的电极为栅极，其余两电极分别为漏极和源极。若两次测出的电阻值均很大，说明是 PN 结的反向，即都是反向电阻，可以判定是 N 沟道场效应管，且黑表笔接的是栅极；若两次测出的电阻值均很小，说明是正向 PN 结，即是正向电阻，判定为 P 沟道场效应管，黑表笔接的也是栅极。若不出现上述情况，可以调换黑、红表笔按上述方法进行测试，直到判别出栅极为止。

2. 用测电阻法判别场效应管的好坏

通过万用表测量场效应管的源极与漏极、栅极与源极、栅极与漏极、栅极 G1 与栅极 G2 之间的电阻值同场效应管手册标明的电阻值是否相符判别场效应管的好坏。具体方法：首先将万用表置于 $R\times 10\text{k}\Omega$ 或 $R\times 100\text{k}\Omega$ 挡，测量源极 S 与漏极 D 之间的电阻，通常在几十欧到几千欧（在手册中可知，各种不同型号的场效应管，其电阻值是各不相同的），如果测得阻值大于正常值，可能是由于内部接触不良；如果测得阻值是无穷大，可能是内部断极。然后把万用表置于 $R\times 10\text{k}\Omega$ 挡，再测栅极 G1 与 G2 之间、栅极与源极、栅极与漏极之间的电阻值，当测得其各项电阻值均为无穷大，则说明管是正常的；若测得上述各阻值太小或为通路，则说明场效应管是坏的。要注意，若两个栅极在场效应管内断极，可用元件代换法进行检测。

3. 用感应信号输入法估测场效应管的放大能力

用万用表电阻的 $R\times 100\text{k}\Omega$ 挡，红表笔接源极 S，黑表笔接漏极 D，给场效应管加上 1.5V 的电源电压，此时表针指示出的漏—源极间的电阻值。然后用手捏住结型场效应管的栅极 G，将人体的感应电压信号加到栅极上。这样，由于场效应管的放大作用，漏－源极间电压 U_{DS}和漏极电流 I_D 都要发生变化，也就是漏－源极间电阻发生了变化，由此可以观察到表针有较大幅度的摆动。如果手捏栅极表针摆动较小，说明场效应管的放大能力较差；表针摆动较大，表明场效应管的放大能力强；若表针不动，说明场效应管是坏的。

4. 用测电阻法判别无标志的场效应管

用测量电阻的方法找出两个有电阻值的管脚，也就是源极 S 和漏极 D，余下两个脚为第一栅极 G1 和第二栅极 G2。把先用两表笔测得的源极 S 与漏极 D 之间的电阻值记下来，对调表笔再测量一次，把其测得电阻值记下来，两次测得的阻值较大的一次，黑表笔所接的电极为漏极 D，红表笔所接的为源极 S。用这种方法判别出来的 S、D 极，还可以用估测其管的放大能力的方法进行验证，即放大能力强的黑表笔所接的是 D 极；红表笔所接地是 S 极，两种方法检测结果均应一样。当确定了漏极 D、源极 S 的位置后，按 D、S 的对应位置装入电路，一般 G1、G2 也会依次对准位置，这就确定了两个栅极 G1、G2 的位置，从而就确定了 D、S、G1、G2 各管脚的顺序。

5.3 必备知识二：DC/DC 变换电路

开关电源的核心技术是 DC/DC 变换电路。DC/DC 变换电路又称为斩波电路，就是将直流电压变换成固定的或可调的直流电压。DC/DC 变换电路广泛应用于开关电源、蓄电池供电的车辆及电动汽车的调速及控制等领域。

5.3.1 直流变换电路

直流变换电路是通过控制直流电源的通断时间，对负载上的平均电压和电流进行控制，原理图及输出波形如图 5-6 所示。

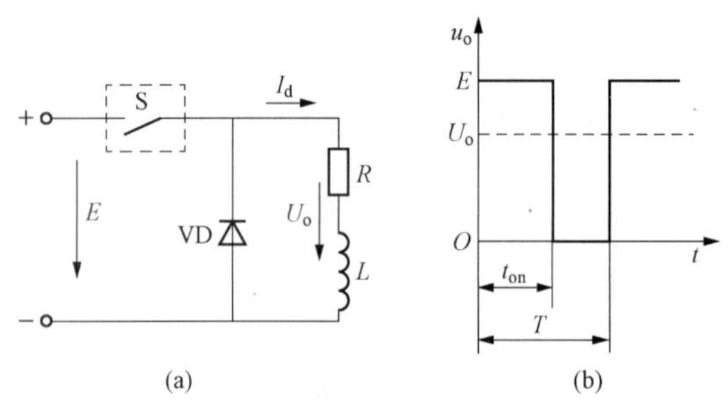

图 5-6 直流变换电路原理图及输出波形

（a）原理图；（b）输出波形

图中开关 S 可以是各种全控性电力电子开关元件，输入电源电压 E 为固定的直流电压。当开关 S 闭合时，直流电流经过 S 给负载 R、L 供电，持续时间为 t_{on}。开关 S 断开时，直流电源供给负载 R、L 的电流被切断，L 的储能经二极管 VD 续流，负载 R、L 两端的电压接近于零，持续时间为 $t_{off}=T-t_{on}$。电路中的占空比为 $D=t_{on}/T$，输出直流电压平均值为

$$U_o = \frac{1}{T}\int_0^{t_{on}} E\mathrm{d}t = \frac{t_{on}}{T}E = DE \tag{5-7}$$

假设开关 S 无开关损耗，则输出功率为

$$P_o = \frac{1}{T}\int_0^{t_{on}} u_o i_o \mathrm{d}t = D\frac{E^2}{R} \tag{5-8}$$

由以上分析可知，改变占空比 D，即可改变输出电流电压平均值 U，当占空比从 0 变化到 1 时，输出电压的平均值也将从 0 变化到 E。占空比 D 的改变可以通过改变开关 S 的开通和关断时间来实现。改变开关 S 的通断时间比有三种方式。

（1）脉冲频率调制。保持 S 导通时间 t_{on}不变，改变周期 T，因 $f=1/T$，改变 T 也就改变了电路的频率，输出谐波的频率也会跟着改变，但谐波滤波器的设计难度加大。

（2）脉冲宽度调制。保持周期 T 不变，改变 S 导通时间 t_{on}，由于 T 不变，则电路的频率不变，只需要改变开关的导通时间即可改变占空比，改变电路的输出电压平均值。

（3）混合调制。同时改变 T 和 t_{on}，使占空比改变，电路设计相对较复杂。

常见的 DC/DC 变换电路有降压斩波电路、升压斩波电路和升降压斩波电路等。

5.3.2　降压斩波电路

降压斩波电路是一种对输入输出电压进行降压变换的直流斩波器，即输出电压低于输入电压，由于其具有优越的变压功能，因此可以直接用于需要直接降压的地方，主要用于直流电源与电流电极的调速。降压斩波电路主电路原理图如图 5-7 所示。

$t=0$ 时刻驱动 V 导通，电源 E 向负载供电，负载电压 $U_O=E$，负载电流 i_O 按指数曲线上升。

$t=t_1$ 时控制 V 关断，二极管 VD 续流，负载电压 U_O 近似为零，负载电流 i_O 呈指数曲线下降。

通常串接较大电感 L 使负载电流连续且脉动小。

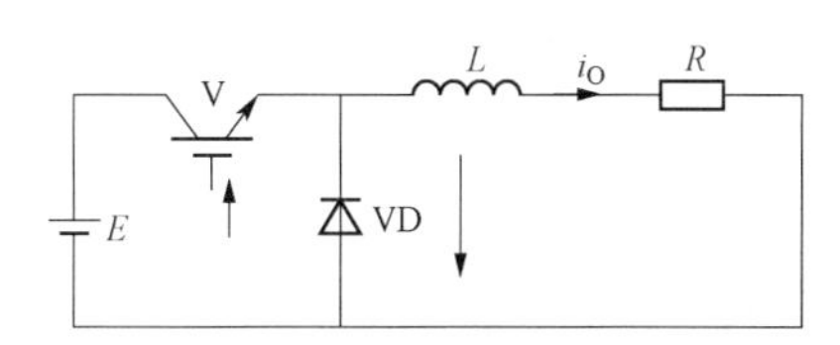

图 5-7　降压斩波电路主电路原理图

当电路工作稳定时，负载电流在一个周期的初值和终值相等，负载电压的平均值为

$$U_O=\frac{t_{on}}{t_{on}+t_{off}}E=\frac{t_{on}}{T}E=\alpha E \tag{5-9}$$

式中：t_{on}为 V 处于通态的时间，t_{off}为 V 处于断态的时间；T 为开关周期；α 为导通占空比，简称占空比或导通比。

负载电流的平均值为

$$I_O=\frac{U_O}{R} \tag{5-10}$$

若负载中 L 值较小，则在 V 关断后，到了 t_2 时刻，负载电流已衰减至零，会出现负载电流断续的情况。由波形可见，负载电压 U_O 平均值会被抬高，一般不希望出现电流断续的情况。

根据对输出电压平均值进行调制的方式不同，斩波电路可有三种控制方式：

（1）保持开关周期 T 不变，调节开关导通时间 t_{on}，称为脉冲宽度调制（PWM 调制），此种方式应用最多。

（2）保持开关导通时间 t_{on}不变，改变开关周期 T，称为频率调制。

（3）t_{on}和 T 都可调，改变占空比称为混合型调制。

5.3.3　升压斩波电路

升压斩波电路如图 5-8 所示，该电路也是使用一个全控型元件，电路的工作原理：首先假设电路中的电感 L 值很大，电容 C 值也很大，V 处于通态时，电源 E 向电感 L 充电，电流恒定 I_1，电容 C 向负载 R 供电，输出电压 U_O 恒定。V 处于断态时，电源 E 和电感 L 同时向电容 C 充电，并向负载提供能量。

其工作波形图如图 5-9 所示。

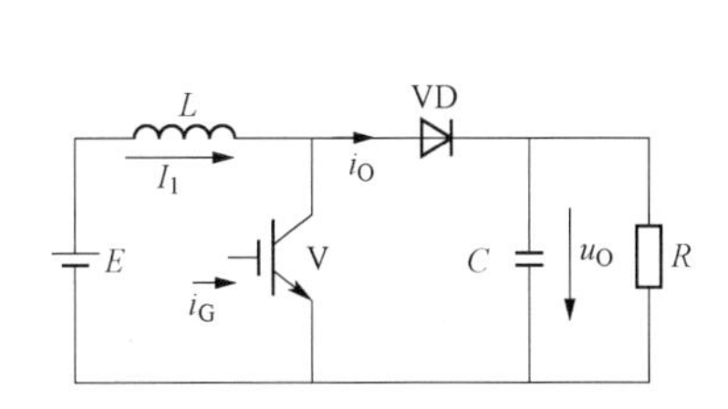

图 5-8　升压斩波电路图

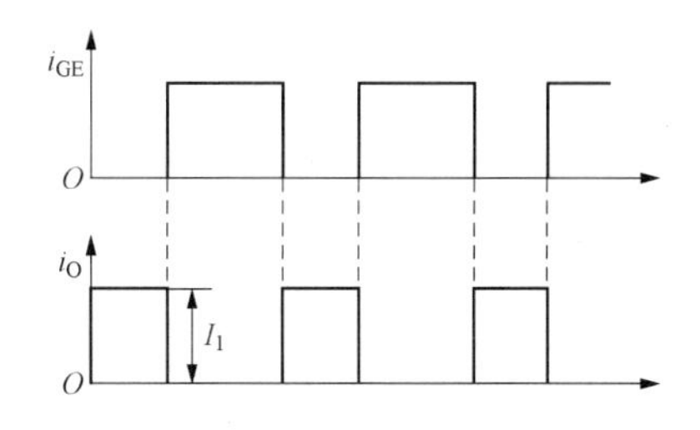

图 5-9　升压斩波电路工作波形

设 V 通态的时间为 t_{on}，此阶段 L 上积蓄的能量为 EI_1t_{on}

设 V 断态的时间为 t_{off}，则此期间电感 L 释放能量为 $(U_O-E)I_1t_{off}$

稳态时，一个周期 T 中 L 积蓄能量与释放能量相等，即

$$EI_1t_{on}=(U_O-E)I_1t_{off} \tag{5-11}$$

化简得

$$U_O=\frac{t_{on}+t_{off}}{t_{off}}E=\frac{T}{t_{off}}E \tag{5-12}$$

由于式（5-12）中的 $T/t_{off}>1$，输出电压高于电源电压，故称该电路为升压斩波电路。

式（5-12）表示升压比，调节其大小，即可改变输出电压 U_O 的大小。将升压比的倒数记作 β，即

$$\beta=\frac{t_{off}}{T} \tag{5-13}$$

则 β 和 α 关系为

$$\alpha+\beta=1 \tag{5-14}$$

因此上式可表示为

$$U_O=\frac{1}{\beta}E=\frac{1}{1-\alpha}E \tag{5-15}$$

升压斩波电路之所以能使输出电压高于电源电压，关键有两个原因：一是电感储能之后具有使电压泵升的作用，二是电容可将输出电压保持住。在以上分析中，认为 V 处于通态期间因电容的作用使得输出电压 U_O 不变，但实际上电容值不可能为无穷大，在此阶段其向负载放电，输出电压必然会有所下降，故实际输出电压会略低，不过在电容足够大时，误差很小，基本可以忽略。

5.3.4 升降压斩波电路

如图 5-10 所示为升降压斩波电路图，设电路中电感值很大，电容值也很大，使电感电流和电容电压即负载电压基本为恒值。

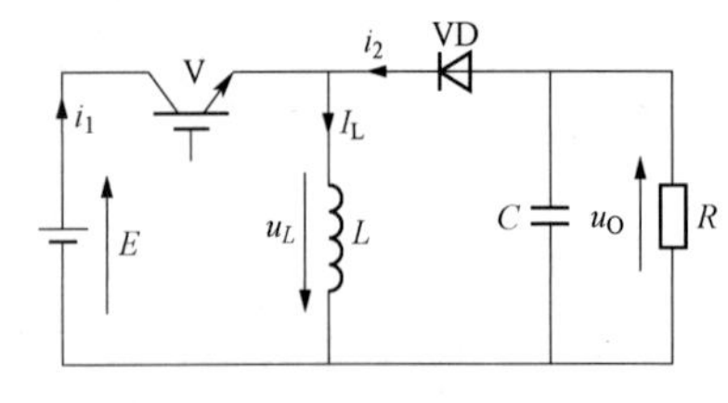

图 5-10 升降压斩波电路图

V 导通时，电源 E 经 V 向 L 供电使其储能，此时电流为 i_1。同时，C 维持输出电压恒定并向负载 R 供电。V 断开时，L 的能量向负载释放，电流为 i_2。可见负载电压极性为上负下正，与电源电压极性相反，该电路也称作反极性斩波电路。

如图 5-11 所示，稳态时，一个周期 T 内电感两端电压 u_L 对时间的积分为零，即

$$\int_0^T u_L \mathrm{d}t=0 \tag{5-16}$$

当 V 处于通态时 $u_L=E$，而当 V 处于断态时 $u_L=-u_O$，于是

$$Et_{on}=U_Ot_{off} \tag{5-17}$$

所以输出电压为

$$U_O=\frac{t_{on}}{t_{off}}E=\frac{t_{on}}{T-t_{on}}E=\frac{\alpha}{1-\alpha}E \tag{5-18}$$

可见，若改变导通比则可以传输出电压比电源电压高或比电源电压低，当 $0<\alpha<1/2$ 时为降压，当 $1/2<\alpha<1$ 时

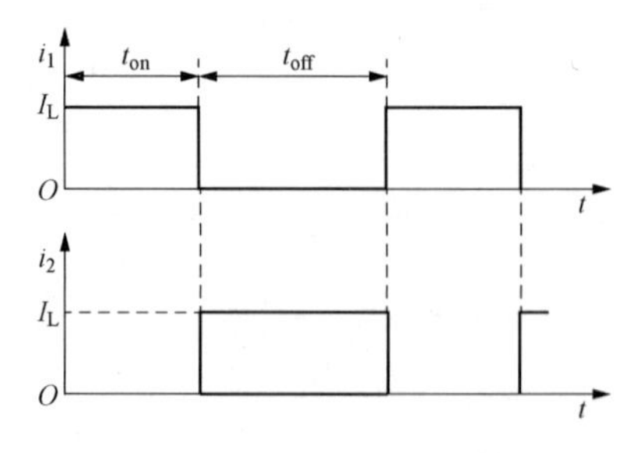

图 5-11 升降压斩波电路波形

为升压，故称作升降压斩波电路，也可称为 Boost - Buck 变换器。升降压斩波电路工作波形给出了电源电流 i_1 和负载电流 i_2 的波形，设两者的平均值分别为 I_1 和 I_2，当电流脉动足够小时，可知

$$\frac{I_1}{I_2}=\frac{t_{on}}{t_{off}} \tag{5-19}$$

由式（5 - 19）可得

$$I_2=\frac{t_{off}}{t_{on}}I_1=\frac{1-\alpha}{\alpha}I_1 \tag{5-20}$$

如果 V、VD 为没有损耗的理想开关，则

$$EI_1=U_0I_2 \tag{5-21}$$

其输出功率和输入功率相等，可将其看作直流变压器。

思政教学要点

长期以来，直流电机以其良好的线性特性、优异的控制性能等特点成为大多数变速运动控制和闭环位置伺服控制系统的最佳选择。特别随着计算机在控制领域和高开关频率、全控型第二代电力半导体器件中的发展，以及脉宽调制（PWM）直流调速技术的应用，直流电机得到广泛应用。从升压斩波器在直流电动机传动方面的应用入手，详细分析直流电动机的优缺点和应用领域，直流电动机在制造业有着十分重要的地位，从中国制造到中国创造再到智能制造，以大国工匠的成长为例，培养学生敢于创新、勇于开拓进取的精神。

直流斩波电路原理实验

1. 实验目的

（1）加深理解斩波器电路的工作原理。

（2）掌握斩波器主电路、触发电路的调试步骤和方法。

（3）熟悉斩波器电路各点的电压波形。

2. 实验所需挂件及附件

序号	型号	备注
1	DJK01 电源控制屏	该控制屏包含“三相电源输出”等几个模块
2	DJK05 直流斩波电路	该挂件包含触发电路及主电路两个部分
3	DJK06 给定及实验元件	该挂件包含“给定”等模块
4	D42 三相可调电阻	—
5	双踪示波器	自备
6	万用表	自备

3. 实验线路及原理

本实验采用脉宽可调的晶闸管斩波器，主电路如图 5 - 12 所示。其中 V1 为主晶闸管，V2 为辅助晶闸管，C 和 L_1 构成振荡电路，它们与 VD2、VD1、L_2 组成 V1 的换流关断电路。当接通电源时，C 经 L_1、VD1、L_2 及负载充电至 $+U_{d0}$，此时 V1、V2 均不导通，当主

脉冲到来时，V1导通，电源电压将通过该晶闸管加到负载上。当辅助脉冲到来时，V2导通，C通过V2、L_1放电，然后反向充电，其电容的极性从$+U_{d0}$变为$-U_{d0}$，当充电电流下降到零时，V2自行关断，此时V1继续导通。V2关断后，电容C通过VD1及V1反向放电，流过V1的电流开始减小，当流过V1的反向放电电流与负载电流相同的时候，V1关断；此时，电容C继续通过VD1、L_2、VD2放电，然后经L_1、VD1、L_2及负载充电至$+U_{d0}$，电源停止输出电流，等待下一个周期的触发脉冲到来。VD3为续流二极管，为反电动势负载提供放电回路。

从以上斩波器工作过程可知，控制V2脉冲出现的时刻即可调节输出电压的脉宽，从而可达到调节输出直流电压的目的。V1、V2的触发脉冲间隔由触发电路确定。

实验接线如图5-13所示，电阻R用D42三相可调电阻，用其中一个900Ω的电阻；励磁电源和直流电压、电流表均在控制屏上。

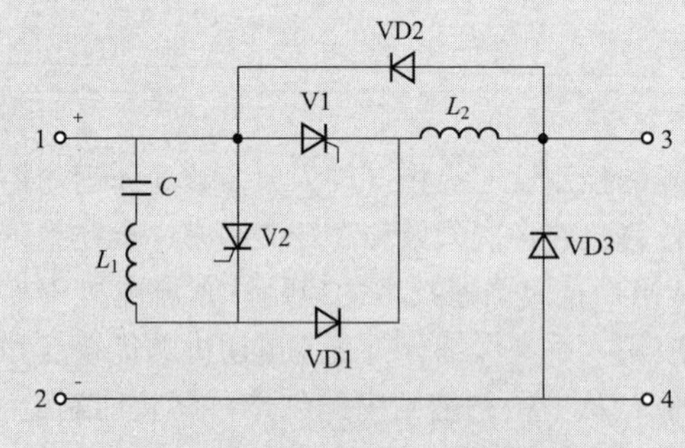

图5-12 斩波主电路原理图

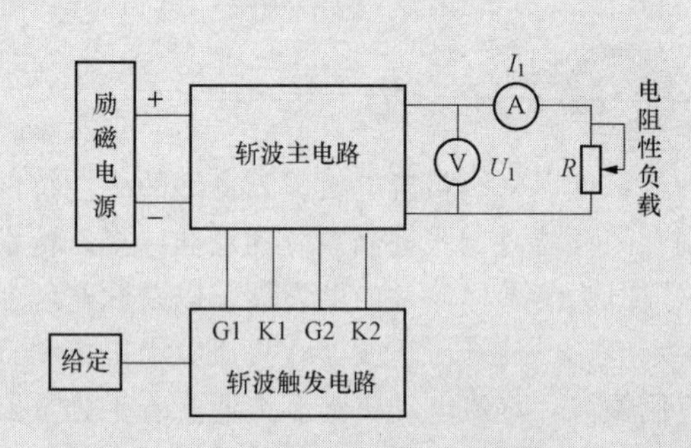

图5-13 直流斩波器实验线路图

4. 实验内容

(1) 直流斩波器触发电路调试。

(2) 直流斩波器接电阻性负载。

(3) 直流斩波器接电阻电感性负载（选做）。

5. 思考题

(1) 直流斩波器有哪几种调制方式？本实验中的斩波器为何种调制方式？

(2) 本实验采用的斩波器主电路中电容C起什么作用？

6. 实验方法

(1) 斩波器触发电路调试。调节DJK05面板上的电位器R_{P1}、R_{P2}，R_{P1}调节锯齿波的上下电平位置，R_{P2}为调节锯齿波的频率。先调节R_{P2}，将频率调节到200～300Hz，然后在保证三角波不失真的情况下，调节R_{P1}为三角波提供一个偏置电压（接近电源电压），使斩波主电路工作的时候有一定的起始直流电压，供晶闸管一定的维持电流，保证系统能可靠工作，将DJK06上的给定接入，观察触发电路的第二点波形，增加给定，使占空比从0.3调到0.9。

(2) 斩波器带电阻性负载。

1) 按图5-13实验线路接线，直流电源由电源控制屏上的励磁电源提供，接斩波主电路（要注意极性），斩波器主电路接电阻负载，将触发电路的输出G1、K1、G2、K2分别接至V1、V2的门极和阴极。

2) 用示波器观察并记录触发电路的G1、K1、G2、K2波形，并记录输出电压U_d及晶闸管两端电压U_{V1}的波形，注意观测各波形间的相对相位关系。

3) 调节DJK06上的“给定”值，观察在不同τ（主脉冲和辅助脉冲的间隔时间）时U_d的波形，并记录相应的U_d和τ值，从而画出$U_d=f(\tau/T)$的关系曲线，其中τ/T为占空比。

τ						
U_d						

（3）斩波器带电阻电感性负载（选做）。要完成该实验，需加一电感。关断主电源后，将负载改接成电阻电感性负载，重复上述电阻性负载时的实验步骤。

7. 实验报告

（1）整理并画出实验中记录下的各点波形，画出不同负载下 $U_d=f(\tau/T)$ 的关系曲线。

（2）讨论、分析实验中出现的各种现象。

8. 注意事项

（1）触发电路调试好后，才能接主电路实验。

（2）将 DJK06 上的“给定”与 DJK05 的公共端相连，以使电路正常工作。

（3）负载电流不要超过 0.5A，否则容易造成电路失控现象。

（4）当斩波器出现失控现象时，请首先检查触发电路参数设置是否正确，确保无误后将直流电源的开关重新打开。

5.4　必备知识三：开关电源的控制方式

通常使用的开关电源都是基于 PWM 的调制方式，PWM 控制技术主要分为两种：一种是电压模式 PWM 控制技术，另一种是电流模式 PWM 控制技术。

1. 电压模式 PWM 控制器

开关电源最初采用的是电压模式 PWM 技术，基本工作原理如图 5－14 所示。输出电压 V_O 与基准电压相比较后得到误差信号 V_{error}。此误差电压与锯齿波发生器产生的锯齿波信号进行比较，由 PWM 比较器输出占空比变化的矩形波驱动信号，这就是电压模式 PWM 控制技术的工作原理。由于此系统是单环控制系统，最大的缺点是没有电流反馈信号。由于开关电源的电流都要流经电感，因此相应的电压信号会有一定的延迟。然而对于稳压电源来说，需要不断地调节输入电流，以适应输入电压的变化和负载的需求，从而达到稳定输出电压的目的。因此，仅采用采样输出电压的方法是不够的，其稳压响应速度慢，甚至在大信号变化时，会因为产生振荡而造成功率开关管的损坏等故障发生，这是电压模式 PWM 控制技术的最大不足之处。

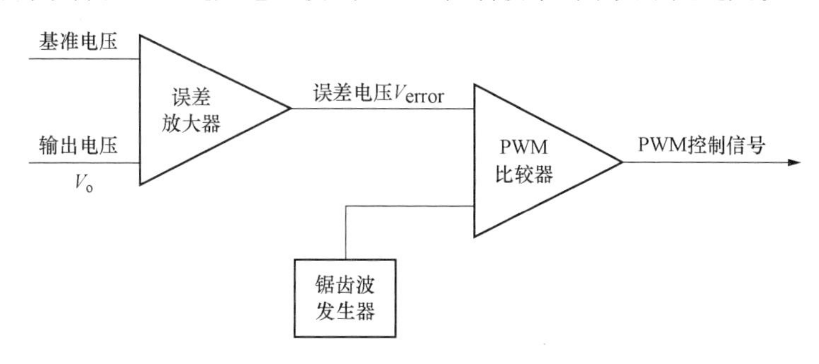

图 5－14　电压模式 PWM 控制技术原理

2. 电流模式 PWM 控制器

电流模式 PWM 控制技术是针对电压模式 PWM 控制技术的缺点发展起来的。电流模式

PWM 控制是在 PWM 比较器的输入端直接用输出电感电流检测信号与误差放大器的输出信号进行比较，实现对输出脉冲占空比的控制，使输出电感的峰值电流跟随误差电压变化。这种控制方式可以有效地改善开关电源的电压调整率和电流调整率，也可以改善整个系统的瞬态响应。电流模式 PWM 控制技术的工作原理如图 5 - 15 所示。

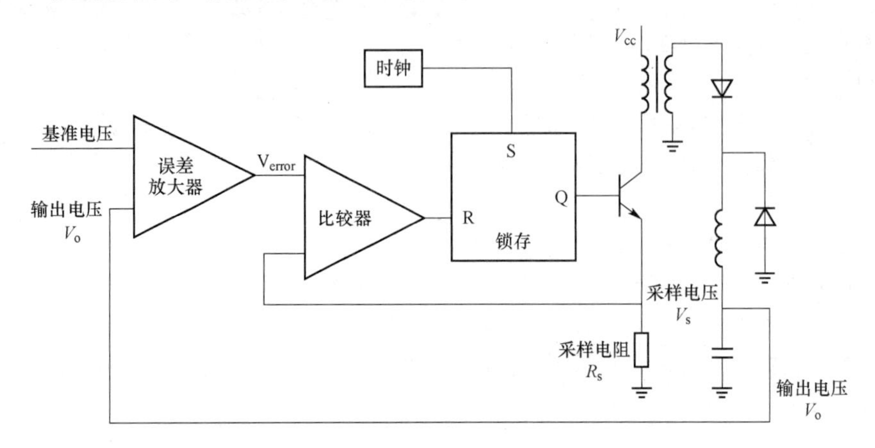

图 5 - 15　电流模式 PWM 控制技术的工作原理

电流模式 PWM 控制技术主要分为峰值电流控制技术和平均电流控制技术，这两种控制技术检测并反馈的是一个导通周期内电流变化的峰值和平均值。

（1）峰值电流控制技术：峰值电流控制是直接控制峰值输出侧电感电流的大小，然后间接地控制 PWM 的脉冲宽度。因为峰值电感电流容易检测，而且在逻辑上与平均电感电流大小变化一致。但是，峰值电感电流的大小不能与平均电感电流的大小一一对应，因为在占空比不同的情况下，相同的峰值电感电流可以对应不同的平均电感电流，而平均电感电流的大小才是决定输出电压大小的唯一因素。当系统 PWM 占空比 $D>50\%$时，固定频率峰值电流模式控制存在着固有的开环不稳定现象，需要引入适当的斜坡补偿，去除不同占空比对平均电感电流大小的扰动，使得所控的峰值电感电流最后收敛于平均电感电流。当外加斜坡补偿信号的斜率增加到一定程度时，峰值电流模式控制就会转化为电压模式控制。因为若将斜坡补偿信号完全用振荡电路中的三角波代替，就成为电压模式控制，只不过此时的电流信号可以认为是一种电流前馈信号。峰值电流模式控制是双环控制系统（电压外环、电流内环），电流内环是瞬时快速按照逐个脉冲工作的。在该双环控制中，电流内环只负责输出电感的动态变化，因而电压外环仅需控制输出电压，不必控制储能电路。因此，峰值电流模式控制具有比电压模式控制带宽的大得多。

（2）平均电流控制技术：平均电流控制需要检测电感电流、电感电流检测信号与给定的 V_{error}。进行比较后，经过电流调节器生成控制信号 V_C，V_C 再与锯齿波调制信号进行比较，产生 PWM 脉冲。电流调节器一般采用 PI 型补偿网络，并可以滤除采样信号中的高频分量。

峰值电流控制技术的特点是方便、快速，但是需要稳定性补偿；平均电流控制技术的特点是稳定可靠，但是响应速度较慢，而且控制起来也比较复杂。因此，在实际应用中，峰值电流控制模式比平均电流控制模式应用更普遍。

随着电子信息产业的飞速发展和对节能要求的不断提高，现代开关电源的应用日益广泛，发展迅速。开关电源技术结合了开关变换器理论，集成电路和功率半导体技术的先进成果。随

着电压型逆变器在高性能电力电子装置，如交流传动、不间断电源和有源滤波器的应用越来越广泛，PWM控制技术作为这些系统的共用及核心技术，引起人们的高度重视，并得到深入研究。所谓PWM技术就是利用半导体器件的开通和关断把直流电压变成一定形状的电压脉冲序列，来实现频率、电压控制和消除谐波的一门技术。自关断器件的发展为PWM技术铺平了道路，目前几乎所有的变频调速装置均采用这一技术。PWM技术用于变频器的控制，可以明显改善变频器的输出波形，降低电动机的谐波损耗，并减小转矩脉动，同时还简化了逆变器的结构，加快了调节速度，提高了系统的动态响应性能。PWM技术突破传统的相控变流技术，以系列脉冲宽度进行调制来等效获得所需要的波形，在电源变化技术中具有划时代的意义。课程讲授过程通过讨论PWM控制芯片的制造现状，引导学生增强危机意识，责任担当，激发学生勇于创新，为提升我国高科技自主研发能力贡献一份力量的决心，激发学生爱国强国的家国情怀。

5.5 必备知识四：软开关技术

根据开关元件的工作状态，可以把开关分成硬开关和软开关两类。硬开关是指开关元件在导通和关断过程中，流过元件的电流和元件两端的电压在同时变化；软开关是指开关元件在导通和关断过程中，电压或电流之一先保持为零，一个量变化到正常值后，另一个量才开始变化，直至导通或关断过程结束。由于硬开关工作过程中会产生较大的开关损耗和开关噪声，开关损耗随着开关频率的提高而增加，使电路效率下降，阻碍了开关频率的提高；开关噪声给电路带来了严重的电磁干扰问题，影响周边电子设备的正常工作。为了降低开关的损耗和提高开关频率，软开关的应用越来越多。

5.5.1 软开关的原理

软开关是与硬开关相对应的。硬开关是在控制电路的开通和关断过程中，电压和电流的变化剧烈，产生较大的开关损耗和噪声，开关损耗随着开关频率的提高而增加，使电路效率下降。软开关是在硬开关电路的基础上，增加小电感、电容等谐振元件，构成辅助换流网络，在开关过程前后引入谐振过程，开关在其两端的电压为零时导通；或使流过开关的电流为零时关断，使开关条件得以改善，降低传统硬开关的开关损耗和开关噪声，从而提高了电路的效率。软开关包括软开通和软关断。理想的软开通过程是：电压先下降到零后，电流再缓慢上升到通态值，所以开通时不会产生损耗和噪声，软开通的开关称为零电压开关。理想的软关断过程是：电流下降到零后，电压再缓慢上升到通态值，所以关断时不会产生损耗和噪声，软关断的开关称为零电流开关。软开关的开关过程如图5-16所示。

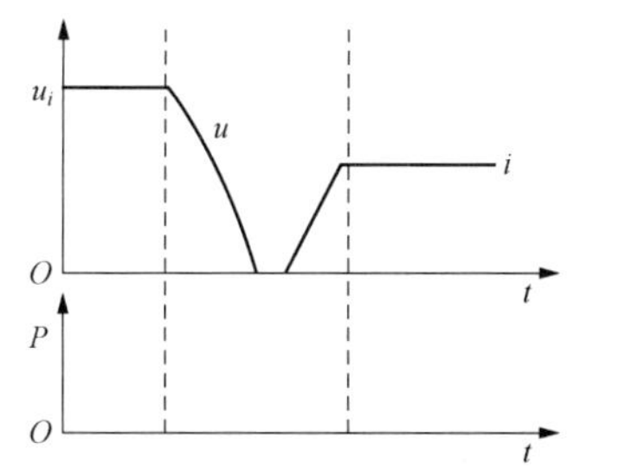

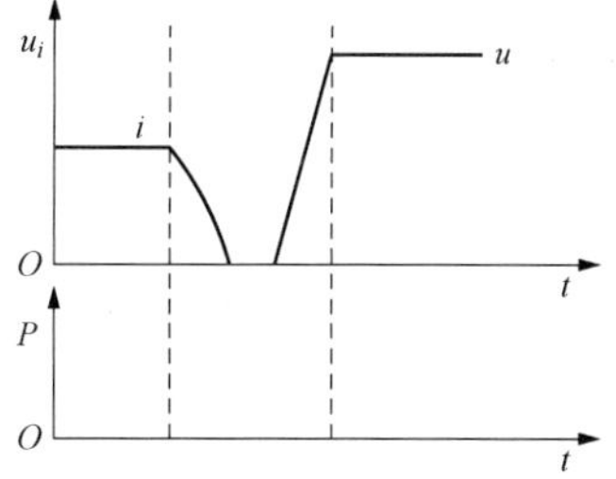

图5-16 软开关的开关过程

5.5.2 软开关的分类

根据开关元件开通和关断时电压、电流状态，软开关可分为零电压开关和零电流开关两大类。根据软开关技术发展的历程可以将软开关电路分成零电压开关、零电流开关、准谐振电路、零开关 PWM 电路和零转换 PWM 电路。

（1）零电压开关。

1）零电压开通：开关开通前其两端电压为零，开通时不会产生损耗和噪声。

2）零电压关断：与开关并联的电容能降低开关关断后电压上升的速率，从而降低关断损耗。

（2）零电流开关。

1）零电流关断：开关关断前其电流为零，关断时不会产生损耗和噪声。

2）零电流开通：与开关串联的电感能降低开关开通后电流上升的速率，降低了开通损耗。

（3）准谐振电路。准谐振电路中电压或电流的波形为正弦半波，因此称为准谐振，是最早出现的软开关电路。其电压峰值很高，要求元件耐压必须提高；谐振电流有效值很大，电路中存在大量无功功率的交换，电路导通损耗加大；谐振周期随输入电压、负载变化而改变，因此电路只能采用脉冲频率调制（pulse frequency modulation，PFM）方式来控制。准谐振电路可分类为零电压开关准谐振电路、零电流开关准谐振电路、零电压开关多谐振电路、用于逆变器的谐振直流环节电路。其拓扑图如图 5-17～图 5-19 所示。

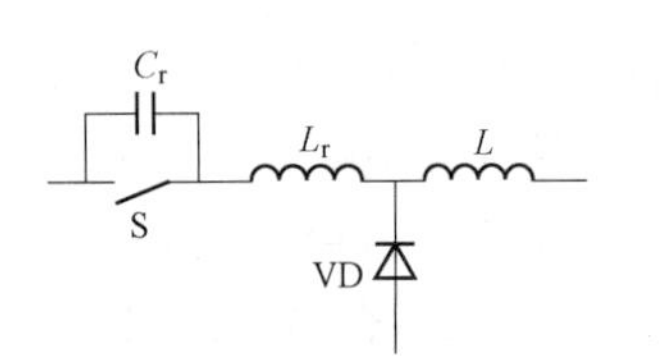

图 5-17　零电压开关准谐振电路

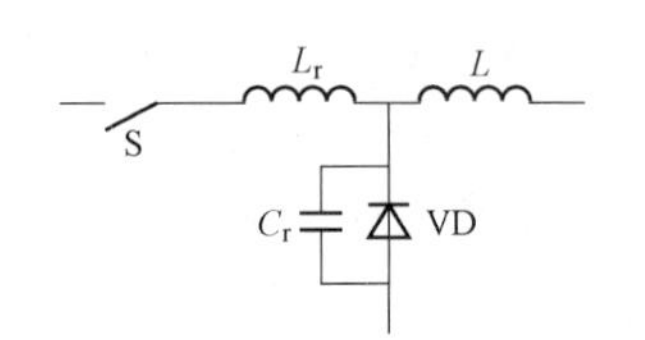

图 5-18　零电流开关准谐振电路

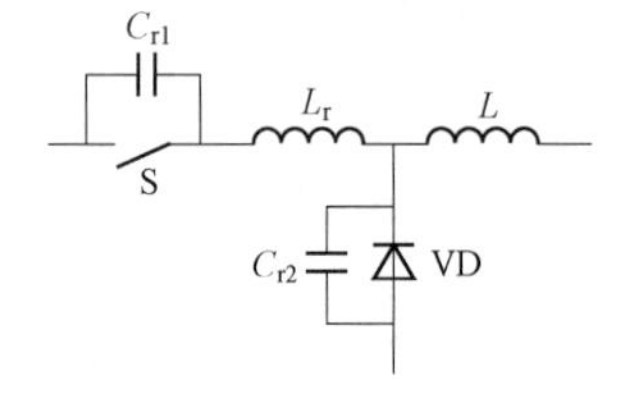

图 5-19　零电压开关多谐振电路

（4）零开关 PWM 电路：引入了辅助开关来控制谐振的开始时刻，使谐振仅发生于开关过程前后。其电路在很宽的输入电压范围内和从零负载到满负载都能工作在软开关状态；电路中无功功率的交换被削减到最小，这使得电路效率有了进一步提高。零开关 PWM 电路可分类为零电流开关 PWM 电路、零电压开关 PWM 电路。其拓扑图如图 5-20、图 5-21 所示。

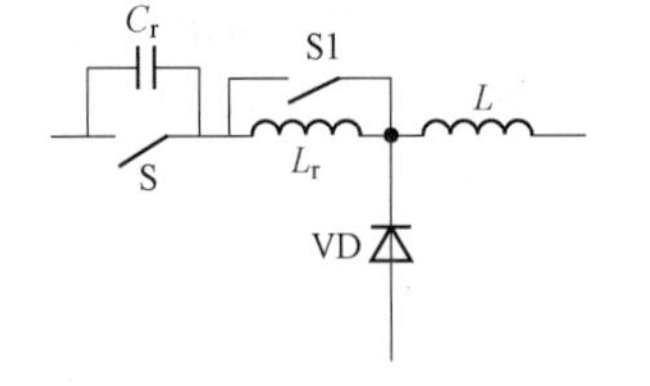

图 5-20　零电压开关 PWM 电路

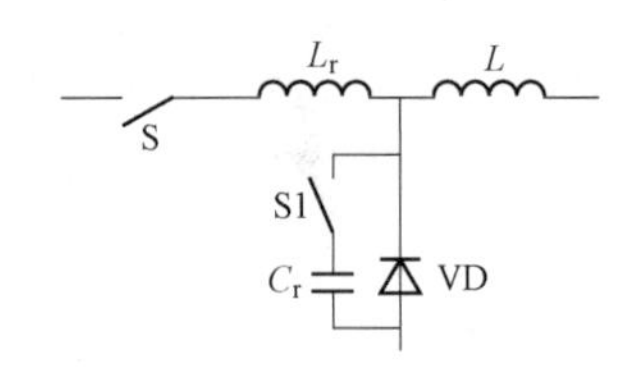

图 5-21　零电流开关 PWM 电路

（5）零转换 PWM 电路：采用辅助开关控制谐振的开始时刻，但谐振电路是与主开关并联的。其特点为电路在很宽的输入电压范围内和从零负载到满负载都能工作在软开关状态；电路中无功功率的交换被削减到最小，这使得电路效率有了进一步提高。零转换 PWM 电路可分为零电压转换 PWM 电路、零电流转换 PWM 电路。其拓扑图如图 5-22、图 5-23 所示。

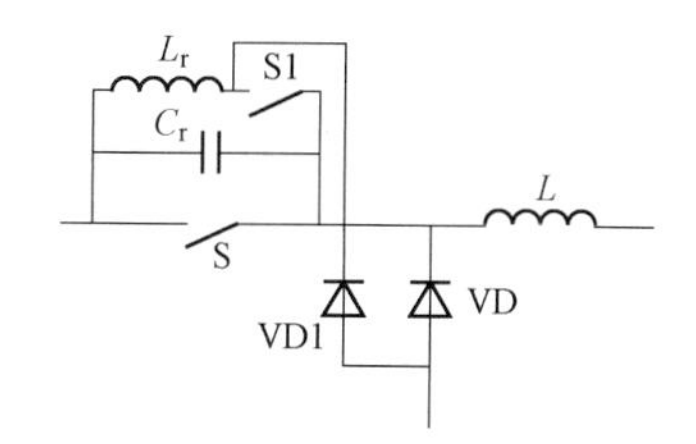

图 5-22 零电压转换 PWM 电路

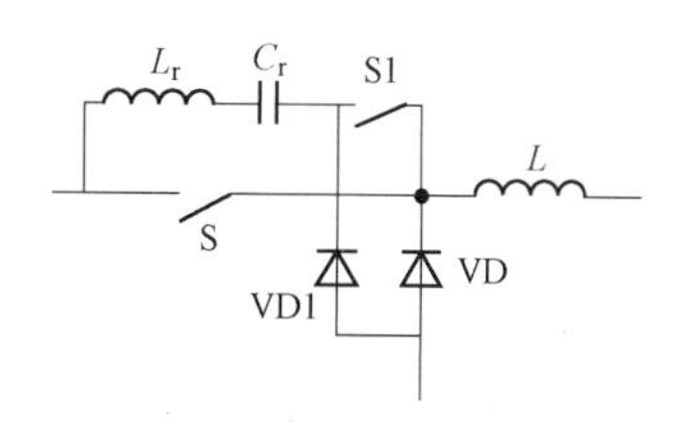

图 5-23 零电流转换 PWM 电路

5.5.3 几种典型的软开关电路

1. 零电压开关准谐振电路

以降压型为例分析工作原理，如图 5-24 所示，假设电感 L 和电容 C 很大，可等效为电流源和电压源，并忽略电路中的损耗。

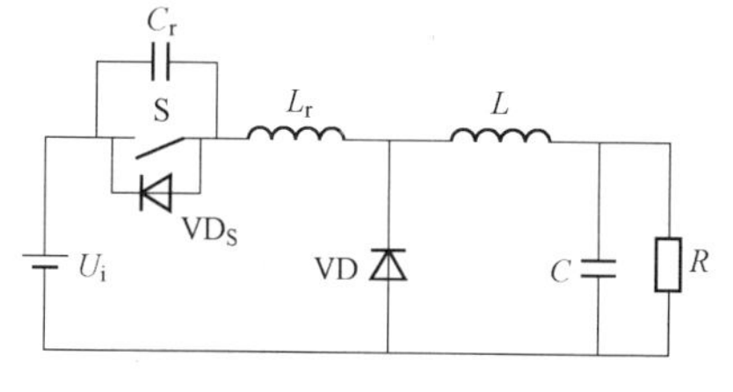

图 5-24 零电压开关准谐振电路原理图

其工作过程如图 5-25 所示。选择开关 S 关断时刻为分析的起点。$t_0 \sim t_1$ 时段：t_0 之前，开关 S 为通态，二极管 VD 为断态，$U_{Cr}=0$，$i_{Lr}=I_L$，t_0 时刻 S 关断，与其并联的电容 C_r 使 S 关断后电压上升减缓，因此 S 的关断损耗减小。S 关断后，VD 尚未导通。电感 L_r 和 L 向 C_r 充电，U_{Cr}线性上升，同时 VD 两端电压 U_{VD}逐渐下降，直到 t_1 时刻，$U_{VD}=0$，VD 导通。这一时段 U_{Cr}的上升率为$\frac{du_{Cr}}{dt}=\frac{I_L}{C_r}$。$t_1 \sim t_2$ 时段：t_1 时刻二极管 VD 导通，电感 L 通过 VD 续流，C_r、L_r、U_i 形成谐振回路。t_2 时刻，i_{Lr}下降到零，U_{Cr}达到谐振峰值。$t_2 \sim t_3$ 时段：t_2 时刻后，C_r 向 L_r 放电，直到 t_3 时刻，$U_{Cr}=U_i$，i_{Lr}达到反向谐振峰值。$t_3 \sim t_4$ 时段：t_3 时刻以后，L_r 向 C_r 反向充电，U_{Cr}继续下降，直到 t_4 时刻 $U_{Cr}=0$。$t_4 \sim t_5$ 时段：U_{Cr} 被钳位于零，i_{Lr}线性衰减，直到 t_5 时刻，$i_{Lr}=0$。由于此时开关 S 两端电压为零，所以必须在此时开通 S，才不会产生开通损耗。$t_5 \sim t_6$ 时段：S 为通态，i_{Lr}线性上升，直到 t_6 时刻，$i_{Lr}=I_L$，VD 关断。$t_6 \sim t_0$ 时段：S 为通态，VD 为断态。

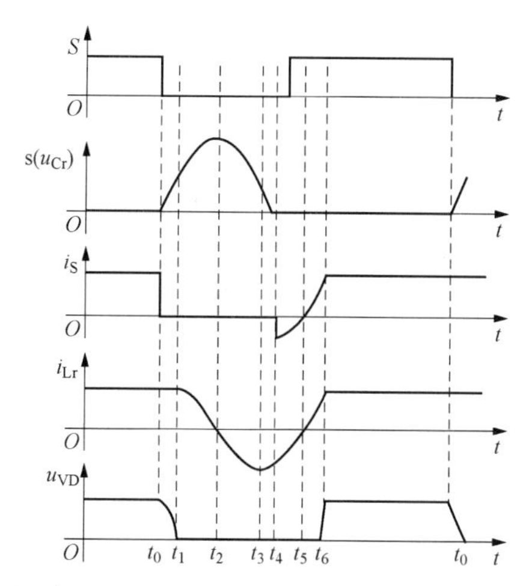

图 5-25 零电压开关准谐振电路的理想波形

零电压开关准谐振电路的缺点是谐振电压峰值将高于输入电压 U_i的 2 倍，增加了对开关元件耐压的要求。

2. 谐振直流环电路

谐振直流环电路应用于交流—直流—交流变换电路的中间直流环节（DC-Link），原理图如图 5-26 所示。通过在直流环节中引入谐振，使电路中的整流或逆变环节工作在软开关的条件下。由于电压型逆变器的负载通常为感性，而且在谐振过程中逆变电路的开关状态是不变的，因此分析时可将电路等效为图 5-27 所示电路。

其工作过程如图 5-28 所示。$t_2 \sim t_3$ 时段：U_{Cr}向 L_r 和 L 放电，i_{Lr}降低，到零后反向，直到 t_3 时刻 $U_{Cr}=U_i$。$t_3 \sim t_4$ 时段：t_3 时刻，i_{Lr}达到反向谐振峰值，开始衰减，U_{Cr}继续下降，t_4 时刻，$U_{Cr}=0$，S 的反向并联二极管 VD_S 导通，U_{Cr}被钳位于零。$t_4 \sim t_0$ 时段：S 导通，电流 i_{Lr}线性上升，直到 t_0 时刻，S 再次关断。

谐振直流环电压谐振峰值很高，增加了对开关元件耐压的要求。

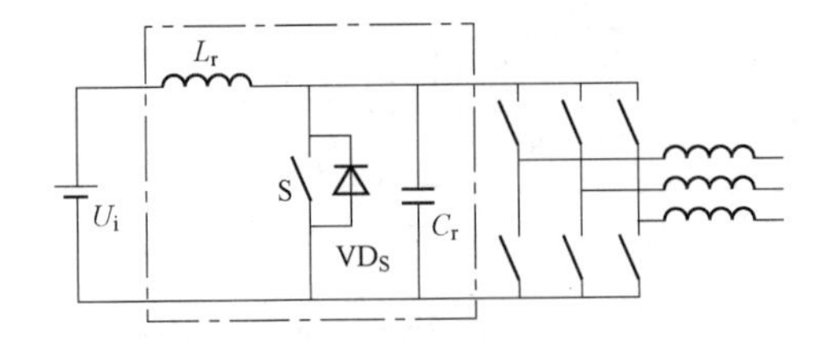

图 5-26　谐振直流环电路原理图

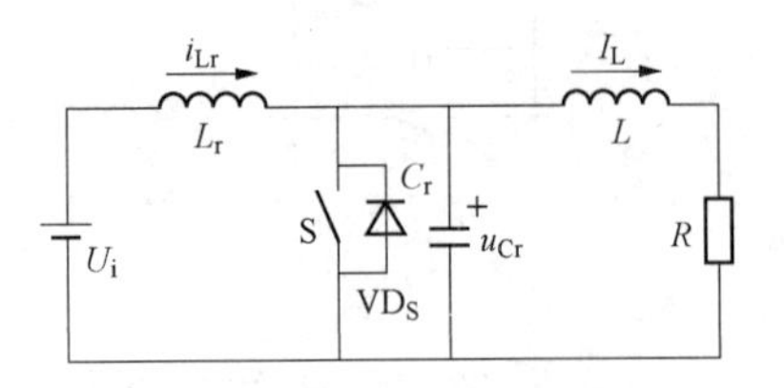

图 5-27　谐振直流环电路的等效电路

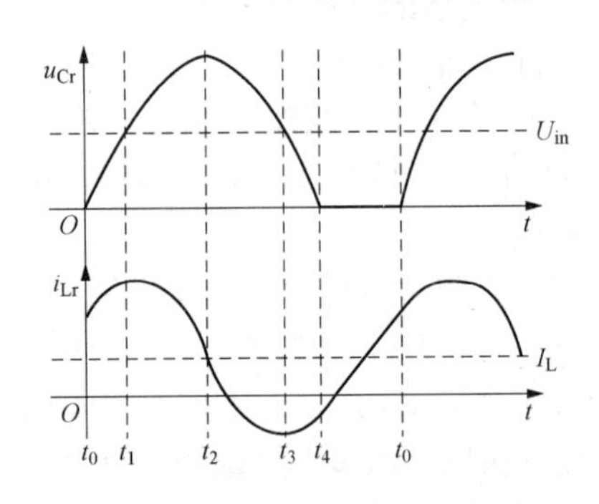

图 5-28　谐振直流环电路的理想化波形

5.6 开关电源电路设计

5.6.1 开关电源的基本原理

开关电源是利用现代电力电子技术，控制开关晶体管的开通和关断的时间比率，维持稳定输出电压的一种电源，简单结构如图 5-29 所示。

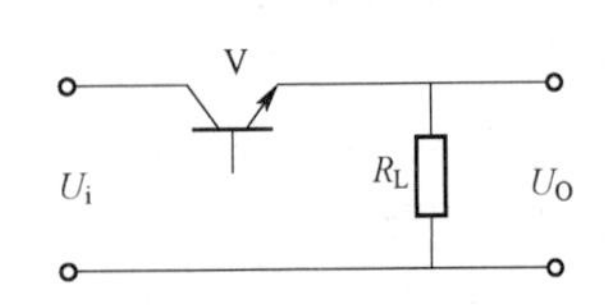

图 5-29　开关电源基本电路

开关晶体管 V 串联在输入电压 U_i 和输出电压 U_O 之间，当晶体管 V 的基极输入开关脉冲信号时，V 则被周期性地开关，即轮流交替处于饱和导通与截止。假定 V 为理想开关，则 V 饱和导通时基极、发射极之间的压降近似为零，输入电压 U_i 经 V 加至输出端；反之，在 V 截止期间，输出为零。V 经周期性开关后在输出端得到脉冲电压，且经滤波电路可得到其平均直流电压，输出电压如式（5-22）所示。

$$U_O = U_i \frac{T_{on}}{T} = U_i D \tag{5-22}$$

式中：T_{on}为开关导通时间；T 为开关周期；D 为占空比。

由此可见，开关稳压电源可以通过改变开关脉冲占空比，即开关导通时间 T_{on}来控制输出直流电压值。

5.6.2 开关电源电路设计

1. 技术要求

（1）输入电压：交流 220×(1±10%)U。

（2）纹波电压 U_p：0.5V。

（3）输出电压 U_O：15V。

（4）输出波动电流 I_p：±0.1A。

（5）输出电流 I_O：10A。

（6）占空比 $D_{max}=0.42$。

2. 方案设计

开关电源采用模块化的设计思想。由于其设计比较复杂，因此要把它分解成多个基本模块设计。开关电源是由输入整流与滤波电路、高频变压电路、整流续流与滤波电路、稳压恒流电路、保护电路、反馈电路、控制电路及电力场效应管组成。输入整流滤波电路作用是对电网谐波进行滤波，并通过整流得到需要的直流电压。高频变压器起到隔离、变压、储能、变流等作用。稳压恒流输出电路目的是为负载提供一个恒值电流。反馈电路可以是电压反馈，也可以是电流反馈，通过输出端取样的电流或电压值与控制器基准电流或电压值相比较，起到反馈传递作用。控制器是根据反馈电路的信息再调整电路的电流电压输出，使输出电流尽可能达到一个稳定值。电力场效应管由控制器 PWM 控制导通时间，调节脉冲宽度来改变占空比大小。

3. 电路设计

根据设计任务要求及方案设计，开关电源控制电路结构框图如图 5-30 所示。原理图如图 5-31 所示。

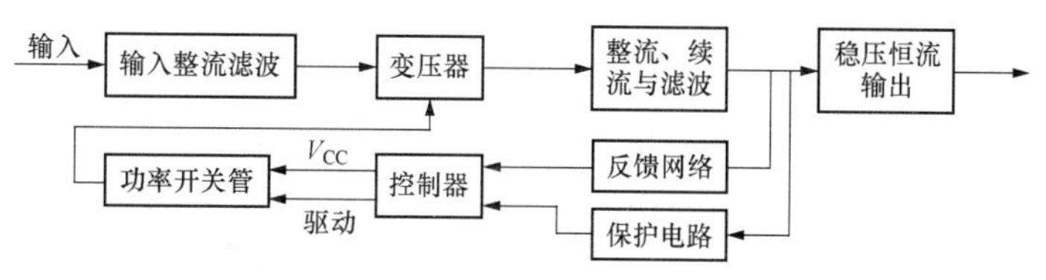

图 5-30 开关电源结构框图

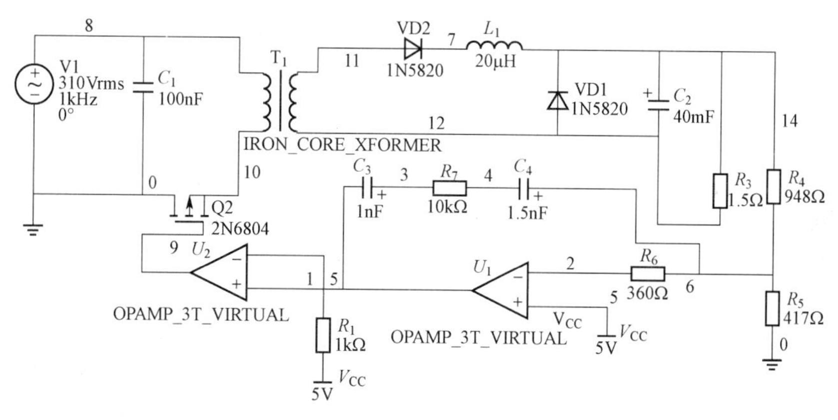

图 5-31 开关电源原理图

习 题 五

5-1 什么是直流斩波器？

5-2 直流斩波器有哪几种控制方式？最常用的控制方式是什么？

5-3 简述电力场效应管的工作原理？

情境六　电力电子技术在电力系统中的应用

电力电子技术是利用电力电子元件对电能进行变换和控制的技术，是电力技术、电子技术和控制技术的融合。在大功率电力电子技术应用之前，电网采用传统的机械式控制方法，具有响应速度慢、不能频繁动作、控制功能离散的局限性。大功率电力电子技术具有更快的响应速度，更好的可控性和更强的控制功能，为智能电网的快速联系、灵活控制提供了有效的技术手段。在电力系统中应用的大功率电力电子技术，主要包括高压直流输电（High Voltage Direct Current Transmission，HVDC）、基于电压源换流器（Voltage Source Converter，VSC）的柔性高压直流输电（VSC - HVDC）、柔性交流输电系统（Flexible Alternating Current Transmission System，FACTS）、定制电力（Custom Power，CP）等。FACTS装置主要包括静止无功补偿器（Static Var Compensator，SVC）、晶闸管控制串联电容器（Thyristor Controlled Series Capacitor，TCSC）、故障电流限制器（Fault Current Limiter，FCL）、可控并联电抗器（Controllable Shunt Reactor，CSR）、静止同步补偿器（Static Synchronous Compensator，STATCOM）、静止同步串联补偿器（Static Synchronous Series Compensator，SSSC）、统一潮流控制器（Unified Power Flow Controller，UPFC）、线间潮流控制器（Interline Power Flow Controller，IPFC）及可转换静止补偿器（Convertible Static Compensator，CSC）等，定制电力装置主要包括用于配电系统的静止同步补偿器（DSTATCOM）、动态电压恢复器（Dynamic voltage Restorer，DVR）、有源电力滤波器（Active Power Filter，APF）、固态切换开关（Solid State Transfer Switch，SSTS）及统一电能质量控制器（Unified Power Quality Controller，UPQC）等。

6.1　学习目标及任务

1. 学习目标

通过对电力系统中典型电力电子功率装置的学习，学生要掌握典型电力电子装置的基本结构、工作原理，并能够理解电力电子技术在输电、配电领域的发展方向。

（1）掌握 HVDC、VSC - HVDC 的基本结构与工作原理。

（2）了解典型 FACTS 装置结构和功能，能识别不同结构及用途的 FACTS 装置。

（3）掌握静止无功补偿器 SVC、晶闸管控制串联电容补偿器 TCSC、可控并联电抗器 CSR、静止同步无功补偿器 STATCOM 的结构与工作原理。

（4）了解静止同步串联补偿器 SSSC 的结构与工作原理。

（5）了解和熟悉统一潮流控制器 UPFC 的结构与工作原理。

2. 学习任务

（1）绘制 HVDC、SVC、CSR 的一次结构示意图，列写公式推导及分析过程。

（2）绘制静止同步无功补偿器 STATCOM 的一次结构示意图和相量补偿原理图、分析推导 STATCOM 的无功补偿原理。

6.2　必备知识一：高压直流输电技术

在电力工业的萌芽阶段，以爱迪生（Thomas Alva Edison，1847—1931）为代表的直流派主张整个电力系统从发电到输电都采用直流；以西屋公司（George Westinghouse，1846—1914）为代表的交流派则主张发电和输电都采用交流。由于多台交流发电机同步运行问题的解决及变压器、三相感应电动机的发明和完善，交流系统在经济技术上的优越性逐渐显著，因此取得了主导地位。在发电和变压问题上，交流有明显的优越性，而在远距离输电领域，人们重新审视直流输电，其具备一定优势，主要有三点：①由于交流系统的同步稳定性问题，大容量长距离输送电能将使建设输电线路的投资大大增加。当输电距离足够长时，直流输电的经济性将优于交流输电。直流输电的经济性主要取决于换流站的造价。随着电力电子技术的进步，直流输电技术的关键元件换流阀的耐压值和过电流量大大提高，造价大幅降低。②由于现代控制技术的发展，直流输电通过对换流器的控制可以快速地调整直流线路上的功率（时间为毫秒级），从而提高交流系统的稳定性。③直流输电线路可以连接两个不同步或频率不同的交流系统。因而当数个大规模区域电力系统既要实现联网，又要保持各自的相对独立时，采用直流线路或背靠背直流系统进行连接是目前控制技术条件下最方便的方法。

6.2.1　高压直流输电（HVDC）

高压直流输电技术通常包括常规高压/特高压直流输电技术、柔性直流输电技术和其他新型直流输电技术等。高压/特高压直流输电是构成坚强电网骨干网架和进行电力大规模远距离传输的重要方式。它具有稳定性好、控制灵活、输送距离远、输送容量大、损耗低、占地省等优点。常规高压/特高压直流输电系统结构如图 6 - 1 所示，送端系统通过换流站 A 将交流电整流成直流电，远程传输到换流站 B，逆变出三相交流电接入受端系统。HVDC 的换流站由换流变压器、晶闸管换流器（整流器和逆变器）、平波电抗器等组成。改变晶闸管阀的触发角，就可以使换流器在整流状态（称整流器）和逆变状态（称逆变器）间变化。

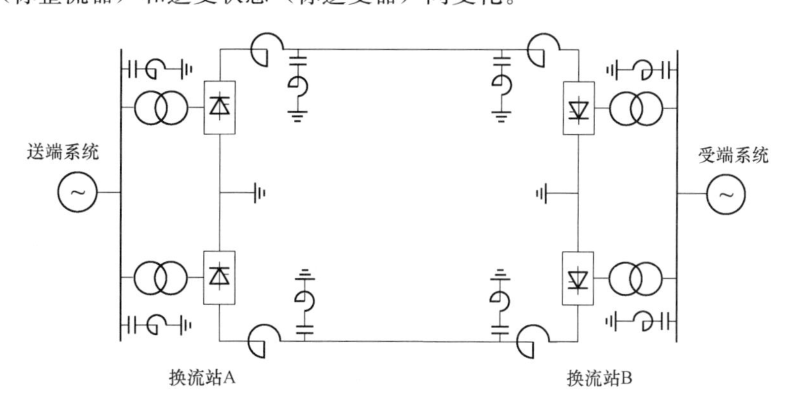

图 6 - 1　常规高压/特高压直流输电系统结构图

与传统高压输电相比，高压直流输电的线路成本较低，换流站成本较交流高压变电站更高，由于距离越远，越能凸显其线路成本的优越性，因此在超远距离输电时，具备更好的经济性。目前我国换流站中大多采用 6 英寸晶闸管换流阀、大容量变压器和大通流能力的直流场设备，电压达到±800kV 和±1000kV，输电能力分别达到±500kV 高压直流的 2.5 倍和 3.2 倍。其中±800kV 直流经济输电距离为 1350～2350km，±1000kV 经济输电距离为 2350km 以上。

当交流电网出现大幅度功率缺额（如联络线跳开、某些大电厂跳开等）时，HVDC 可以快速增加输送功率或快速潮流反转，实现紧急功率支援。HVDC 快速有效的潮流控制能力有利于所连交流系统的稳定控制，并且在负荷随机波动及故障状态下的频率控制方面都能发挥重要作用。

6.2.2 基于电压源换流器的柔性直流输电技术

柔性直流输电系统（VSC - HVDC，也称 HVDC Light）是以 VSC（电压源变流器）、自关断电力电子元件和 PWM（脉宽调制）技术为基础发展起来的新一代直流输电技术。VSC - HVDC 在弱电网接入、偏远地区供电、异步电网互联等方面具有显著的技术优势，可大幅度提高电网在动态无功支撑、电力潮流控制、故障电流限制、故障后黑启动等方面的水平。当两个 VSC 的交流侧并联到不同交流系统中，而直流侧连在一起时，就构成了 VSC - HVDC，如图 6 - 2 所示。典型 VSC - HVDC 采用三相两电平 VSC，每个桥臂由多个 IGBT 串联而成，称为 IGBT 阀。直流侧电容器为 VSC 提供直流电压支撑，缓冲桥臂关断时的冲击电流，减小直流侧谐波。换流变压器是带抽头的普通变压器，其作用是为 VSC 提供合适工作电压，保证 VSC 输出最大有功功率和无功功率。双端 VSC - HVDC 系统通过直流输电线（电缆）连接，一端运行于整流状态，称为送端站；另一端运行于逆变状态，称为受端站。两站协调运行能够实现两交流系统间有功功率的交换。VSC - HVDC 可以工作在无源换流的方式，不需要外加换相电压，并且不需要交流系统提供无功功率，而且可以起到静止同步无功补偿器的作用，稳定交流母线电压。若换流站容量允许，当交流电网发生故障时，既可以向故障区域提供紧急有功功率支援，又可以提供紧急无功功率支援，提高交流系统的功角稳定性。由于独特的技术优势，VSC - HVDC 可在孤岛供电、风电场等新能源并网、电能质量控制、城市负荷中心供电、弱电网互联、钻井平台变频调速等方面广泛应用。该技术核心是以 VSC 和脉冲宽度调制技术为基础的新型直流输电技术，是目前进入工程应用的较先进的电力电子技术。

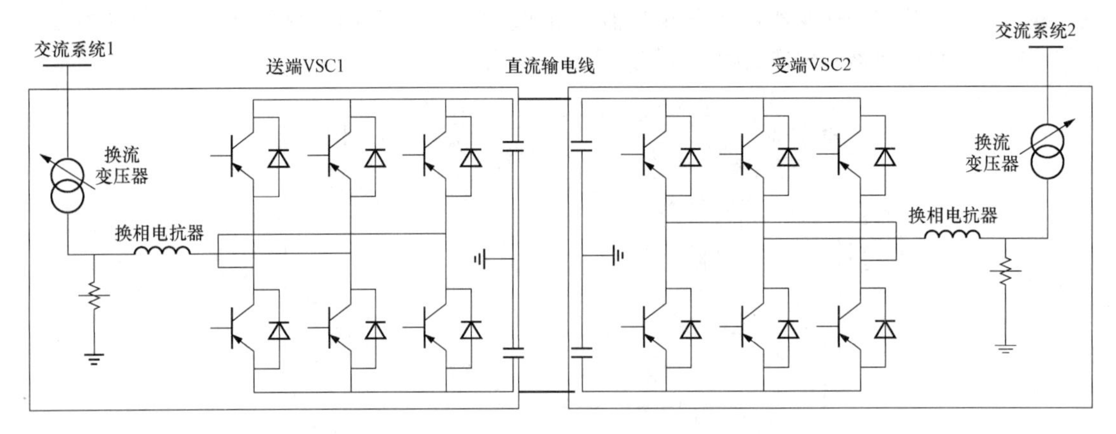

图 6 - 2 两端 VSC - HVDC 柔性直流输电系统示意图

6.3 必备知识二：柔性交流输电技术

20 世纪 80 年代，美国电力科学研究院提出柔性交流输电系统（FACTS）概念。1997 年 IEEE 学会正式公布的 FACTS 的定义是：装有电力电子型和其他静止型装置 FACTS 装置以加强可控性，增大电力传输能力的交流输电系统。FACTS 装置的本质是基于电力电子技术对电网运行参数进行灵活控制。通过安装 FACTS 装置可以实现电压、阻抗、功角等电气量的快速、频繁、连续控制，克服传统控制方法的局限性，增强电网的灵活性和可控性。FACTS 主要应用在超高压输电场合，容量大多为百兆伏安级。主电路采用大容量电力电子元件，如晶闸管、GTO、IGCT、IGBT 等，其单管耐压数千伏，载流能力数百安，经常采用元件串并联等手段获得足够的电压等级和容量。目前的电力电子元件在开关频率和容量之间往往不能兼顾，大容量元件（GTO、IGCT）的开关频率普遍不高，而高速元件（电力 MOSFET、IGBT）的开关容量普遍不足。在容量约束下，FACTS 装置多采用几百赫兹的简单 PWM 技术，并通过多重化和多电平技术来改善输出波形。功率元件损耗占 FACTS 装置的很大部分，它影响装置的总体效率，对散热成本也有很大影响。功率元件损耗中，比重较大的是通态损耗、开关损耗和附加电路损耗。同等容量水平下，通态损耗由通态压降来决定，因此应选用通态压降较低的元件；开关损耗受门极驱动功率、开关控制过程等因素的影响，因此应选用开关时间短、门极增益高的元件。附加电路损耗是指为保证电力电子元件正常工作而设置的缓冲电路、反向并联二极管的损耗，附加电路结构越简单，功率越小，越有利于降低附加损耗。

6.3.1　静止无功补偿器

静止无功补偿器（Static Var Compensator，SVC）是在机械投切式电容器和电感器的基础上，采用大容量晶闸管代替机械开关而发展起来的。它可以快速地改变其发出的无功功率，具有较强的无功调节能力，可为电力系统提供动态无功电源。在电网运行中可以起到提高电压稳定性、提高稳态传输容量、增强系统阻尼、缓解次同步谐振（振荡）、降低网损、抑制冲击负荷引起的母线电压波动，补偿负荷三相不平衡等作用。静止无功补偿器主要分为三类：晶闸管控制的电抗器（Thyristor Controlled Reactor，TCR）、晶闸管投切的电容器（Thyristor Switched Capacitor，TSC）、磁控式可调电抗器（Magnetically Controlled Reactor，MCR）。

TCR 由固定电抗器（通常是空心的）、双向晶闸管（或两个反向并联晶闸管）串联组成。晶闸管分别在其承受正向电压期间从电压峰值到过零点的时间间隔内触发导通，通过改变晶闸管的触发角调节流过 TCR 回路中主电抗器的电流量，改变 TCR 回路的感性无功功率量，起调节感性无功功率的作用。由于 TCR 只能在滞后功率因数的范围内提供连续可控的无功功率，为了将动态范围扩展到超前功率因数区，可以并联固定电容器 FC 支路，如图 6-3 所示。一般使 TCR 容量大于 FC 容量，以保证既能输出容性无功功率，又能输出感性无功功率。

TCR 型 SVC 滤波器支路中串联电抗器与电容器 FC 串联谐振于特定谐波频率，对特定谐波呈现低阻，实现谐波滤除功能。同时，对 50Hz 工频呈现容性，在 SVC 系统中提供容性无功。由于目前单只晶闸管的工作能力通常在 3～8kV，3～6kA，实际应用时，往往采用多个（10～20）晶闸管串联使用，以满足需要的电压和容量要求，串联的晶闸管要求同时触发导通，而当电流过零时自动阻断。

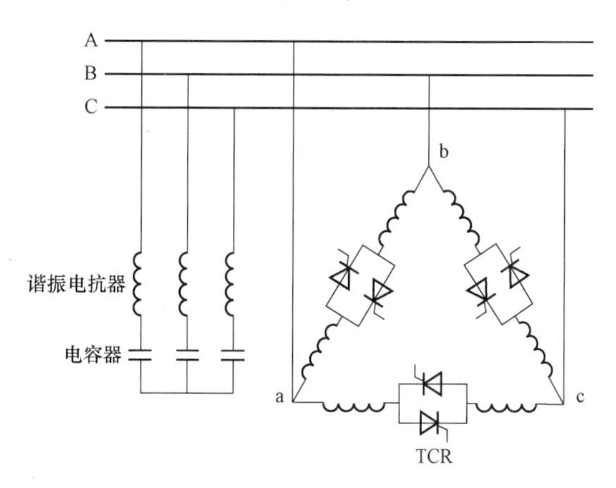

图 6-3　TCR 型 SVC 接线原理图

单相 TSC 型 SVC 的基本结构如图 6-4 所示，它由电容器、双向导通晶闸管（或反向并联晶闸管）和阻抗值很小的限流电抗器组成。三相 TSC 由三个单相 TSC 按三角形连接构成，通常由同样连接成三角形的降压变压器低压绕组供电。TSC 有两个工作状态，即投入状态和断开状态，装置在投入状态时，反向并联晶闸管导通，电容器起作用，TSC 发出容性无功功率；在断开状态时，反向并联晶闸管阻断，TSC 不输出无功功率。两个反向并联的晶闸管只是将电容器并入电网或从电网中断开，串联的小电抗器用于抑制电容器投入电网运行时可能产生的冲击电流。TSC 的关键技术问题是投切电容器时刻的选取。分析与实验研究表明，其最佳投切时间是晶闸管两端的电压为零的时刻，此时电容器两端电压等于电源电压。此时投切电容器，电路的冲击电流为零。为了保证更好地投切电容器，该装置要求对电容器预先充电，充电结束之后再投入电容器。

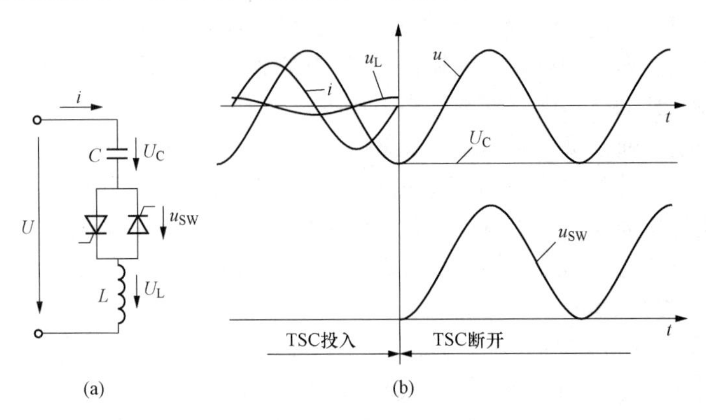

图 6-4 单相 TSC 的结构及工作波形

（a）单相 TSC 的结构；（b）单相 TSC 的工作波形

磁控式可调电抗器（Magnetically Controlled Reactor，MCR）是最新发展起来的一种动态无功补偿装置，其基本原理是通过直流控制电流使电抗器铁芯饱和，改变等效磁导系数，从而达到控制电抗器容量的目的。如图 6-5 所示，MCR 型 SVC 的一次回路结构与 TCR 型 SVC 基本相同，都由 FC 支路和可控电抗器两部分组成。区别在于，在 TCR 型 SVC 里，可控电抗器为“相控电抗器”，而在 MCR 型 SVC 里，可控电抗器为“磁阀式可控电抗器”。

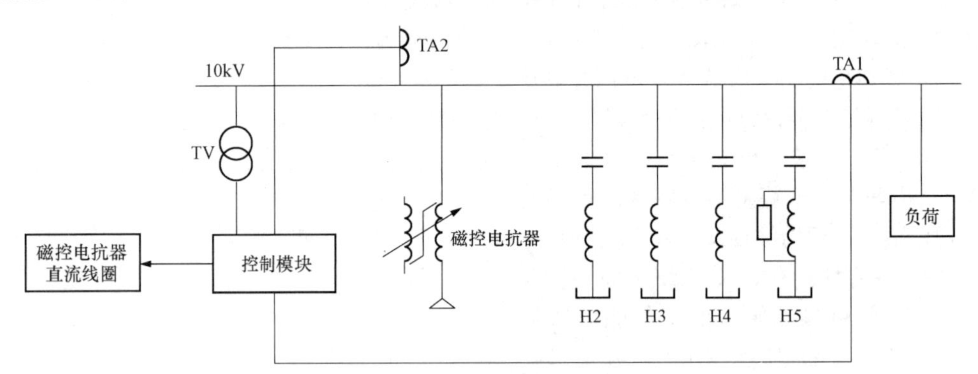

图 6-5 MCR 型 SVC 结构

MCR 型 SVC 由 MCR 电抗器、直流励磁阀控系统、控制保护系统及监视器组成，如图 6-6 所示。MCR 电抗器由一个四柱铁芯和绕组组成，中间两个铁芯柱为工作铁芯，N_k 为控制绕组，N 为工作绕组。电压正半周 V1 导通，电压负半周 V2 导通，通过控制 V1 和 V2 的导通角，可以平滑地调节 MCR 的容量。

6.3.2 晶闸管控制串联电容器（TCSC）

电力系统中，当发电厂距离负荷较远时，输电线路距离比较长，系统稳定通常受到发电厂功角稳定的限制，从而限制了输电线路的送电能力。将电容器串联于输电线路中，利用电容器的容抗来补偿输电线路的一部分感抗，缩短输电线路的电气距离，从而在保证发电厂功角稳定的前提下，提高输电线路的送电能力。而晶闸管控制串联电容器补偿（Thyristor Controlled Series Compensator，TCSC）可以在线调节电容器补偿度，提高系统稳定性。

TCSC 在电力系统中的补偿原理如图 6-7 所示。发电机 G 通过升压变压器 T、装有 TCSC 的

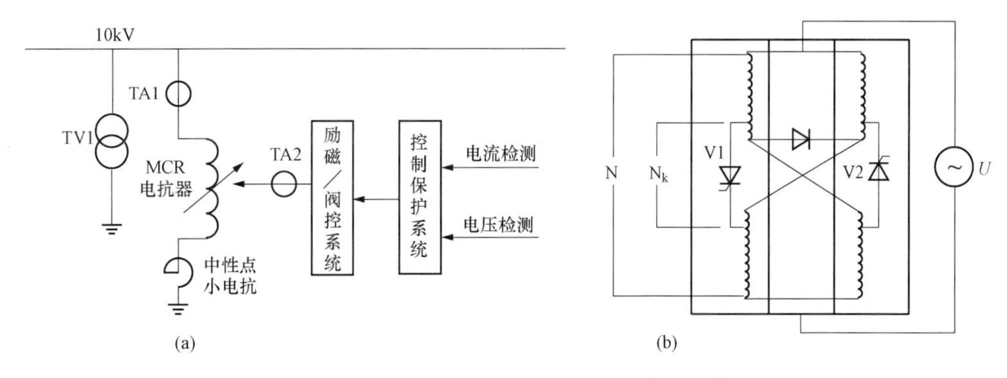

图 6-6　MCR 型 SVC 控制原理及电抗器结构

（a）MCR 控制原理图；（b）MCR 电抗器结构

输电线路接到负荷电网。线路输送的功率为

$$P = (EU\sin\delta)/X_{d\Sigma}$$

式中：$X_{d\Sigma}=X_L-X_{TCSC}$；δ 为送电端与受端端母线之间的相角差。

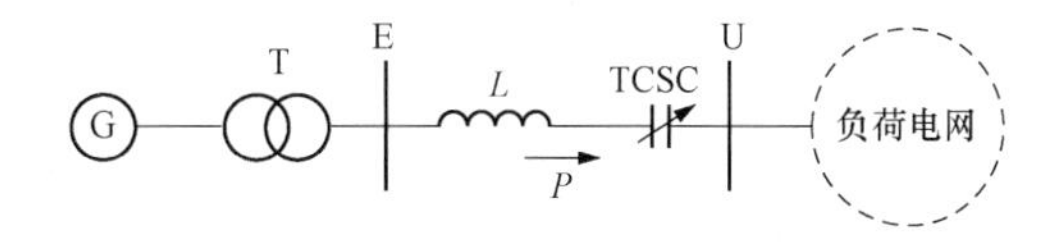

图 6-7　装有 TCSC 的单机—无穷大系统单线图

可见，当 δ 保持不变时，由于输电线路电抗 $X_{d\Sigma}$ 的降低，从而使线路输送的有功功率 P 提高。高压输电线路补偿度定义为

$$K = X_{TCSC}/X_L$$

一般补偿度 $K<1$，通常取 40%左右。

TCSC 由电容器组和晶闸管阀控制的电抗器支路（TCR）并联组成，利用 TCR 部分抵消固定电容器的容抗值，从而获得连续可调的等效串联电抗。TCSC 装置除了电容器组、晶闸管阀和电抗器外，还包括与电容器组一起安装的保护设备，如金属氧化物限压器（Metal Oxide Varistor，MOV）、触发间隙（GAP）及限流阻尼电路等都安装在与地面绝缘的高压平台上。另外还有其他辅助设备，如用于各支路电流测量用的电流互感器 TA、旁路断路器、旁路开关（BPS）、隔离开关（QS）、接地开关（ES）以及测量电容器两端电压的电阻分压器等，如图 6-8（a）所示。实际的 TCSC 结构通常采用多组 TCSC 模块串联构成，并常与固定串补（Fixed Series Compensation，FSC）结合起来使用，采用 FSC 主要是为了降低整套串补装置成本。每个 TCSC 模块参数可以不同，以提供较宽的阻抗控制范围。

对于 TCSC 而言，其等效串联阻抗是可变的，能够对线路功率进行大范围的连续控制。等效串联阻抗的变化是通过控制 TCR 支路触发角 α 来实现的。TCR 的基波电抗值是触发角 α 的连续函数，因此 TCSC 的等效基波阻抗是由一个不可变的容性电抗和一个可变的感性电抗并联而成。X_{TCSC} 与触发角 α 的关系曲线如图 6-8（b）所示，从图中可见，TCSC 的运行存在并联谐振区，谐振点对应的触发角在 130°左右，在谐振点之前，当触发角 α 大于 90°，并逐渐调大时，TCR 的等效基波阻抗逐渐增大，从而使 TCSC 的感性阻抗逐渐增大。当 α 超过谐振点并且小于 180°时，TCSC 运行在容性区，呈现为可变的容性阻抗，且 $X_{TCSC}>X_C$。α 从 180°逐渐减小，在达到并联谐振点之前，TCR 的等效基波电抗逐渐减小，从而使 TCSC 的容性阻抗逐渐增大。当 α 等于谐振点触发角时，TCSC 处于谐振状态，呈现出无限大的阻抗，这显然是一个不可接受的状态。为防止 TCSC 工作在谐振区，设定晶闸管阀的最小容性触发角 α_{Cmin} 和最大感性触发角 α_{Lmax}。

6.3.3　可控并联电抗器

可控并联电抗器（Controllable Shunt Reactor，CSR）是一种可调节系统无功功率、抑制工

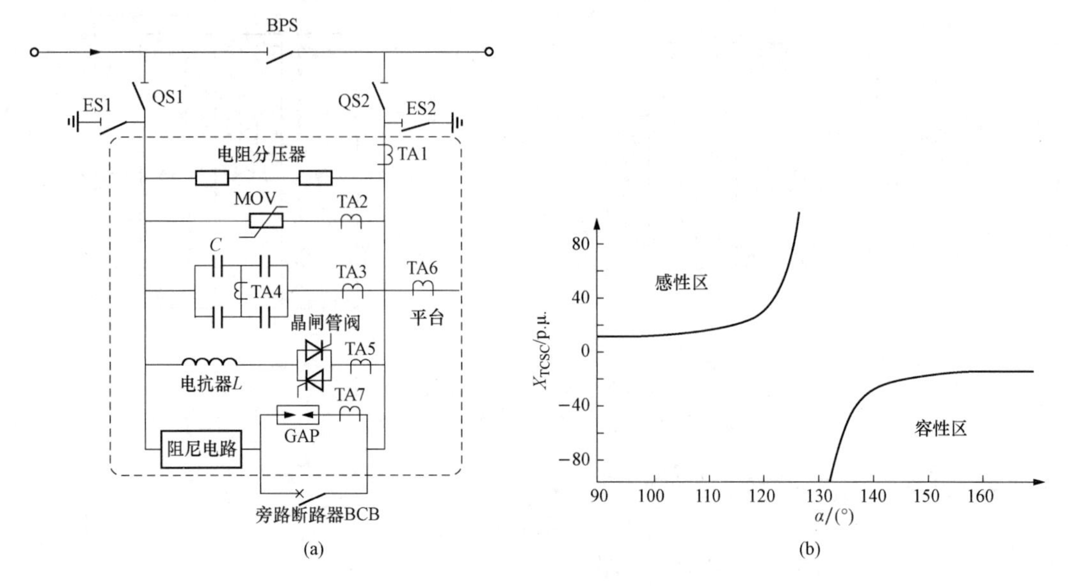

图 6-8　典型的 TCSC 单相结构与容抗特性

（a）典型的 TCSC 单相结构；（b）TCSC 装置阻抗 X_{TCSC}与触发角 α 的关系

频过电压和潜供电流、提高系统稳定性的无功调节装置。该装置并联于交流输电线路中，主要功能有以下几种：

（1）应对线路在轻载时电压过高或重载时电压过低的情况，调节容量，限制系统工频过电压，减小系统网损，提高输送能力。

（2）线路开断瞬间，可限制操作过电压，故障时可抑制潜供电流，提高单相重合闸成功率。

（3）对电网的弱阻尼动态稳定也有一定的改善作用，并可有效提高系统稳定性。

根据实现原理，可控并联电抗器 CSR 可划分为两种。

1）磁控式可控高抗（Magnetically Controlled Shunt Reactor，MCSR）。通过晶闸管控制励磁系统绕组直流电流的大小来改变铁芯的磁饱和度，进而改变等效磁导率，从而平滑地改变电抗值和电抗容量，实现容量的快速、连续、大范围平滑调节，如图 6-9 所示。系统通过实时检测环节检测到电压扰动，触发控制器，控制器通过调节晶闸管整流器延时触发角 α 以改变励磁绕组的直流励磁电流，从而控制电抗器本体的磁饱和程度，最终实现电抗器本体吸收无功的平滑

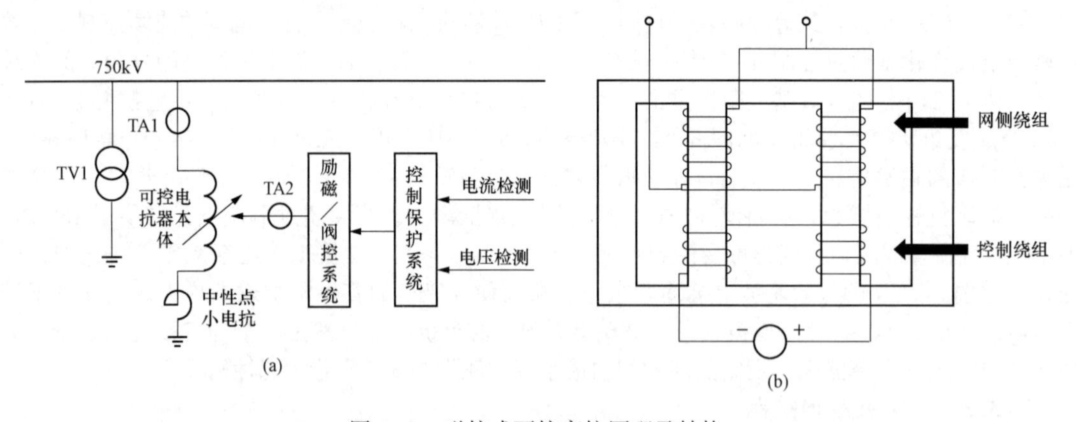

图 6-9　磁控式可控高抗原理及结构

调节，抑制安装点的电压扰动。如果在安装点或输电线路上出现了操作过电压或工频过电压，旁路断路器快速闭合，使电抗器励磁绕组短路。这种情况下，电抗器的运行不依赖于控制设备的运行模式，而类似于自饱和电抗器，输出无功功率发生突变甚至超过额定容量，限制过电压。

2）高阻抗变压器式可控高抗，又称“分级式可控并联电抗器”（Stepped Controlled Shunt Reactor，SCSR)，如图 6-10 所示，通过复合快速切换开关 S1、S2 和 S3，改变接入二次绕组的电抗器大小，实现可控电抗器容量的分级切换式调节，运行可靠。

SCSR 充分利用了变压器的降压作用，使晶闸管阀工作在低电压下，同时加大变压器的漏抗，使漏抗值达到或接近 100%；再在变压器的二次侧串入多组电抗器。并由晶闸管和机械开关组合进行分级调节，实现感性无功功率的分级控制。典型的 SCSR 主电路方案如图 6-10 所示。SCSR 可以满足潮流变化时电压和无功控制要求，对于大幅值振荡，可以采用乒乓投切方式阻尼，在系统发生故障或扰动时响应迅速，不产生谐波。由于免除采用晶闸管冷却回路，成本显著降低，维护方便。由于高阻抗变压器的磁通全部为漏磁通，需要特别注意电抗器本体局部过热问题。

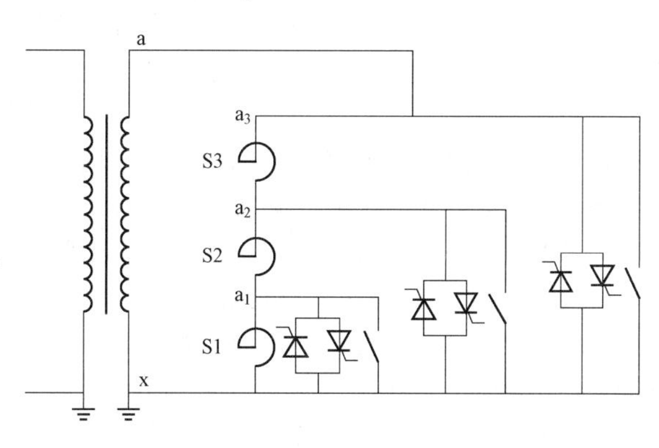

图 6-10 分级式可控高抗 SCSR 典型结构

可控并联电抗器 CSR 在电网中的应用主要体现在以下方面：

(1) 简化无功电压控制措施。由于 CSR 无功功率可以连续变化，可以将输电线路的广义自然功率调节为线路自然功率的 30%～100%。在电网潮流的正常变化范围内，无须配置或使用其他无功电压调节手段。

(2) 限制工频过电压。在电网正常运行时，CSR 无功功率可以根据线路传输功率自动调节，以稳定其电压水平。此外，在线路潮流较重时，若出现末端三相跳闸甩负荷的情况，处于轻载运行的 CSR 可快速调节到系统所需的容量，以限制工频过电压。

(3) 消除发电机自励磁。发电机带空载线路运行时，有可能产生自励磁。CSR 可以自动调整到合适的补偿容量，以消除自励磁，为大机组直接接入电网创造条件。

(4) 限制操作过电压。由于 CSR 的调节作用使电网的等效电动势降低，并且由于 CSR 的补偿作用使空载线路的工频过电压得以抑制，从而降低了系统的操作过电压水平。CSR 具备较强的过电压和过负荷能力，可有效限制线路计划性合闸、重合闸、故障解列等操作过电压。

(5) 无功功率动态补偿。CSR 可快速调节自身无功功率，是特高压电网理想的无功补偿设备。采用 CSR 后，可以起到无功功率动态平衡和电压波动的动态抑制。如果施加适当的附加控制，还可以增加系统阻尼，提高输电能力。

(6) 抑制潜供电流。单相重合闸在我国电网 500kV 线路中应用广泛，因此，降低线路单相接地时的潜供电流以提高单相重合闸的成功率是改善系统可靠性和稳定性的一个重要环节。模拟实验和理论分析表明，CSR 配合中性点小电抗和一定控制方式，可大大减小线路单相接地时的潜供电流，有效促使电弧熄灭。

由以上分析可知，CSR 主要用于解决长距离重载线路限制过电压和无功补偿的矛盾，还可将其作为一种无功补偿的手段，与 SVC 等无功补偿方案进行经济技术比较。

6.3.4 故障电流限制器

故障电流限制器（Fault Current Limiter，FCL）是一种串联在输电线路中，用于解决交流输电系统短路电流超标问题的FACTS装置。该装置将电容器组和限流电抗器串联于交流输电线路中，系统故障时快速旁路串联电容器组将限流电抗器投入，从而起到限制短路电流的作用，解决短路电流过大致使无足够遮断能力的断路器可选的问题，以及因短路电流增大，需要大批更换高压断路器等设备所带来的经济上和基建上的问题。

故障电流限制器（FCL）典型结构如图6-11所示。系统正常运行时，电容器组旁路断路器处于断开状态，电容器组与限流电抗器都串联接入系统中，并配置在工频谐振状态。由于其工频阻抗为零，因此对系统的短路阻抗和无功特性几乎没有影响。当发生短路故障时，谐振电容器组流过短路电流，两端电压迅速上升，此时检测电路判断出系统短路故障，控制保护系统分别向电容器组两端并接的旁路断路器和双向晶闸管阀发出闭合、触发指令。谐振电容器组被旁路退出运行，FCL中只剩下限流电抗器单独接入系统，以限制当前故障电流。由于旁路断路器的闭合时间远长于晶闸管阀的触发导通时间，即旁路断路器率先导通，而旁路断路器在30ms之后闭合，此时晶闸管阀再退出导通状态。这种晶闸管保护阀与机械开关组合方式的优势在于，晶闸管阀中流过电流的时间很短，只有几十毫秒，可以不需要复杂的水冷却系统。系统断路器断开后，晶闸管阀与旁路断路器也要随之断开，完成与电力系统继电保护重合闸的整定配合。如果遇到永久性故障，晶闸管阀应具备重复动作能力，在重合闸后再次将FCL投入限流状态。

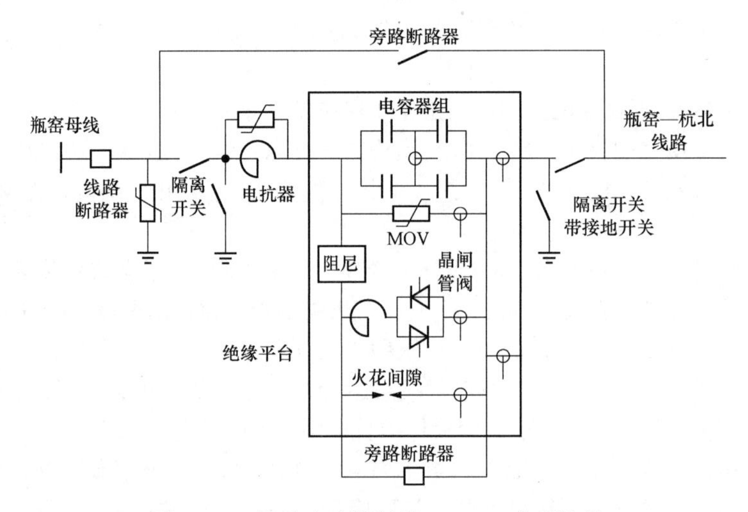

图6-11 故障电流限制器（FCL）典型结构

6.3.5 静止同步补偿器

静止同步补偿器（Static Synchronous Compensator，STATCOM）是一种基于电压源换流器（VSC）的动态无功补偿设备，是第二代FACTS装置的典型代表。STATCOM以VSC为核心，直流侧采用电容器作为储能元件，VSC将直流电压转换成与电网同频率的交流电压，通过连接电抗器或耦合变压器并联接入系统。当只考虑基波频率时，STATCOM可以看作一个与电网同频率的交流电压源通过电抗器连接到电网上。由于STATCOM直流侧电容仅起电压支撑作用，所以相比于SVC，STATCOM所需电容容量要小得多。此外，STATCOM相比SVC还具备调节速度更快、调节范围更广、欠电压条件下的无功调节能力更强等优点，同时谐波含量和占地面积都大大减小。

如图 6-12（a）所示为 STATCOM 接入电网示意图。STATCOM 以电压源换流器（VSC）为核心，将直流侧电压转换成与电网同频率、同相位的输出电压，通过等效连接电抗器接入系统。STATCOM 可看作一个电抗后的可控电压源，这意味着无须并联电容器或并联电抗器来产生或者吸收无功功率。

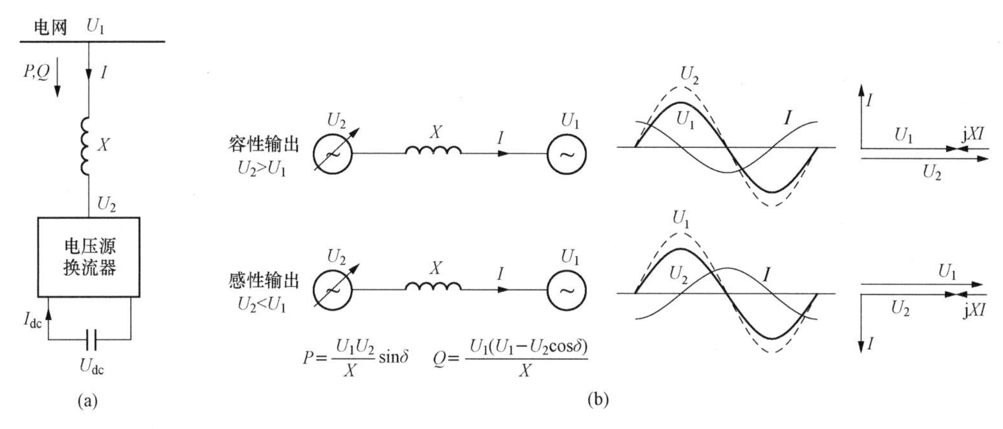

图 6-12　STATCOM 接入电网示意图

（a）接入系统示意图；（b）无功交换示意图

如图 6-12（b）所示的简化电路，$\dot{U}_1$ 为系统电压，$\dot{U}_2$ 为 STATCOM 输出电压，X 为耦合电感。则 STATCOM 输出的无功电流为

$$\dot{I}=\frac{\dot{U}_1-\dot{U}_2}{\mathrm{j}\omega X}$$

若 $\dot{U}_1$ 与 $\dot{U}_2$ 同相：$\dot{U}_2>\dot{U}_1$，则 $\dot{I}$ 超前 $\dot{U}_1$ 90°，STATCOM 等效为一电容器，向系统发送无功功率。若 $\dot{U}_2<\dot{U}_1$，则 $\dot{I}$ 滞后 $\dot{U}_1$ 90°，STATCOM 等效为一电抗器，从系统吸收无功功率。在 $\dot{U}_2=\dot{U}_1$ 时，$\dot{I}=0$，等效于 STATCOM 被切除，与系统间没有无功功率交换。

可见，控制 STATCOM 输出电压 $\dot{U}_2$ 的大小可调节其无功功率输出。

STATCOM 运行于输电网时，能够动态地提供电压支撑，提高输电线路稳态传输功率极限，同时抑制系统过电压，阻尼电力系统功率振荡，提高电力系统暂态稳定水平，防止因暂态电压崩溃导致的大面积恶性停电事故；运行于配电网时，能够抑制电压波动与闪变，补偿负荷不平衡，提高功率因数，降低电网损耗，提高电能质量。

【扩展阅读】
电力系统配电网中
无功补偿技术发展历史

练一练

实训技能训练：典型电力电子装置功能识别与选择——能够连续调节输出感性和容性无功功率的电力电子装置有哪几种？

1. 实训目标

（1）理解各种 FACTS 装置基本原理。

（2）能够根据输配电网需要，选择相应电力电子装置。

2. 知识结构

（1）TCR 型 SVC 装置。

（2）可控并联电抗器 CSR。

（3）晶闸管控制串联电容补偿器 TCSC。

（4）输电线路故障电流限制器 FCL。

（5）静止同步无功发生器 STATCOM。

3. 知识总结

TSC 型 SVC 装置能够提供级差变化的感性无功功率，由于采用晶闸管对电容器组进行投切，只能输出阶梯的补偿功率，无法实现连续调节。TCR 型 SVC 装置是对固定电容器组和相控电感回路组合的方式，通过相控双向晶闸管控制电感接入电网中的时间来连续调节电感吸收的无功功率，与固定电容器发出的无功功率进行代数差值，决定装置整体上输出感性无功功率还是容性无功功率。磁控式可调电抗器 MCR 型 SVC 通过直流控制电流使电抗器铁芯饱和，改变等效磁导系数，从而控制电抗器容量，也可连续调节 SVC 输出无功功率。可控并联电抗器 CSR 并联在输电线路上，可连续调节吸收的无功功率以限制工频过电压，无法提供容性无功功率。晶闸管控制串联电容补偿器 TCSC 由电容器组和晶闸管阀控制的电抗器支路（TCR）并联组成，利用 TCR 部分抵消固定电容器的容抗值，从而获得连续可调的等效串联电抗和无功功率。静止同步无功补偿器（STATCOM）以 VSC 为核心，直流侧采用电容器作为储能元件，VSC 将直流电压转换成与电网同频率的交流电压，通过连接电抗器或耦合变压器并联接入系统。逆变电源电压高于电网电压时，STATCOM 等效为一电容器，向系统发送无功功率；逆变电源电压低于电网电压时，STATCOM 等效为一电抗器，从系统吸收无功功率，因此可以灵活地连续调节与电网的功率交换。

6.3.6 静止同步串联补偿器

静止同步串联补偿器（Static Synchronous Series Compensator，SSSC）属于第二代 FACTS 装置，它可以等效为串联在线路中的同步电压源，通过注入与线电流呈合适相角的电压来改变输电线路等效阻抗，具有与输电系统交换有功功率和无功功率的能力。如图 6-13 所示为 SSSC 接入系统示意图。若注入的电压与线路电流同相，就可以与电网交换有功功率；若注入电压与线路电流正交，则可与电网交换无功功率。SSSC 不仅可以调节线路电抗，还可以同时调节线路电阻，且补偿电压不受线路电流大小影响，是比 TCSC 更具潜力的一种 FACTS 装置。

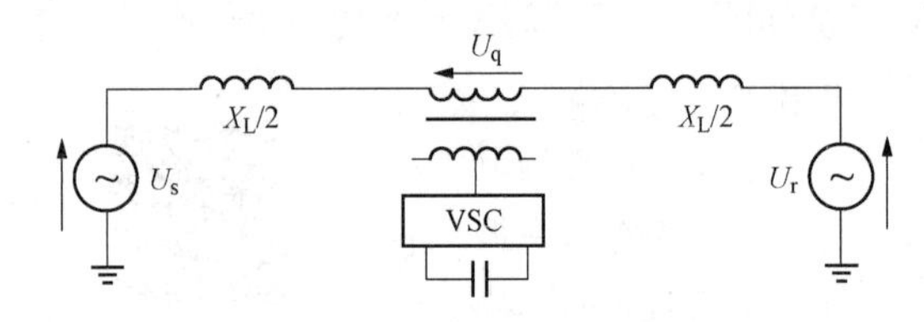

图 6-13 SSSC 接入系统示意图

当注入滞后于线路电流 90°的电压时，SSSC 可以等效为串联在线路中的容抗，此时称 SSSC 工作在容性补偿模式；当注入超前于线路电流 90°的电压时，SSSC 可以等效成串联在线路中的感抗，此时称 SSSC 工作在感性补偿模式。SSSC 补偿等效电路和向量图如图 6-14 所示。

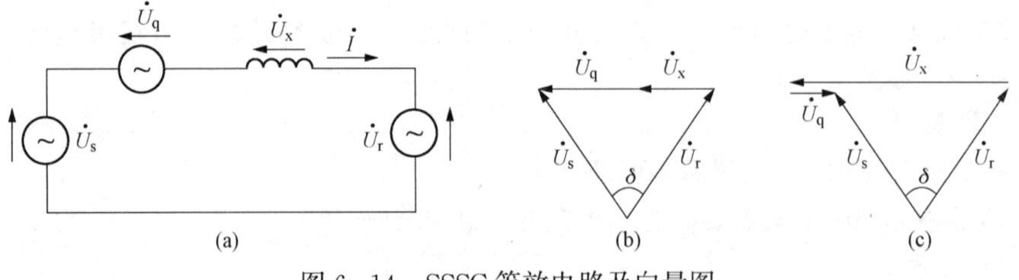

图 6-14 SSSC 等效电路及向量图

（a）等效电路；（b）感性补偿；（c）容性补偿

由向量图可以推导出，线路上传输有功功率可表示为

$$P=\frac{U^2}{X_L}\sin\delta+\frac{U}{X_L}U_q\cos\frac{\delta}{2} \qquad (6-1)$$

由式（6-1）可以得出串联接入 SSSC 装置的两机系统在补偿电压取不同标幺值时的功角特性曲线，如图 6-15 所示。

可以看出，当 $\dot{U}_q>0$ 时，功角特性曲线显著抬高，只有在 $\delta=180°$时功角特性没有变化，说明通过 SSSC 装置的正向调节可以提高线路输送有功功率的能力。当 $U_q<0$ 时，功角特性比没有 SSSC 时的功角特性下降了，只有在 $\delta=180°$时功角特性没有变化。这说明通过 SSSC 装置的反向调节可以降低线路输送有功功率的能力。在 δ 较小时，送端向受端的输送功率为负，即线路反送有功功率。可见，SSSC 装置不仅可以控制线路潮流大小，还可以改变潮流流向。

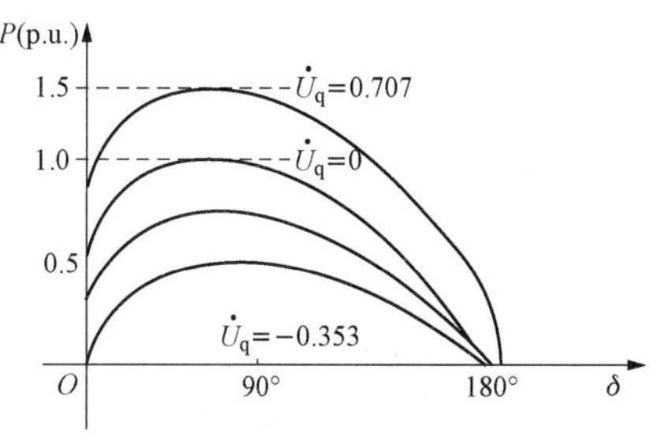

图 6-15　串联投入 SSSC 装置的两机系统功角特性曲线

6.3.7　统一潮流控制器

统一潮流控制器（Unified Power Flow Controller，UPFC）是由并联补偿的 STATCOM 和串联补偿的 SSSC 相结合构成的潮流控制装置，是目前通用性最好的 FACTS 装置，仅通过控制规律的改变，就能分别或同时实现并联补偿、串联补偿和移相等功能。

UPFC 的结构如图 6-16 所示，包括两个公共直流侧相连接的电压源换流器（VSC）。其中，VSC1 通过并联耦合变压器并联在输电线路上，VSC2 通过一个串联耦合变压器串联在输电线路中。

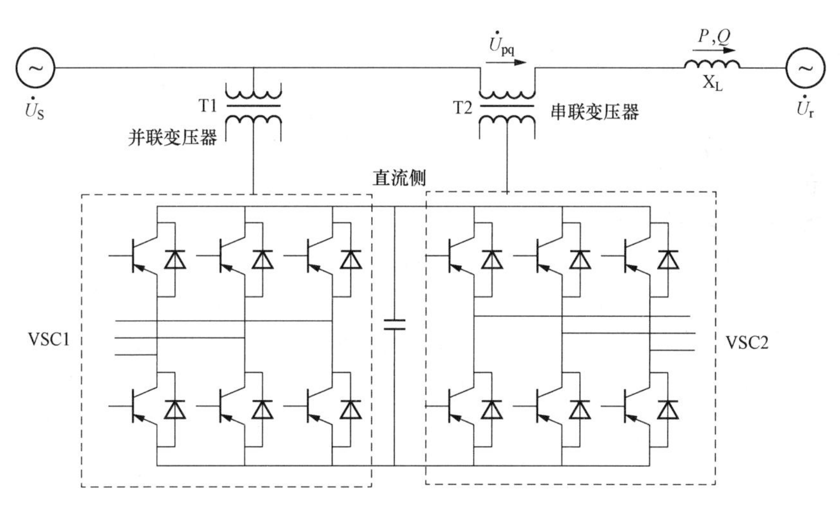

图 6-16　UPFC 结构示意图

两个 VSC 的电压是通过公共的直流电容器组提供的，VSC2 提供一个与输电线路串联的电压相量，其幅值变化范围为 $0\sim U_{PQmax}$，相角变化范围为 0°～360°，在此过程中，VSC2 与输电线路既交换有功功率，也交换无功功率。无功功率是由串联 VSC 内部发出或吸收的，而有功功率的发出或吸收，需要直流储能元件。VSC1 主要用来向 VSC2 提供有功功率，该有功功率是从线路本身吸收的。VSC1 用来维持直流母线的电压恒定。这样，从交流系统吸收的净有功功率就等于两个 VSC 及其耦合变压器的损耗。受端有功功率 P 与 δ 的关系曲线如图 6-17 所示。

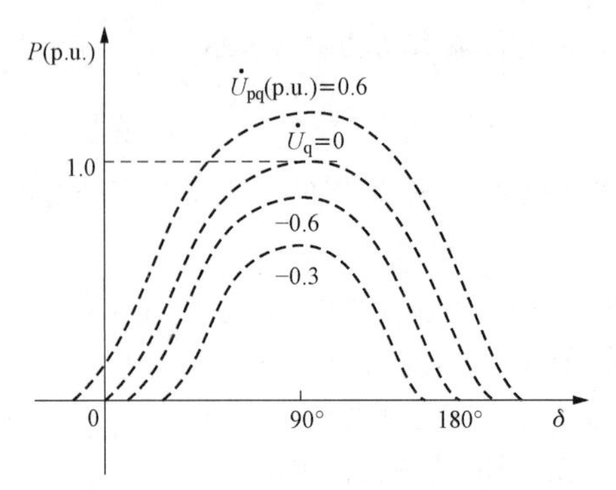

图 6-17 接入 UPFC 装置的双机系统功角特性曲线

可以看出，UPFC 装置大大扩展了输电系统的运行范围，特别是当 $\delta=90°$时，如果没有 UPFC 的补偿，输电系统已经达到稳定运行的极限点；而加入 UPFC 装置后，系统大大超出原有范围，仍然能够稳定运行，因此 UPFC 能够扩展系统 P-Q 运行范围。如果在系统中安装适当数量的 UPFC 装置，对于系统的优化运行（优化系统潮流，提高系统稳定运行极限，增加系统稳定裕度）具有重要意义。

6.4 必备知识三：配电网定制电力技术

在现代企业中，变频调速驱动器、机器人、自动生产线、精密的加工工具、可编程控制器，以及计算机信息系统的广泛使用，对电能质量提出了严格的要求。这些设备对电源的波动和各种干扰十分敏感，任何供电质量的恶化都可能造成产品质量下降，导致重大损失。重要用户为保证不间断供电，往往采取安装不间断电源（UPS）等措施，但这并不是经济合理的解决方法，美国电力科学研究院提出定制电力（CP）的概念，它是应用现代电力电子和控制技术为实现电能质量控制及为用户提供特定需要的电力供应技术。随着大功率电力电子元件（如晶闸管、GTO、IGCT、IGBT）的出现，以 SSTS、DVR、APF 为代表的定制电力设备研制成功并投入运行，取得了良好的经济效果。

6.4.1 固态切换开关（SSTS）

对于具有两路相对独立电源（一主一备）的供电系统，当正在供电的电源出现异常（电压暂降或中断）时，采用固态切换开关（Solid State Transfer Switch，SSTS），将负荷快速切换至另一路正常电源（切换时间为 5ms），保证敏感负荷不受电压暂降或中断影响，以提高供电可靠性。SSTS 有以下两种类型：固态切换开关Ⅰ型（2 切换单元）和固态切换开关Ⅱ型（3 切换单元），主结构分别如图 6-18 与图 6-19 所示。2 切换单元适合主备供电模式应用，3 切换单元适合母线分裂式应用。

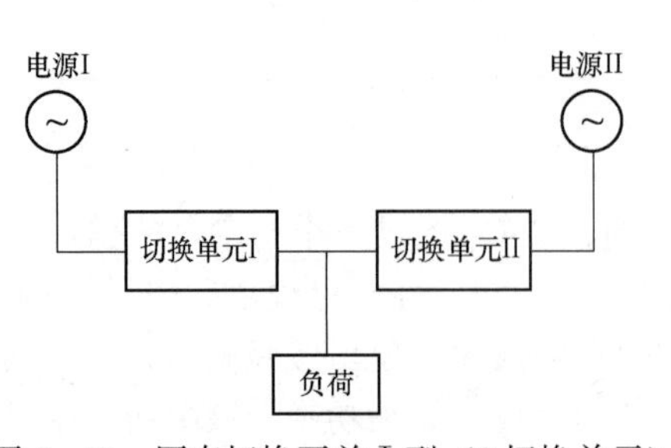

图 6-18 固态切换开关Ⅰ型（2 切换单元）示意图

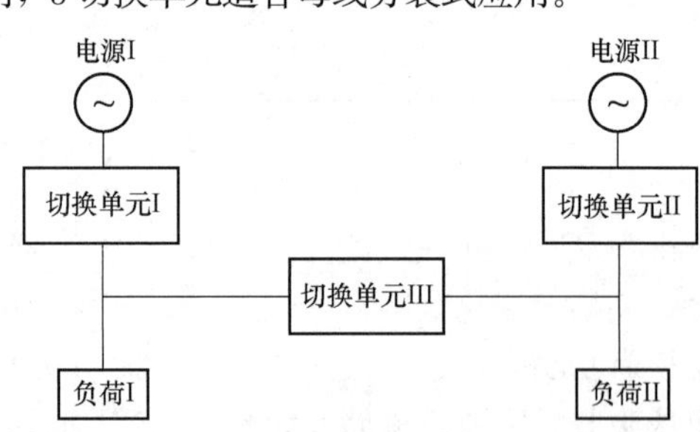

图 6-19 固态切换开关Ⅱ型（3 切换单元）示意图

2 切换单元固态切换开关的工作原理如图 6-20 所示：系统电压正常时，负荷电流从快速机械开关 PS1 中流过，晶闸管开关阀 TS1 不导通；当一路电源故障，满足切换条件时，装置进行快速切换，PS1 动作断开，同时触发 TS1，电流快速转移到晶闸管阀上，由于此时 PS1 两端电压为零，因此断开时没有电弧。之后撤销触发命令，在随后的第一个电流过零点，晶闸管自然关断。同时触发导通 TS2，待电流稳定后闭合 PS2，使负荷电流转到 PS2 上，完成切换过程。当一路电源恢复正常后，装置可以实现自动回切和手动回切，将负荷重新转移到一路电源供电。

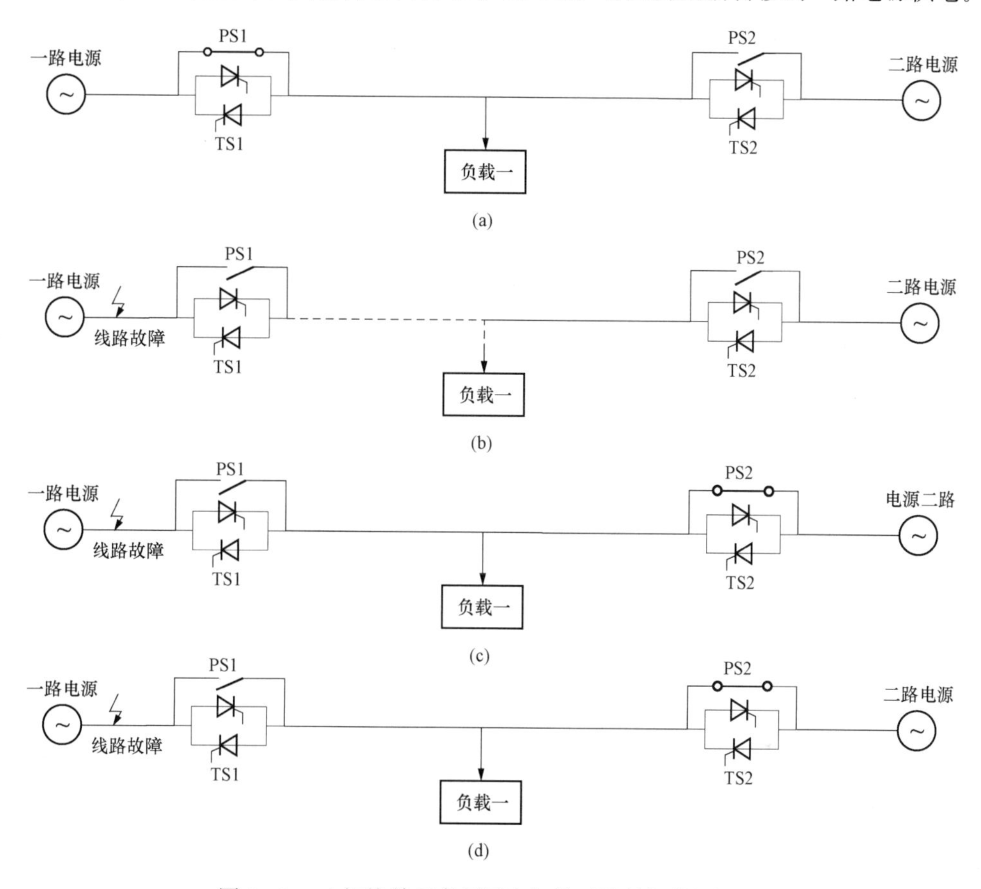

图 6-20　2 切换单元高压固态切换开关的切换原理图

（a）正常工作；（b）一路电源出现故障，断开 PS1，触发 TS1；（c）TS1 停止触发，电流过零后，触发 TS2，合 PS2；（d）TS2 停止触发，切换完毕

6.4.2　动态电压调节器

1. 简介

动态电压恢复器（Dynamic Voltage Restorer，DVR）是目前保证敏感负荷供电质量非常有效的串联补偿装置。该装置通过逆变环节，在检测到电压跌落时，快速将补偿电压叠加到主回路，达到“恢复”电压的目的。DVR 装置只补偿系统电压中因干扰而缺失的部分，无须承担符合所需的全部电压，因此容量较小，通常只需负荷容量的 1/5～1/3，因此可以大大降低造价。目前 DVR 在消除电压跌落、提高大型综合性敏感工业负荷的供电质量方面有显著的效果。

2. 工作原理

DVR 主要由储能/取能单元、DC/AC 逆变器模块、连接变压器等部分组成（见图 6-21）。

其工作原理为：装置通过检测电源电压生成指令信号，当电源电压正常时，DVR输出电压为零；当系统发生电压暂降时，DVR快速地输出一个幅值和相角可变的补偿电压，串联在系统和负载之间，保证负载供电电压稳定，从而改善电能质量，提高供电可靠性。

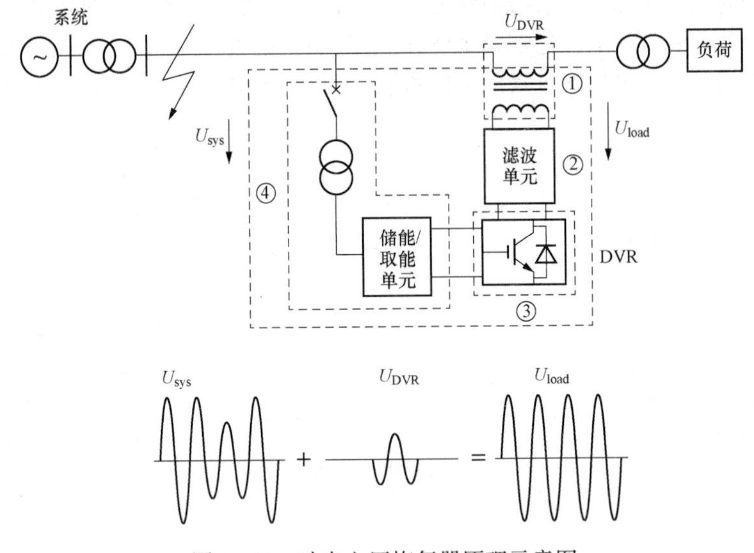

图6-21　动态电压恢复器原理示意图

各模块的作用如下：

1）连接变压器（可选），一般在中高压系统中采用，用于实现装置和系统之间隔离及电压变换。

2）滤波单元，用于滤除换流器输出电压中的谐波分量。

3）DC/AC逆变器模块，动态电压恢复器的核心单元，通常是一个基于全控元件的电压源型换流器，将直流电压换流成交流电压，用于补偿系统电压暂降。

4）储能/取能单元，动态电压恢复器在补偿状态时提供能量的单元。

3. 工程应用

一种用于低压场合的DVR主电路结构如图6-22（a）所示，DVR采用三相整流装置结合直流储能电容器获得直流电压，再经逆变器输出电压通过无源滤波器接入系统。滤波器的功能是滤除逆变器输出电压中的高次谐波，防止对系统和负荷造成高次谐波污染。一种用于高压场合的DVR主电路结构如图6-22（b）所示，每相由若干个结构完全相同的H桥交流侧串联而成，H桥采用载波移相PWM控制技术，大大减小了谐波含量。这种类型的DVR具有电压等级高、开关频率低、易于实现模块化和冗余运行等特点，常用于高压场合。

6.4.3　有源电力滤波器

1. 简介

有源电力滤波器（Active Power Filter，APF）是消除电网中非线性负载产生的电流谐波的有效手段。APF利用可控的功率半导体元件向电网注入与系统原有谐波幅值相等、相位相反的电流，从而抵消谐波源产生的谐波电流，达到实时补偿谐波的目的。APF能够对频率和幅值都在变化的谐波和无功电流进行动态抑制，且补偿特性不受电网频率变化的影响。有源电力滤波器可以看作是可控的电流源，能快速（响应时间可在5ms以内）补偿负荷的谐波、无功和不平衡电流，而且这些不同的电流成分可以按需要分别补偿，从而使非线性负荷流入系统的电流为

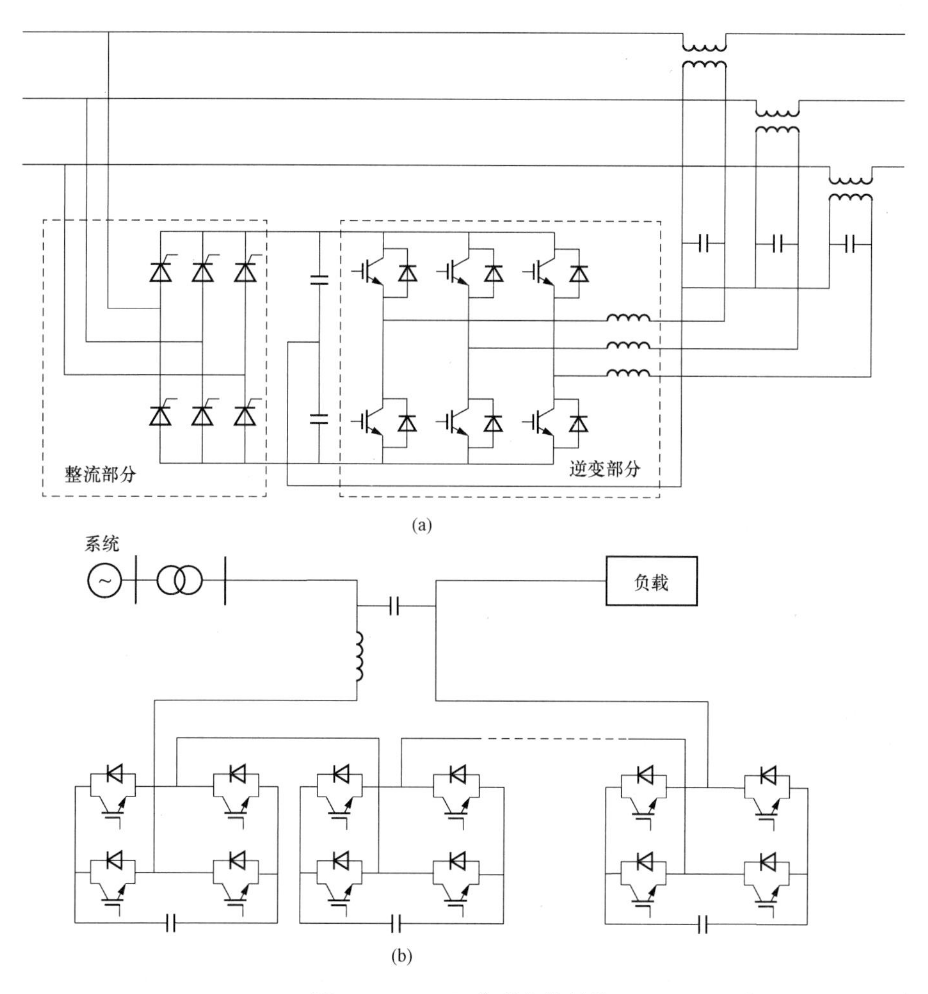

图 6-22　DVR 典型电路结构
(a) 串联变压器耦合型低压 DVR；(b) 高压 DVR

基波正序有功电流。从接入电网的连接方式看，APF 可以分为并联型、串联型和串一并联混合型三大类。

2. 工作原理

如图 6-23 所示为并联型有源电力滤波器系统基本工作原理图。图中 u_s表示交流电网电压，负载为谐波源，它产生谐波电流并消耗无功。有源电力滤波器系统由两大部分组成，即谐波与无功电流检测电路、补偿电流发生电路（由电流跟踪控制电路、驱动电路和主电路三个部分构成主电路为 PWM 变换器）。由 *RCL* 组成的高通滤波器（High Pass Filter）主要用来滤除开关噪声附近的开关纹波电流。

i_s为电网侧电流，i_L为负载电流，i_c为有源电力滤波器输出补偿电流。由图 6-23 可以看出，电源电流等于负载电流与补偿电流之和。检测负载电流 i_L，通过低通滤波器（Low Pass Filter，LPF）得到负载电流 i_L中的谐波分量 i_{Lh}，将其反极性后作为补偿电流的指令信号 i_c^*，由补偿电流电路产生的补偿电流 i_c与负载电流中的谐波分量 i_{ih}大小相等、方向相反，两者互相抵消，使得电源电流 i_s中只含基波而不含谐波，最终得到期望的电网正弦电流，达到抑制谐波的目的。

串联型 APF 系统结构与 DVR 类似（见图 6-21），可作为动态调节器使用。当系统电压受到

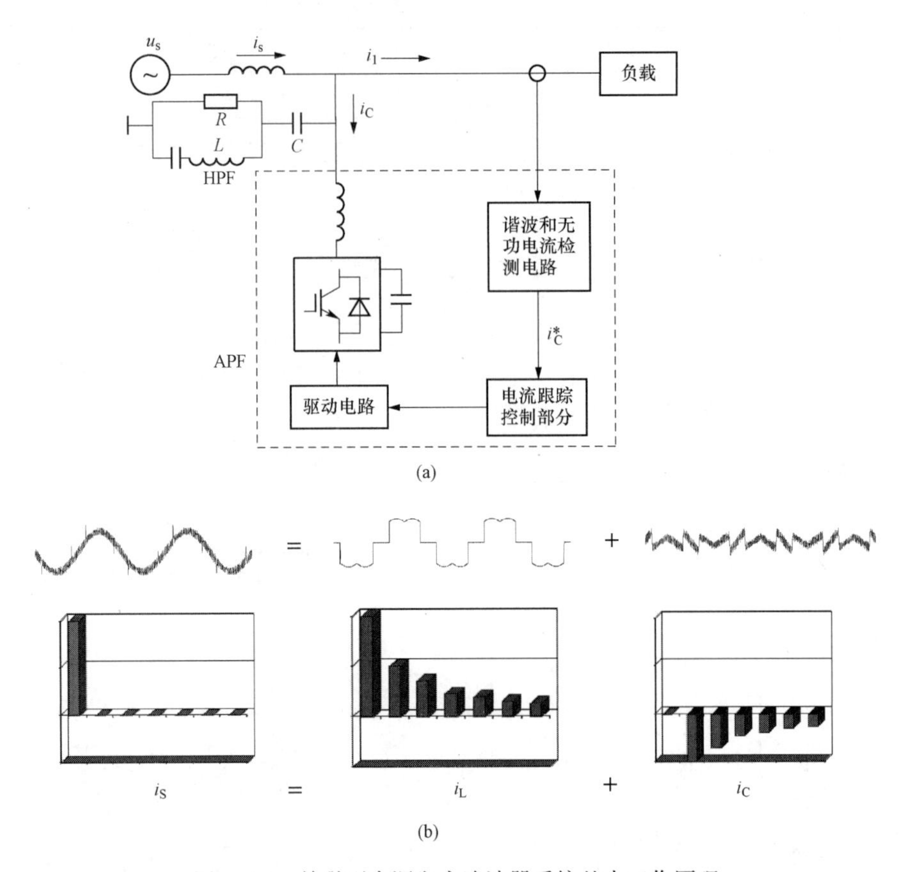

图 6-23 并联型有源电力滤波器系统基本工作原理

干扰时，串联型 APF 将产生适当的补偿电压，使负荷侧电压不受系统电压变化的影响。串联型 APF 的另一功能是接在供电系统和非线性负荷之间，将系统与非线性负荷隔开，同时在负荷侧并联无源滤波器，防止非线性负荷的谐波电流注入系统。此时，串联型 APF 通常作为动态电压调节器使用，其作用和 DVR 相似。

串一并联混合型 APF 系统又称为统一电能质量控制器（UPQC），被认为是最理想的 APF 结构，它综合了串联型 APF 和并联型 APF 两种结构，充分发挥了两者的优点。UPQC 的并联部分主要起到补偿负荷谐波电流、无功电流、三相不平衡电流以及直流母线电压调节的作用；串联部分通过耦合变压器串联接入系统，主要起到补偿系统电压暂降、电压谐波、电压波动与闪变等作用。

6.4.4 统一电能质量控制器

1. 简介

随着配电网结构和电力负荷成分的日趋复杂，若干种电能质量问题在同一配电系统中或在同一用电负荷中同时出现的情况越来越多。例如，在同一配电母线上，既有电压敏感负荷又有非线性负荷，还有冲击负荷，这种情况下，就需要安装电压补偿装置，如动态电压恢复器（DVR），同时，还需要安装电流补偿装置，如有源电力滤波器（APF），以免负载侧的谐波电流或不平衡电流流入电网，影响供电系统的可靠性和其他负荷的正常运行。并联型有源电力滤波器具有多方面的功能，但主要侧重于对负荷侧电流所引起的谐波、无功和负序等的补偿，而串联型有源电力滤波器则更偏重对电压谐波的补偿，两种有源滤波器都具有一定的局限性。针对这种情况，出现了串并联型有源电力滤波器。它是将并联型有源电力滤波器与串联型有源电力滤波器结合起来，既能够补偿负载侧的谐波，也能补偿电网侧引起的谐波问题；既能补偿电流谐波，也能补偿电压谐波。由于其功能丰富，因此也称为统一电能质量控制器（Unified Power Quality Conditioner，UPQC），UPQC能同时补偿电压跌落、瞬时电压中断、谐波电流和谐波电压、电压闪变、系统不对称等电能质量问题，它兼有有源滤波器和动态电压恢复器的功能，一机多能，性价比高，是用户电力技术发展的最新趋势和关键设备。

2. 工作原理

统一电能质量控制器原理如图 6 - 24 所示。

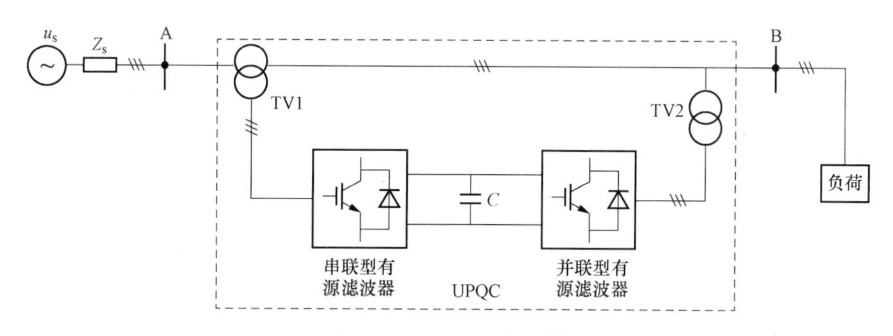

图 6 - 24　UPQC 原理图

UPQC（主接线图见图 6 - 25）通常由一对串/并联型 APF 构成，共用一个直流电源。工作时，并联型 APF 接于负载侧，主要用于吸收谐波电流、补偿无功和负序电流分量，调节基波正序电流幅值，平衡电网与负载和调节器的能量，同时维持两个 APF 之间的直流电压恒定；串联型 APF 接于系统侧，补偿电网谐波电压、基波电压的负序分量、电网电压基波正序分量的额定值与实际值之间的差值，同时在系统和负荷之间对谐波起到隔离作用。

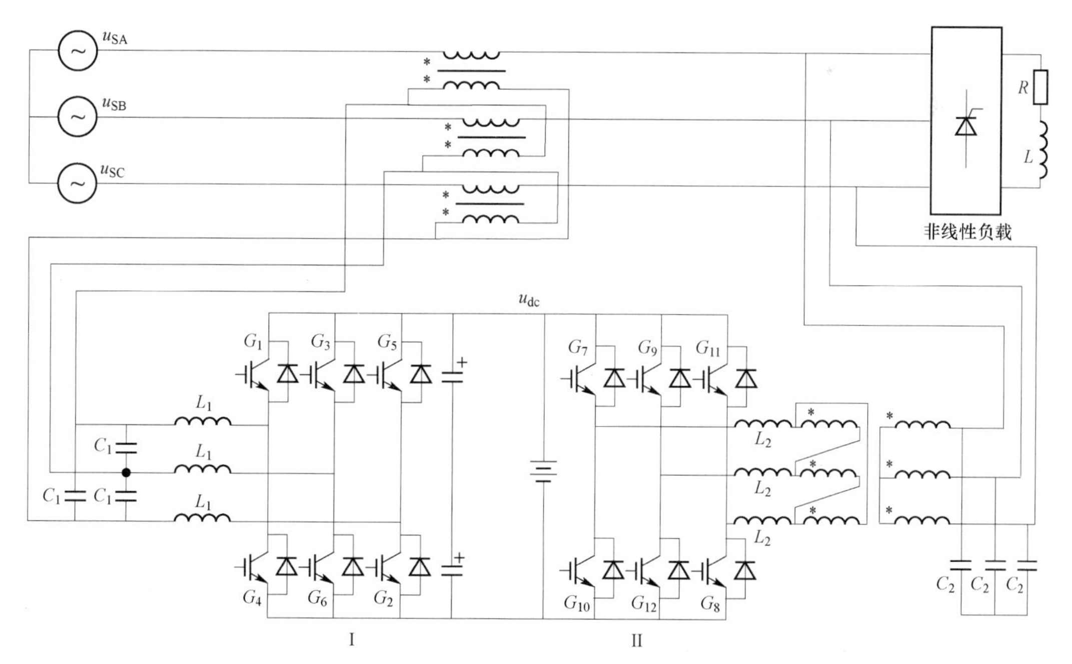

图 6 - 25　UPQC 主接线图

随着能源危机的不断加重，太阳能、风能等新能源的有效利用势在必行。电力电子技术涉及的工程环节与生态环境是紧密相关，将“绿水青山就是金山银山”发展理念和习近平生态文明思想与新能源发电并网等内容有机融合在一起，贯穿于教学过程当中，让生活更绿色，让能源更绿色。通过介绍电力电子电能变换在新能源发电并网中的应用，将职业道德精神融入课程教学内容中，用工匠精神来激发学生对专业知识重要性的认知，加强专业课程学习。同时理解电力电子技术对节能环保的作用，既提高学生节能环保意识，又激发学生为国家富强努力学好科学文化知识的斗志。

【扩展阅读】
配电网电能质量治理

习 题 六

6-1 晶闸管可控串联补偿器 TCSC 装置与静止串联控制器 SSSC 装置在输电线路中的作用和原理有何不同？

6-2 在超远距离大容量交流输电中，如何通过配置电力电子装置以提高电网交换功率的能力，如何提高电力系统互联的稳定性？

6-3 如何提高配电网有源电力滤波器（APF）的无功补偿能力？

6-4 统一电能质量控制器（UPQC）装置与统一潮流控制器（UPFC）的结构与应用场合有何联系与区别？

附录A 典型电力电子元件

1. 单结晶体管

单结晶体管（UJT）又称基极二极管，它是一种只有一个PN结和两个电阻接触电极的半导体元件，它的基片为条状的高阻N型硅片，两端分别用欧姆接触引出两个基极B1和B2。在硅片中间略偏B2一侧用合金法制作一个P区作为发射极E。其管脚、等效电路和实物如图A-1、图A-2所示。

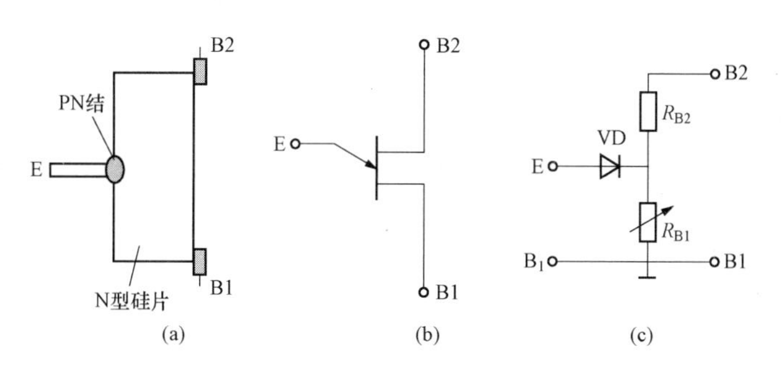

图A-1 单结晶体管管脚图及等效电路

（a）内部结构；（b）图形符号；（c）等效电路

2. 相控晶闸管

晶闸管是四层三端元件，它有J1、J2、J3三个PN结，可以把它中间的NP分成两部分，构成一个PNP型三极管和一个NPN型三极管的复合管。

当晶闸管承受正向阳极电压时，为使晶闸管导通，必须使承受反向电压的PN结J2失去阻挡作用。图A-3中每个晶体管的集电极电流同时也是另一个晶体管的基极电流。因此，两个互相复合的晶体管电路，当有足够的门极电流I_g流入时，就会形成强烈的正反馈，造成两晶体管饱和导通。

图A-2 单结晶体管实物图

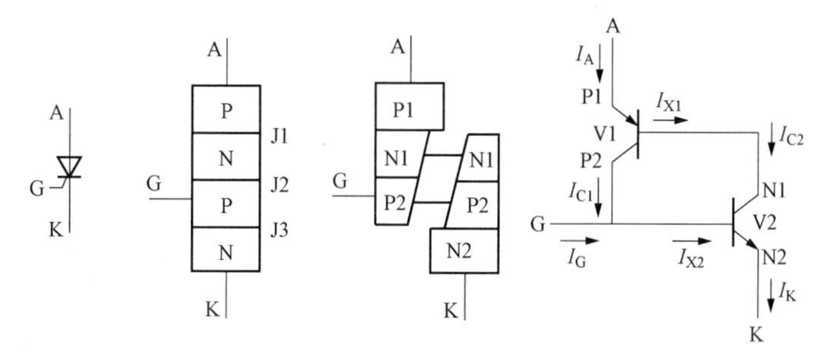

图A-3 相控晶闸管符号及等效电路

按封装形式相控晶闸管有平板型与螺栓型两种。

3. 门极关断晶闸管

门极关断晶闸管（Gate-Turn-Off Thyristor，GTO）是晶闸管的一个衍生元件，可以通过门极施加负的脉冲电流使其关断，是全控型元件。相控晶闸管封装形式见图 A-4。

(a) (b)

图 A-4 相控晶闸管封装形式
(a) 平板型晶闸管；(b) 螺栓型晶闸管

GTO 和普通晶闸管一样，是 PNPN 四层半导体结构，外部也是引出阳极、阴极和门极。但和普通晶闸管不同的是，GTO 是一种多元的功率集成元件。虽然外部同样引出三个极，但内部包含数十个甚至数百个共阳极的小 GTO 单元，这些 GTO 单元的阴极和门极在元件内部并联，是为了实现门极控制关断而设计的。门极可关断晶闸管 GTO 外形与符号如图 A-5 所示，SF1500GX21 可控平板晶闸管如图 A-6 所示。

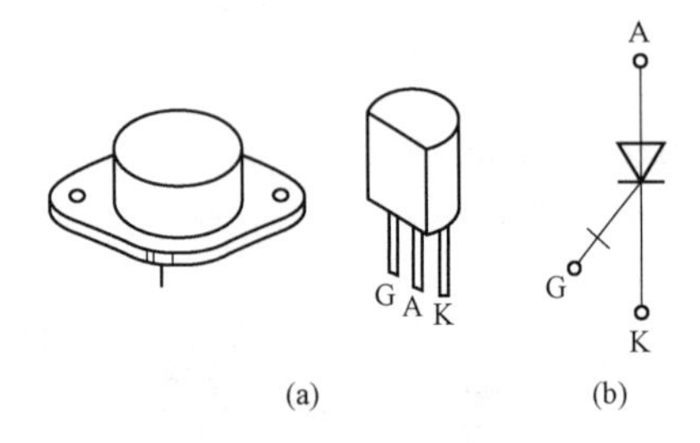

(a) (b)

图 A-5 门极可关断晶闸管 GTO 外形与符号
(a) 外形；(b) 符号

图 A-6 SF1500GX21
可控平板晶闸管

4. 电力场效应管

电力场效应管又称电力场效应晶体管，分为结型和绝缘栅型，通常主要指绝缘栅型中的 MOS 型（Metal Oxide Semiconductor FET），简称电力 MOSFET（Power MOSFET），结型电力场效应晶体管一般称作静电感应晶体管（Static Induction Transistor，SIT）。电力场效应管利用栅极电压来控制漏极电流，驱动电路简单，需要的驱动功率小，开关速度快，工作频率高。电力场效应管又分为耗尽型和增强型，当栅极电压为零时漏源极之间存在导电沟道的 MOSFET 为耗尽型，对于 N（P）沟道元件，栅极电压大于（小于）零时才存在导电沟道的 MOSFET 为增强型，电力 MOSFET 主要是 N 沟道增强型。电力场效应管的符号与实物如图 A-7 所示。

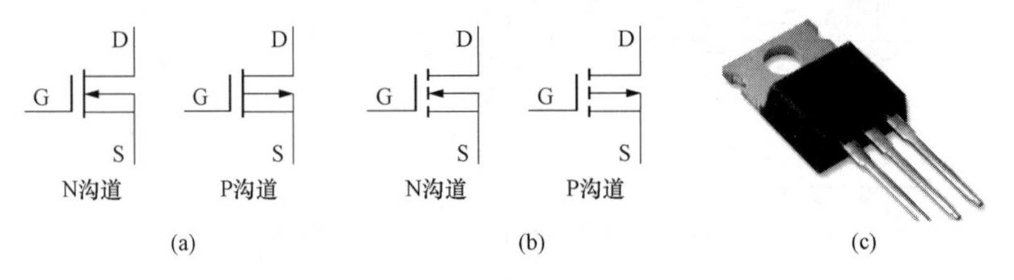

(a) (b) (c)

图 A-7 电力场效应管的符号与实物
(a) 耗尽型；(b) 增强型；(c) MOSFET 实物

5. 绝缘栅双极性晶体管

绝缘栅双极型晶体管（Insulated Gate Bipolar Transistor，IGBT），是由 BJT（双极型三极管）和 MOS（绝缘栅型场效应管）组成的复合全控型电压驱动式功率半导体元件，兼有 MOSFET 的高输入阻抗和 GTR 的低导通压降两方面的优点。GTR 饱和压降低，载流密度大，但驱动电流较大；MOSFET 驱动功率很小，开关速度快，但导通压降大，载流密度小。IGBT 综合了以上两种元件的优点，驱动功率小而饱和压降低，非常适合应用于直流电压为 600V 及以上的变流系统如交流电机、变频器、开关电源、照明电路、牵引传动等领域。IGBT 等效电路及图形符号如图 A-8 所示，IGBT 模块 FF450R12KT4 外观及等效电路如图 A-9 所示。

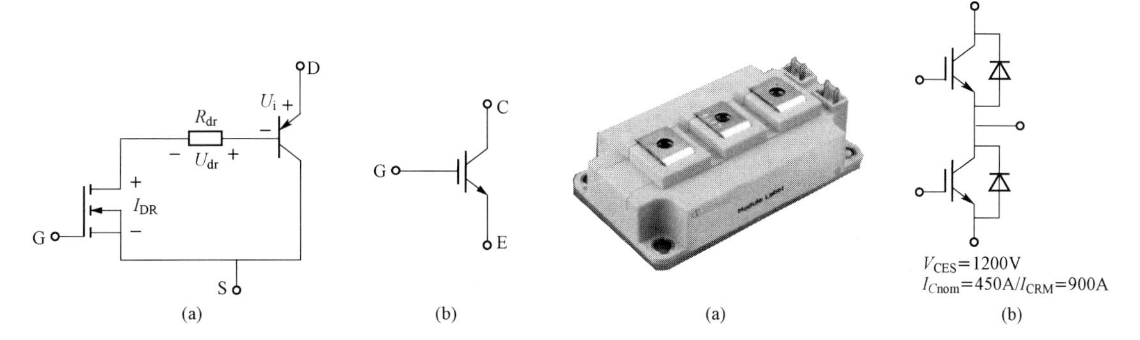

图 A-8 IGBT 等效电路及图形符号
（a）IGBT 的等效电路；（b）IGBT 的图形符号

图 A-9 IGBT 模块 FF450R12KT4 外观及等效电路
（a）外观；（b）等效电路

附录B 电力电子仿真常用软件

1. Matlab/Simulink 简介

Matlab是一种适用于工程应用各领域分析设计与复杂计算的科学计算软件，由美国 Mathworks公司于 1984 年正式推出。Matlab 是矩阵（Matrix）和实验室（Laboratory）两个英文单词的前三个字母的组合，它是一种以矩阵运算为基础的交互式程序语言，着重针对科学计算，工程计算和绘图的要求，现已成为大学教学和科研中最为常用且必不可少的工具。电力系统工具箱以 Simulink 为运行环境，包括电路、电力电子、电动机等电气工程学科中常用的元件模型，这些模型分布在电源模块库（Electrical Sources）、连接模块库（Connectors）、元件模块库（Elements）、电动机模块库（Machines）、测量模块库（Measurements）、电力电子模块库（Power Electronics）、附加模块库（Extra Library）七个模块库中。

利用 Matlab/Simulink 软件可以进行电力电子变流电路的仿真、直流调速系统的仿真、交流调速系统的仿真、提高功率因数和电力滤波器的仿真等，其中电力电子变流电路的仿真包括交一直流变流器、直—直流变流器、直—交流变流器以及交—交流变流器的仿真。

2. 仿真过程

Matlab 仿真过程如下：

（1）首先建立一个仿真模型的文件，准备存放仿真电路模型。

（2）提取电路元件模块。在仿真模型窗口的菜单栏上调出模型浏览器，在模型库中提取适合的模型块放到仿真平台上。

（3）将电路元件模块按所需仿真的原理图连接起来组成仿真电路。

（4）设置模型参数。双击模块图标弹出的参数设置对话框，然后按框中的提示输入参数。

（5）仿真计算观察仿真结果。在参数设置完毕后即可开始仿真。在菜单 Simulation 下选择 Start，或者直接点击工具栏上的“▼”按钮，仿真立即开始，在屏幕下方的状态栏目可以看到仿真的进程。双击示波器，即可弹出示波器窗口显示输出波形。若要中途停止仿真可以选择 Stop 或者工具栏上的“■”按钮。

3. 应用实例

以三相全控整流电路为例，在 Matlab2022 中进行电路仿真。

三相桥式全控整流电路是应用最广泛的整流电路，6 个晶闸管依次相隔 60°触发，将电源交流电整流为直流电。三相桥式整流电路必须采用双脉冲触发或宽脉冲触发方式，以保证在每一瞬时都有两个晶闸管同时导通（上桥臂和下桥臂各一个）。整流电路的工作原理可参见电力电子技术教材的有关内容。

三相桥式全控整流电路主电路由三相对称交流电压源、三相晶闸管整流器、*RLC* 负载等部分组成。由于同步脉冲触发器与晶闸管整流桥是不可分割的两个环节，可看成一个组合体，将同步脉冲触发器归到主电路进行建模。三相全控整流电路实验电路如图 B-1 所示。

仿真过程如下：

（1）首先建立仿真模型新文件。

（2）提取电路元件模块。在仿真模型窗口的菜单栏上点击图标，调出模型浏览器，在模型库中提取适合的模块放到仿真平台上。

（3）将电路元件模块按所需仿真的原理图连接起来组成仿真电路，如图 B-2 所示。

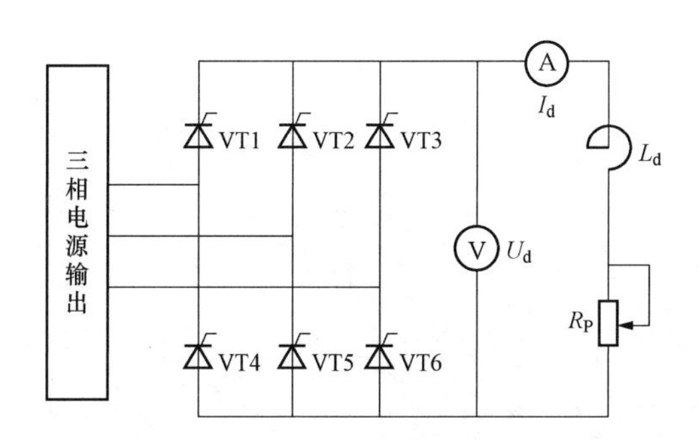

图 B-1　三相桥式全控整流电路实验原理图

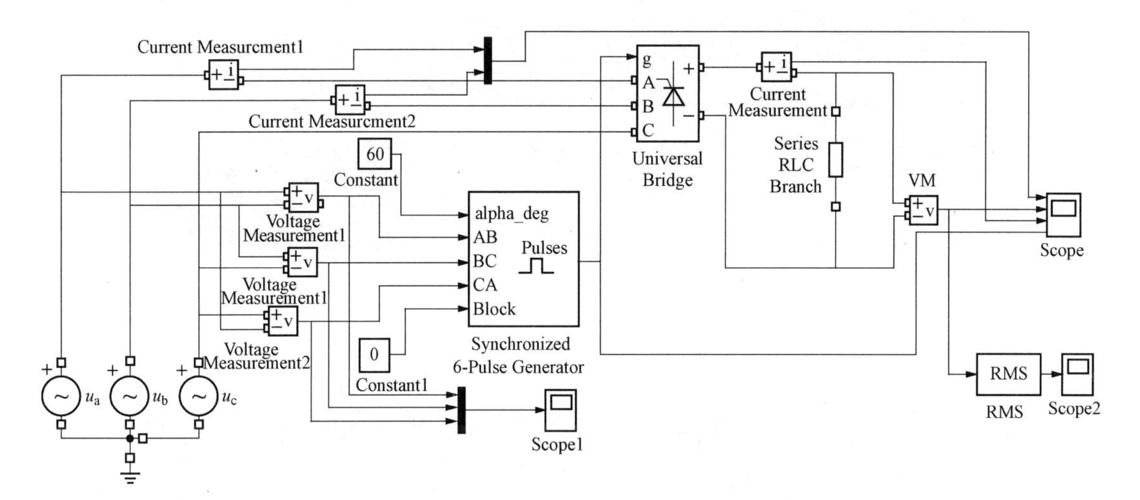

图 B-2　三相桥式全控整流系统模型图

（4）设置模型参数。

1）交流电压源的参数设置：三相电源的相位差互为 120°，交流峰值相电压为 311V，频率为 50Hz。

2）负载的参数设置：选择 $R=45\Omega$，$L=1\mathrm{H}$，$C=\infty$。

3）通用变换器桥参数设置：使用默认值。

4）6 脉冲发生器参数设置：频率为 50Hz，脉冲宽度取 10°，选择双脉冲触发方式。

5）常数模块参数的设置：将常数模块 Constant 2 的触发角度设置为 0°，开放同步 6 脉冲触发器；将常数模块 Constant 1 的触发角度设置为 60°，即改变整流桥的控制角为 60°。

4. 仿真结果

打开仿真参数窗，选择 ade23tb 算法，将相误差设置为 1e-3（即 1×10^{-3}），开始仿真时间为 0，停止时间为 0.05s，设置好各模块参数后，单击工具栏上的“▼”按钮，得到图 B-3（a）所示仿真结果。改变触发角（将常数模块 Constant 1 的触发角度设置为 60°），单击工具栏上的按钮，得到如图 B-3（b）所示的仿真结果。图 B-3 的三相电源电压、三相电源电流、负载电压、触发信号的波形可在 Scope 中直观显示。

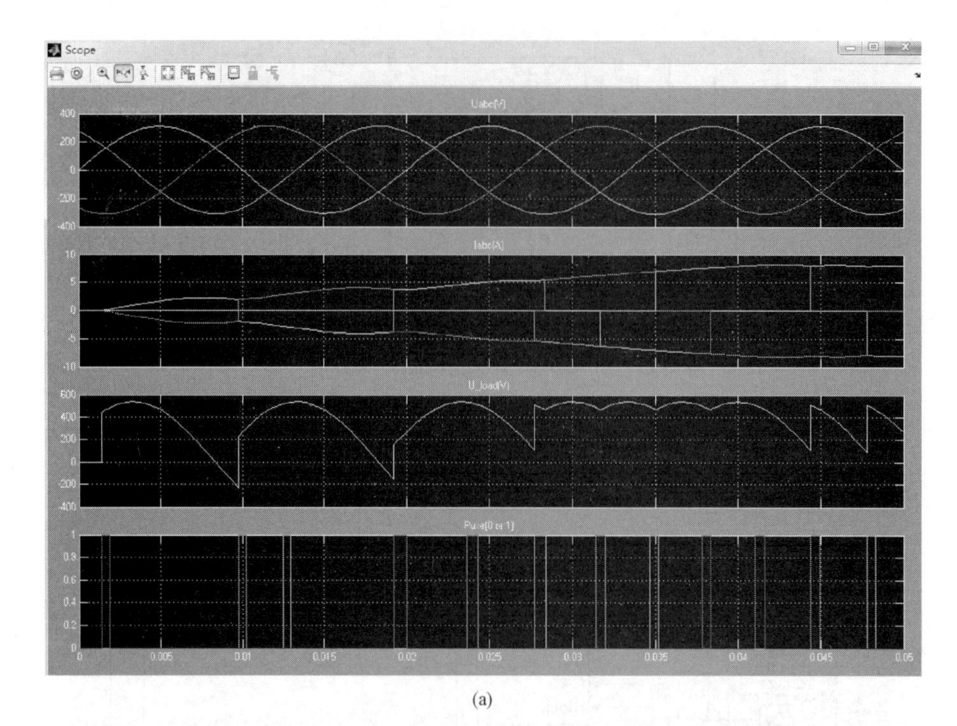

(a)

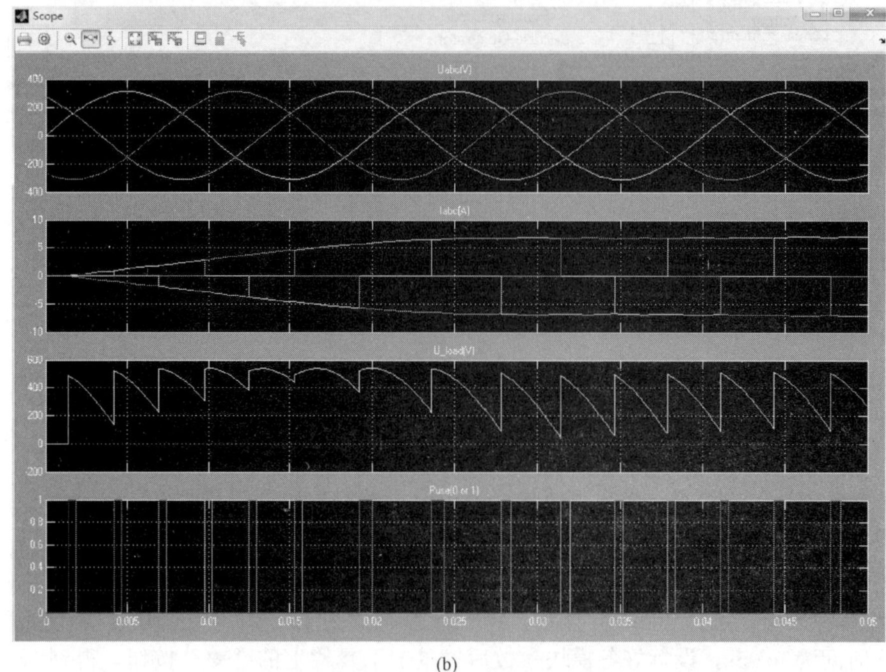

(b)

图 B-3 三相桥式全控整流系统 Simulink 仿真波形图

（a）相控触发角度为 0°时的电源电压、电源电流、负载电压、触发脉冲波形；

（b）相控触发角度为 60°时的电源电压、电源电流、负载电压、触发脉冲波形

参 考 文 献

[1] 徐德鸿，马皓，汪槱生．电力电子技术［M］．北京：科学出版社，2006.
[2] 应建平，林渭勋，黄敏超．电力电子技术基础［M］．北京：机械工业出版社，2003.
[3] 林渭勋，等．电力电子电路［M］．杭州：浙江大学出版社，1986.
[4] 陈坚．电力电子学——电力电子变换和控制技术［M］．北京：高等教育出版社，2002.
[5] 王兆安，黄俊．电力电子技术．5 版．［M］．北京：机械工业出版社，2009.
[6] 赵良炳．现代电力电子技术基础［M］．北京：清华大学出版社，1995.
[7] 丁道宏．电力电子技术（修订版）［M］．北京：航天工业出版社，1999.
[8] 何希才，江云霞．现代电力电子技术［M］．北京：国防大学出版社，1996.
[9] 张立．现代电力电子技术［M］．北京：科学出版社，1992.
[10] 黄俊，秦祖荫．电力电子自关断元件及电路［M］．北京：机械工业出版社，1991.
[11] 王志良．电力电子新元件及其应用技术［M］．北京：机械工业出版社，1995.
[12] 张诗淋．电力电子技术及应用［M］．北京：化学工业出版社，2013.
[13] 李高建，王尧．电力电子技术［M］．北京：清华大学出版社，2012.
[14] 吕志香，李建荣．电力电子技术［M］．西安：西安电子科技大学出版社，2016.
[15] 黄家善，王延才．电力电子技术［M］．北京：机械工业出版社，2010.
[16] 刘振亚．智能电网技术［M］．北京：中国电力出版社，2010.
[17] 李雅轩．电力电子技术［M］．北京：中国电力出版社，2007.
[18] 李蒙，李少波．Matlab 仿真技术在电力电子教学中的应用［J］．冶金自动化，2010（2）：959-961.